JN424424

본 교재는 교육과학기술부의 재원으로 한국연구재단의 지원을 받아 수행된 광역경제권 선도산업 인재양성사업[수송기계 안전편의 융합부품소재 인재양성센터(BEST)]의 지원에 의하여 개발되었음.

정보통신과 수송기계

류지열, 하덕호, 김석태, 박규칠, 윤종락, 주문갑

이 책은 정보통신 기술이 오늘날의 수송기계에서 어떠한 역할을 하고 있는지에 초점을 맞추고 있다. 특히, 수송 기계에서 사용되는 유선 통신 및 이동 무선 통신 기술, 영상 처리 및 음성처리 기술, 음향 통신 기술, 자동 제어 기술의 기본적인 이론 소개와 함께 수송기계에 적용되는 예를 설명한다. 각 분야의 이론은 자세히 적게 되면 수송기계와의 연관을 놓치기 쉽기 때문에 되도록 간략하게 나타내고, 수송기계에의 적용예를 보여준 뒤, 각 장마다 풍부한 참고문헌을 포함시키는 방법을 택하였다.

도서출판 GS인터비전

머리말

인류의 역사는 수송기계의 발전과 그 궤를 같이 한다. 수레와 마차같은 원시 수송기계는 증기를 사용한 자동차와 기차, 배로 발전하였고, 가솔린, 경유 등을 사용한 내연기관을 사용하는 수송기계와 제트엔진을 가진 항공기 등으로 발전하였으며, 원자력 발전을 이용하는 항공모함, 잠수함 등의 거대 수송 기계로 발전하였다. 최근에는 각종 화석 연료나 청정 에너지로부터 변환되는 전기를 이용하는 전기 자동차 등, 새로운 패러다임의 수송기계들로 발전하고 있는 것을 볼 수 있다.

한편, 수송기계는 단순히 사람과 물건을 운반하는 고유의 기능 외에, 정보통신 기술의 발전에 의하여 복잡한 정보통신 기능을 그 안에 갖춘 하나의 플랫폼으로 변화하였다.

이 책은 정보통신 기술이 오늘날의 수송기계에서 어떠한 역할을 하고 있는지에 초점을 맞추고 있다. 특히, 수송 기계에서 사용되는 유선 통신 및 이동 무선 통신 기술, 영상 처리 및 음성처리 기술, 음향 통신 기술, 자동 제어 기술의 기본적인 이론 소개와 함께 수송기계에 적용되는 예를 설명한다. 각 분야의 이론은 자세히 적게 되면 수송기계와의 연관을 놓치기 쉽기 때문에 되도록 간략하게 나타내고, 수송기계에의 적용예를 보여준 뒤, 각 장마다 풍부한 참고문헌을 포함시키는 방법을 택하였다.

이 책은 6장으로 구성되어 있다. 제 1장은 차량 통신 네트워크 개요를 통해 개념위주의 설명을 하였고, 현재 다양한 종류의 자동차 통신에 적용되고 있는 차량 통신 네트워크 기술에 대해 상세히 언급을 하였다. 제 2장은 이동무선통신기술의 수송기계에의 응용 기술을 전자파의 기본적인 개념을 소재로 하여 소개하였다. 제 3장은 영상처리 기술의 개요와 자동차에서의 응용 예에 대하여 다루었다. 제 4장은 자동차에서 발생하는 소음을 이해하기 위해 음향의 기초에 대해 알아보고, 관련된 음향신호처리 응용기술에 대해 기술하였다. 제 5장은 잠수정이나 다이버 등의 수중 운동체에서 사용되는 음향통신시스템의 기본 요소 기술을 다루었다. 제 6장은 수송기계를 제어하기 위한 기본적인 제어 기법으로 PID 제어와 상태 궤환 제어기를 다루었고, 이를 수중 운동체에 적용한 예를 보였다.

끝으로, 이 책이 최신 수송기계의 핵심 요소기술인 정보통신기술에 대한 지식을 배양하는데 도움이 되고, 아울러 지식의 수송기계의 역할을 하기를 바란다.

2011년 2월 저자 일동

차 례

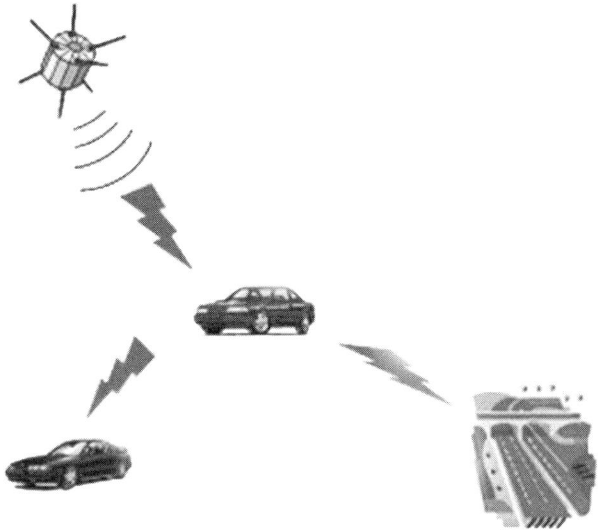

Chapter 1

차량 통신 네트워크

1.1 차량 통신 네트워크 개요

1.1.1 개요

20세기에는 자동차의 발전과 함께 이동통신 기술도 획기적으로 발전하였다. 언제 어디서나 원하는 사람과 원하는 정보를 교환하고 있다. 이러한 욕구는 차량에서 음성통화를 제공하는 1970년대 1세대 아날로그 셀룰러 기술을 출현시켰으며, 보다 좋은 음질과 많은 가입자 용량을 제공하는 1980년대 2세대 디지털 셀룰러 기술, 그리고 멀티미디어 서비스를 제공하는 1990년대 3세대 IMT-2000 기술, 그리고 2010년대 출현한 4세대 이동통신기술로 빠르게 발전해 나가고 있다.

미래형 자동차는 편의 주행, 안전 주행 및 쾌적 주행을 제공한다. 이러한 주행이 보장되는 지능형 자동차의 수요가 점점 증가하고 있으며, 이를 구현하기 위해 첨단 정보통신, 전자, 제어 기술이 요구되고 있다. 지능형 자동차 관련 응용 분야는 그림 1.1과 같이 자동차 여러 부위에 장착되는 첨단 전장품들에 의해서 구현된다.

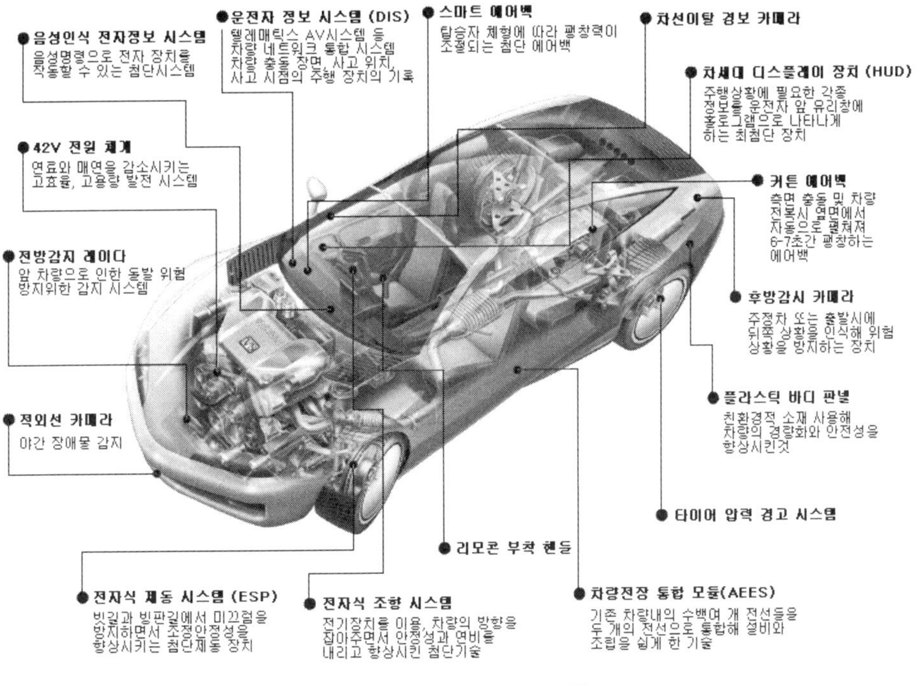

그림 1.1 지능형 자동차

그러나 기존의 자동차와 달리 미래형 자동차에서는 많은 전장품들이 장착됨에 따라 소요되는 전원의 용량이 증가하게 되어 기존 12 V에서 42 V 시스템으로 변경될 예정이다. 또한 각종 센서로부터 정보신호를 받아서 정보 처리를 하고 Actuator를 제어하기 위해서 많은 전장품들 간에 연결되는 신호선들의 배선이 복잡해짐에 따라 생산부서에서의 공정비용이 증가하게 된다. 또한 향후 석유 에너지의 고갈에 따른 전기 자동차들 간 신호를 주고 받기 위해 차량내 여러 부위로 펴져있는 배선들이 차지하는 무게가 상당하므로 차체의 무게를 가볍게 해야 하는 차세대 전기 자동차의 성능 향상을 위해서 효율적인 차량 통신 네트워크(In Vehicular Network, IVN) 기술이 절실히 요구되고 있다. 또한 향후 자동차에 장착된 많은 전자장치들의 고장 진단 및 내장된 SW를 효율적으로 갱신하기 위해서는 여러 전자장치들이 하나의 버스로 연결되는 IVN이 필수적이다.

차량 내 네트워킹은 직렬 데이터 버스를 통해 분산된 전자 모듈들 간에 데이터를 전달하는 방법이다. 이러한 기술은 차량과 무선통신 네트워크가 결합된 대표적인 차량-IT 융합기술로 차량 안전 및 진단, 텔레매틱스(Telematics), ITS(Intelligent Transport System, 지능형교통체계) 등 서비스 시장을 형성하며 산업적인 파급효과가 상당히 클 것으로 전망하고 있다. 텔레매틱스는 "Telecommunication"과 "Informatics"의 합성어로 차량과 무선통신 네트워크가 결합되어 운전자에게 교통정보안내, 긴급구조, 인터넷 서비스를 제공하여 편리함과 안전성을 증대시키는 서비스를 말한다. 텔레매틱스는 차량과 IT 통신기술이 융합된 대표적인 기술로서 새로운 부가가치를 얻을 수 있을 뿐만 아니라 잠재 시장이 매우 큰 기술로 주목을 받고 있다. 또한 전세계적으로 차량과 IT 기술이 융합되는 차량 통신 네트워크 기술과 차량 통신 기술을 활용한 텔레매틱스, ITS, 차량 안전 서비스 등에 대한 활발한 연구가 진행되고 있다.

이러한 차량 통신 네트워크 기술은 그림 1.2와 같이 차량을 중심으로 차량 내부 네트워크와 외부 네트워크로 구분할 수 있는데, 차량 내부 네트워크는 일반적으로 IVN이라고 부르며, 차량 외부 네트워크는 차량 간 통신 네트워크(V2V(Vehicle to Vehicle) communication network)와 차량과 인프라 통신 네트워크(V2I(Vehicle to Infrastructure) communication network)로 구성된다.

IVN은 차량의 차체(body)나 섀시 부분을 연결하고 제어하는 CAN(Controller Area Network), 차량의 오디오, 앰프, CDP 등 멀티미디어 기기 접속을 위한 MOST(Media-Oriented System Transport), 그리고 브레이크나 조향장치를 연결하고 제어하는 X-by-Wire(예: FlexRay)가 있다. V2V는 차량 간 통신을 기반으로 인프라 도움 없이 통신 네트워크를 구성하고 정보를 전달하며, V2I는 차량과 유무선

통신 인프라 네트워크가 접속되어 단말기와 서버 간에 통신을 지원할 수 있는 통신 네트워크를 제공한다. V2V는 차량 간 통신을 기반으로 차량 추돌경고 서비스와 그룹통신을 제공하며, V2I는 차량에 IP 기반의 교통정보 및 안전 지원, 다운로드 서비스를 제공할 수가 있다. 표 1.1은 IVN, V2V 및 V2I의 대표적인 서비스를 보여준다.

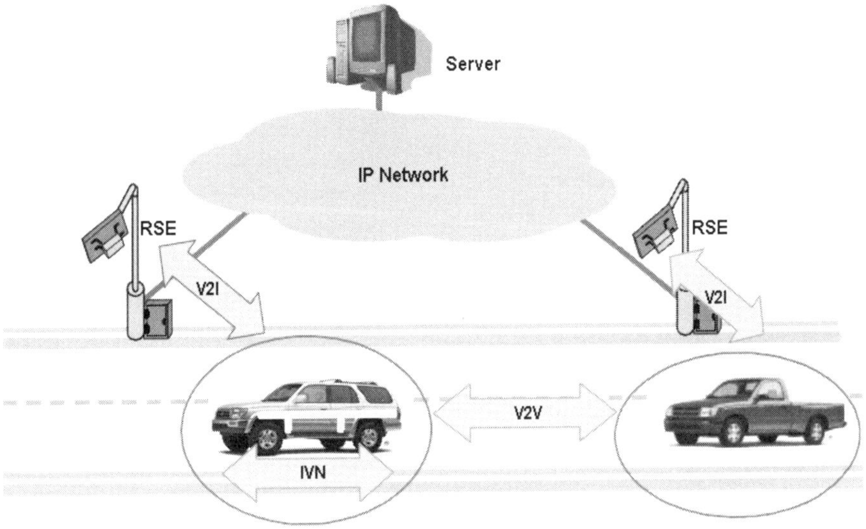

그림 1.2 차량 통신 네트워크 개념

표 1.1 차량 통신 서비스

IVN	▪ 차량 멀티미디어 서비스 지원: MOST ▪ 개인 편의 서비스 지원: CAN ▪ 개인 안전 서비스 지원: FlexRay
V2V	▪ 차량 추돌 경고 ▪ 차량 간 그룹 통신
V2I	▪ 프로브(Probe) 데이터 수집 ▪ 교통 및 안전 정보 ▪ 다운로드(Map, POI) ▪ IP 기반 패킷

▣ 용어설명

- IVN(In-Vehicle Network): 차량내 센서나 전자장치 디바이스 간 유무선 통신 네트워크.
- V2V(Vehicle to Vehicle communication network): 차량 간 무선통신에 의한 자율적인 형태의 차량 통신 네트워크 기술.
- V2I(Vehicle to Infrastructure communication network): 차량 간 노변 기지국간 통신에 의한 차량 통신 인프라 기술.

차량 외부 네트워크 기술(out-vehicle network)은 차량을 중심으로 외부 인프라, 보행자, 도로, 차량 등 간에 통신할 수 있도록 하는 모든 네트워크 기술을 가리킨다. 텔레매틱스/ITS 기술의 범주와도 거의 일치한다. 약 10~20여 년 동안 차량 외부 네트워크 기술은 상용화되지 못했으나 최근에는 통신기술의 발달과 더불어 안정성, 편의성 이슈와 맞물려서 이러한 차량 외부 네트워크 기술이 차량에 적용되기 시작하고 있다. 이러한 차량 외부 네트워크 기술은 그 역사만큼 다양한 용어들이 존재하고 확실한 범위를 정의하기가 어려운 것이 현실이다. 대략적으로 범주를 정의하면 표 1.2와 같다.

▣ 통신(Communication)의 정의

통신(Communication)은 인류의 발생과 함께 시작되었으며, 인간이 사회를 형성하고 생활해 나가기 위해서는 개인 대 개인, 사회 대 사회 사이의 의사소통은 절대적인 필수요건이다. 만일, 그 상대가 근접해 있을 때에는 몸짓이나 언어로 의사

표 1.2 차량 외부 네트워크 기술 주요 규격

DSRC	▪ 도로-차량 간과 차량 간 통신 ▪ 상호적응주행제어, 상호전방충돌경고, 차량안전 검사 등 사용
WAVE	▪ ASTM DSRC 기반으로 IEEE에서 표준화된 프로토콜 ▪ 200 km/h의속도, 1000 m 범위 내에서 1 Mbps로 차량 간 통신
CALM	▪ V2I, I2I, V2V 등의 응용을 위해서 다양한 통신 방식 지원 ▪ ISO TC 204 WG16에서 표준화 진행
TPEG	▪ 유럽방송연맹에서 표준화 ▪ 주로 DMB, DAB, DVB 등의 채널에 사용

가 통하지만 양자의 거리가 멀어짐에 따라 말이나 몸짓으로 통할 수 없게 되기 때문에 타인을 통하거나 빛·연기·소리 등을 통해 의사를 전달한다.

통신이란, 말 그대로 어떠한 정보를 전달하는 것이라고 할 수 있다. 일상생활에서 통신이란 단어를 많이 사용하고 통신을 할 수 있는 도구를 많이 사용한다. 예를 들면 집이나 사무실에서 사용하는 전화기, 휴대폰, 인터넷 등이 있다. 이처럼 통신이라는 명칭은 우리에게 아주 자연스러운 단어가 되어버렸다. 통신은 유선 통신과 무선 통신으로 분류할 수 있다.

▣ 네트워크(Network) 정의

네트워크(Network)란? 먼저 단어를 살펴보면 Net+Work이다. Net는 본래 뜻이 '그물'이고 Work는 '작업'이므로, 그대로 직역한다면 '그물 일'이 될 것이다. 네트워크는 정확히 말하면 'Computer Networking'으로 컴퓨터를 이용한 '그물 작업'이 될 것이다. 부드럽게 번역한다면 '컴퓨터를 이용한 작업' 정도가 된다. 간단하게 결론을 내리면 '컴퓨터들이 어떤 연결을 통해 컴퓨터의 자원을 공유하는 것'을 네트워크라 할 수 있다. 이러한 통신을 하기 위해 ECU(Electronic Controlling Unit) 상호간에 정해둔 통신규칙이 있다. 즉 이것을 '통신 프로토콜(Protocol)'이라 한다.

▣ 통신 프로토콜(Protocol) 정의

컴퓨터 간에 정보를 주고받을 때의 통상 방법에 대한 규칙과 약속을 말한다. 즉, 다시 말하면 내가 다른 미국 사람과 이야기할 때 나는 한국어로 말하고, 미국 사람은 영어로 말하면 서로 알아듣지 못할게 뻔하다. 이것이 바로 '통신 오류'이고, 자동차에서 얘기하는 '통신 불량'인 것이다. 다시 말하면 어떠한 공통된 규칙이 있고 이 규칙에 의거해 통신을 한다면 어느 나라에서 만든 ECU일지라도 집이나 사무실에서 사용하는 컴퓨터 부속들처럼 서로 통신할 수 있는 것이다.

1.1.2 자동차에 통신을 사용하게 된 이유

자동차의 기술이 발달하면서 성능 및 안전에 대한 소비자들의 심리가 커져만 간다. 기왕이면 조금 더 힘세고 안전하고 편리한 자동차를 요구하는 것이다. 이에 대응하기 위해 자동차에는 많은 ECU(Electronic Controlling Unit)와 편의장치가 적용되고, 그에 따른 배선 및 부품들이 갈수록 많이 적용되고 있는 것이 현실이다. 반면에 그에 따른 고장도 많이 발생하고 있다. 즉, 전장품들이 상당수 추가되면 배선도 그만큼 함께 추가되어야 되고 그러면 고장이 일어날 수 있는 부위도 그만큼 많아진다는 것이다. 이러한 문제를 조금이나마 줄이기 위해 자동차의 각 ECU에 통신을 적용하여 공통으로 알아야 하는 정보를 서로 공유한다.

1.1.3 차량 통신의 장점

차량 내 네트워킹은 직렬 데이터 버스를 통해 분산된 전자 모듈들 간에 데이터를 전달하는 방법이다. 직렬 네트워킹이 없을 경우 모듈 간 통신은 전용의 점대점 선을 요구하게 되고, 부피가 크고, 비경제적이고, 복잡하며, 직경 8cm 이상의 굵은 와이어 다발을 설치해야 하는 어려움을 초래할 것이다. 결국 이러한 기존의 병렬식 인터페이스로는 경제성이나 기술적인 면을 고려할 때 더 이상 경쟁력을 가지지 못한다.

이에 대해 직렬 데이터 버스를 적용하여 한 가닥의 선으로 시분할 멀티플렉싱을 통해 신호를 조합함으로써 필요한 선의 수를 줄일 수 있다. 정보는 ABS, 시트 제어, 온도 조절, 대쉬 보드 디스플레이 등 각 기능을 제어하는 각각의 제어 모듈에 보내진다.

이로써 각 기능을 위한 전용 선의 수가 감소되어 이에 대한 배선 작업의 비용이 줄고 시스템 비용, 무게, 신뢰도, 서비스 용이성, 설치 등이 개선된다. 그리고 차량 속도, 엔진 온도 등과 같은 공통의 센서 데이터가 네트워크 상에 유용하므로 데이터 공유가 가능하며, 이에 따라서 여분의 센서에 대한 요구가 필요 없다. 또한 직렬 데이터 버스 상에 새로운 하드웨어의 추가나 신뢰도의 감소 없이 기능을 부가할 수 있는 장점이 있다. 특히 오늘날 차량에 전자 장치의 탑재가 증가함에 따라서 이와 같은 네트워킹에 대한 요구는 더욱 명백해지고 있다. 장점을 정리하면 다음과 같다.

① 배선의 경량화
제어를 하는 ECU들의 통신으로 배선이 줄어든다.

② 전기장치의 설치 장소 확보가 용이
전장품의 가장 가까운 ECU에서 전장품을 제어한다.

③ 시스템 신뢰성 향상
배선이 줄어들면서 그만큼 사용하는 커넥터 수의 감소 및 접속점이 감소해 고장률이 낮고 정확한 정보를 송·수신할 수 있다.

④ 진단 장비를 이용한 자동차 정비
통신 단자를 이용해 각 ECU의 자기진단 및 센서 출력 값을 진단 장비를 이용해 알 수 있어 정비성 향상을 도모할 수 있다.

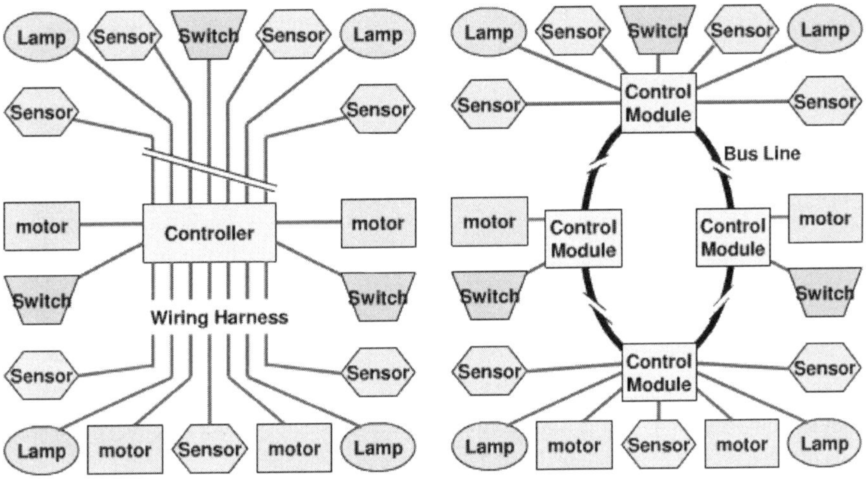

(a) 기존 자동차 배선 (b) IVN 기반 자동차 배선

그림 1.3 자동차 배선 비교

▣ 자동차 ECU들의 정보 공유

정보를 공유한다는 것은 각 ECU들이 자기에게 필요한 정보(데이터)를 받고, 다른 ECU들이 필요로 하는 정보를 제공함으로써 알아야 할 데이터를 유선을 통해 서로에게 보내주는 것이다. 우리가 사용하는 인터넷도 마찬가지다. 어떠한 정보를 찾아가기 위해 우리는 컴퓨터에 검색 프로그램을 실행하고 검색 창에 원하는 단어나 문구를 쓰면 컴퓨터는 인터넷에 연결된 모든 컴퓨터에서 검색 창에 쓰여진 단어나 문구와 유사한 내용을 사용자에게 알려준다. 자동차의 컴퓨터들이 통신하는 방법도 마찬가지이다. ECU들은 서로의 정보를 '네트워크'로 공유하고, 자기에게 필요한 데이터를 가져다 사용한다. 그림 1.3은 기존 자동차 배선과 IVN 기반 자동차 배선을 각각 비교한 것이다.

1.2 차량 통신 네트워크 기술

1.2.1 차량용 ECU 및 IVN

차량 통신 네트워크 기술은 그림 1.4와 같이 차량 내 데이터의 속성과 전송속도에 따라 여러 가지 표준이 존재한다. 차량 내 간단한 개폐장치용 제어 신호는

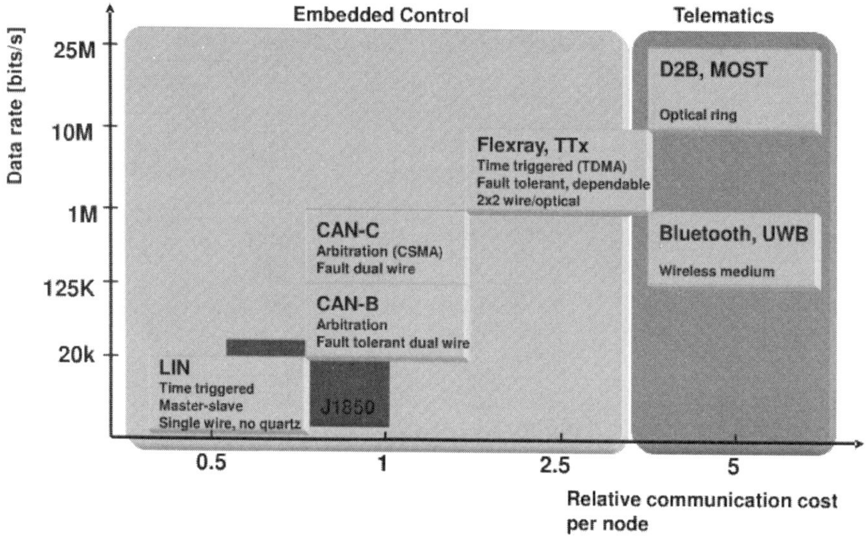

그림 1.4 데이터 속도별 IVN의 분류

20 Kb/s급의 LIN(Local Interconnect Network) 방식, 현재 많이 쓰이는 1 Mb/s 급은 CAN 방식, 그리고 최근에 표준화 작업 및 개발이 진행된 10 Mb/s 급은 FlexRay 방식을 채용하고 있다. 또한 멀티미디어 정보통신용 신호전송으로서 MOST 방식이 대표적으로 사용되고 있다.

차량 내의 모든 저자장치들을 연결할 수 있는 단일 네트워크를 구성하기 위해서 1980년대 후반 독일의 Bosch사에서 최초로 CAN을 제안하였고, 차량내 저속 제어 데이터 통신 네트워크를 위해 LIN이 개발되었다. 1993년 고속 제어 데이터 전송을 위해 ISO 11898(고속 애플리케이션용)과 ISO 11519(저속 애플리케이션용)의 CAN 규격이 제정되었다. 최근에는 차량 내 멀티미디어 데이터 통신을 위해서 MOST가 개발되었다.

차량은 현재 다양한 차량 네트워크 시스템으로 구성되어 있다. 그림 1.5는 차량 네트워크 시스템을 나타낸 것이다. 이러한 네트워크 시스템들은 상호 간에 복잡한 구조를 이루고 있다. 차량의 차체(body)나 섀시 부분을 연결하고 제어하는 CAN, 차량의 오디오, 앰프, CDP 등 멀티미디어 기기 접속을 위한 MOST 및 브레이크나 조향장치를 연결하고 제어하는 FlexRay가 있다. FlexRay 기술은 최근 편의장치, 안전장치 등으로 인한 전장제어장치 수의 급격한 증가로 대두된 고용량 네트워크 기술을 말한다. 그림 1.6은 차량 내 멀티미디어 전장품 증가 예를 나타낸다. 차량 내에 급속한 전장품의 증가에 따라 차량 와이어 하네스의 증가 및 공간 부족을 초래한다.

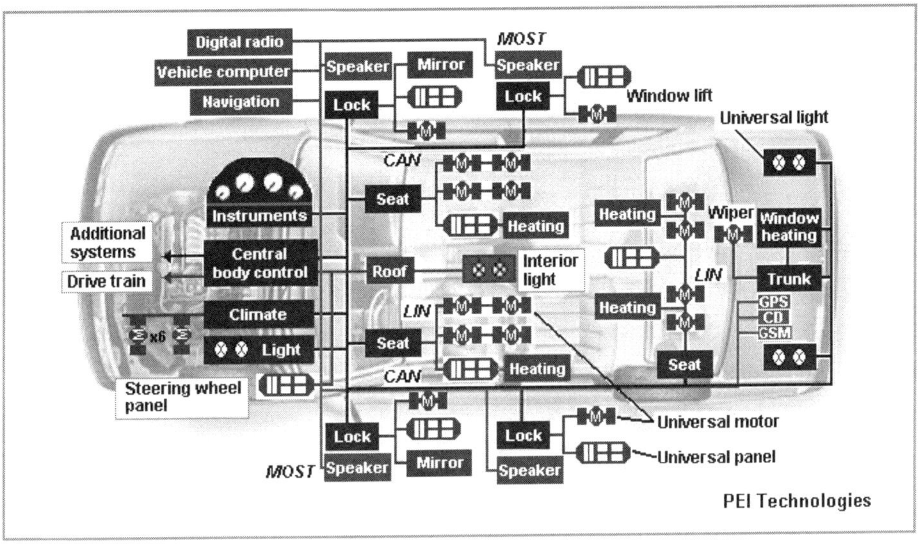

그림 1.5 차량 네트워크 시스템

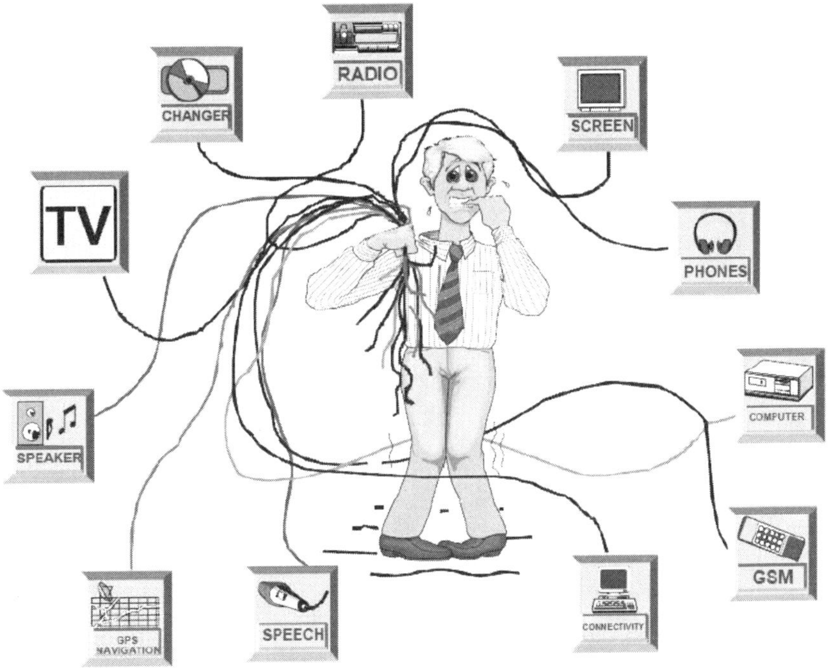

그림 1.6 차량 내 멀티미디어 전장품 증가 예

차량 내부 네트워크 기술의 주요 규격을 간단히 정리하면 표 1.3과 같다. 제어용 네트워크 기술은 LIN, CAN이 대표적이며 CAN의 주요 보완점(1 Mbps 속도, BUS 토폴로지, 이벤트 트리거링)을 개선하기 위해서 TICAN, TTP, 플렉스레이 등이 연구 적용되고 있다. TICAN은 2004년에 ISO 11898-4 표준(CAN 표준 part 4)으로 제정되어 있다. 향후 고속 제어용 네트워크에는 FlexRay가 많이 사용될 것으로 전망된다.

표 1.3 차량 내부 네트워크 기술 주요 규격

저속 CAN	▪ BUS 구조, 10~125 Kbps ▪ 상대적으로 저속인 차체 섀시 계통에 적용
고속 CAN	▪ BUS 구조, 125 K ~ 1 Mbps ▪ 빠른 속도가 요구되는 엔진, 변속기 적용
LIN	▪ BUS 구조, 1 ~ 10 Kbps ▪ 좌석/미러/도어/스티어링 모듈에 적용
TTP	▪ BUS 구조, 5 ~ 25 Mbps ▪ 고속 전송속도, 타임 트리거링 적용
TTCAN	▪ BUS 구조, 1 Mbps ▪ 이벤트/타임 트리거링 동시 제공
FlexRay	▪ BUS/Star, 1 ~ 10 Mbps ▪ 타임/이벤트/타임 트리거링 지원, 파워트레인 및 섀시 부분에 적용
MOST	▪ 10 ~ 25 Mbps, 광섬유 케이블의 Ring 구조 ▪ 멀티미디어 전송, 복잡한 인터페이스
IDB 1394 (ITS Data Bus)	▪ 25 ~ 100 Mbps, Star/Tree 구조 ▪ MOST가 지원하지 않는 응용분야에 적용

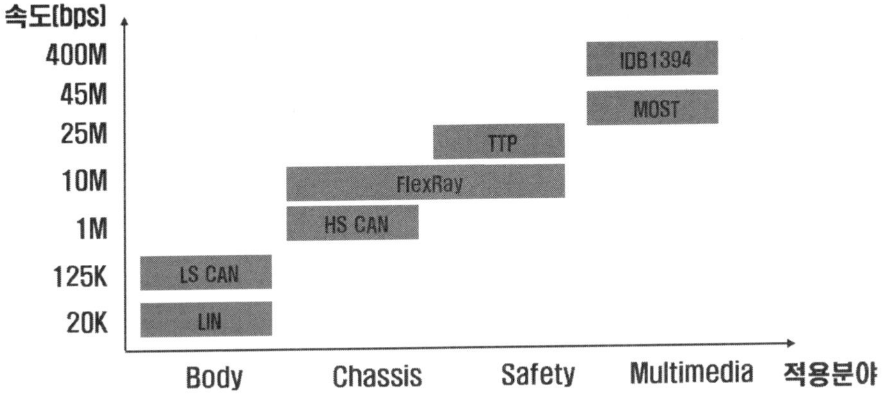

그림 1.7 차량 내부 네트워크 기술의 전송속도와 응용분야 비교

그림 1.7은 차량 내부 네트워크 기술의 적용분야별 속도 특성을 나타낸 것이다. 자동차는 현재 여러 가지 전기 시스템 또는 서브 시스템에 80개가 넘는 ECU를 사용하고 있다. 그 가운데 가장 비중이 큰 것은 엔진 제어 장치(engine control unit)이며 그 밖에도 트랜스미션, 에어백, 반잠금(anti-lock) 브레이크 장치, 크루즈 제어, 오디오 시스템, 윈도우, 미러 조정 장치 등에 ECU를 사용하고 있다. 이들은 모두 독립적인 서브 시스템을 이루고 있으며 센서로부터 신호를 피드백 받거나 액튜에이터를 제어할 때 그들 간에 서로 정보 교환이 필요하다. 이를 만족하기 위해 사용되는 것이 CAN을 비롯한 다양한 네트워크 시스템을 이용한다. ECU는 마이크로 프로세서, RAM, ROM 및 I/O 인터페이스로 구성되어 있는 마이크로 컴퓨터로서 전력 train, 연료 주입 시스템, 점화 타이밍, 자동 트랜스미션 장치, ABS, 에어 컨디셔너 등을 제어한다. 자동차에 사용되는 ECU의 수량이 늘어나면서 좁은 공간에 이를 수납해야 할 필요성이 생기게 되었다. 이를 위한 방법으로서 마이크로 프로세서, RAM, ROM, A-D 변환기 등을 한 칩에 집적하게 되고 여기에 사용되는 PCB는 실장밀도를 증가함과 동시에 열전도도가 높은 절연체를 사용하여 방열성을 높이게 되었다.

이러한 차량 네트워크 사용의 장점으로는 wiring 하네스 대폭 감소, 차량 중량감소로 차량 연비 증가, 신규 설계 변경 용이, 유지보수(서비스) 향상, 차체 설계유연성, 부품공용화설계, 다양한 기능 구현 및 광범위한 Flexibility 제공 등을 들 수 있다.

그림 1.8은 ECU 가운데 가장 비중이 큰 엔진 제어 시스템을 나타낸 것이다. 이를 위한 ECU는 센서로 부터 연료 주입, 점화 타이밍, 속도 등에 대한 정보를 피드백 받아 액튜에이터(주입, 공회전 속도, 점화 타이밍 등)를 최적 조건으로 유지해 준다. 그림 1.9~1.15는 CAN에 연결되어 있는 중요 ECU 시스템 블록도를 나타낸 것이다.

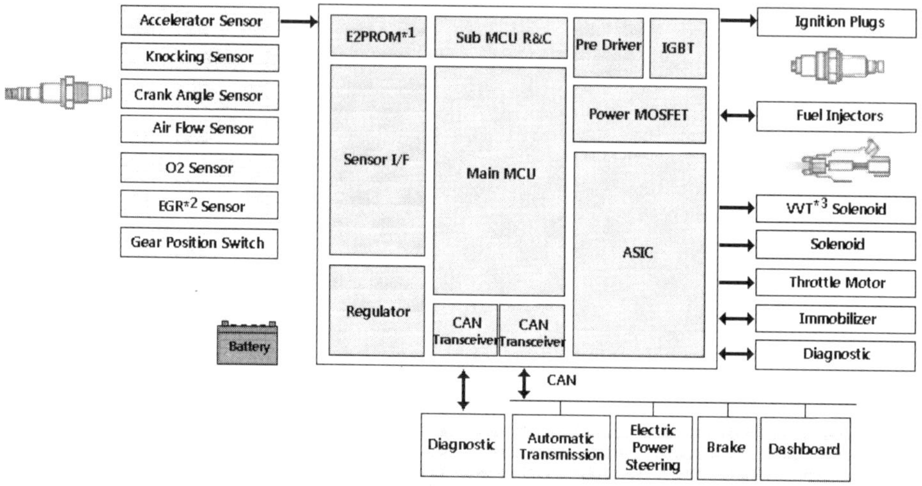

그림 1.8 엔진 제어 시스템

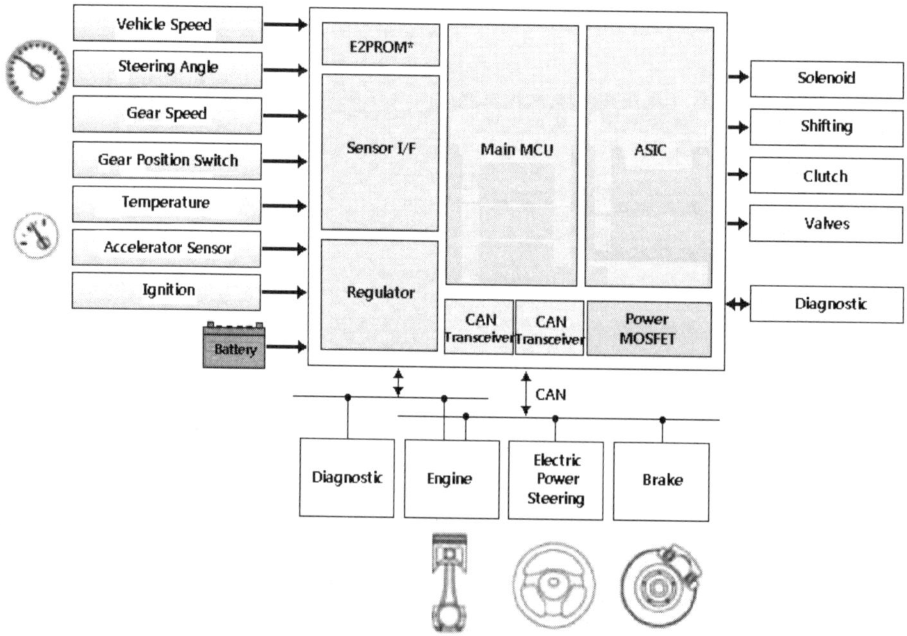

그림 1.9 트랜스미션 제어 시스템

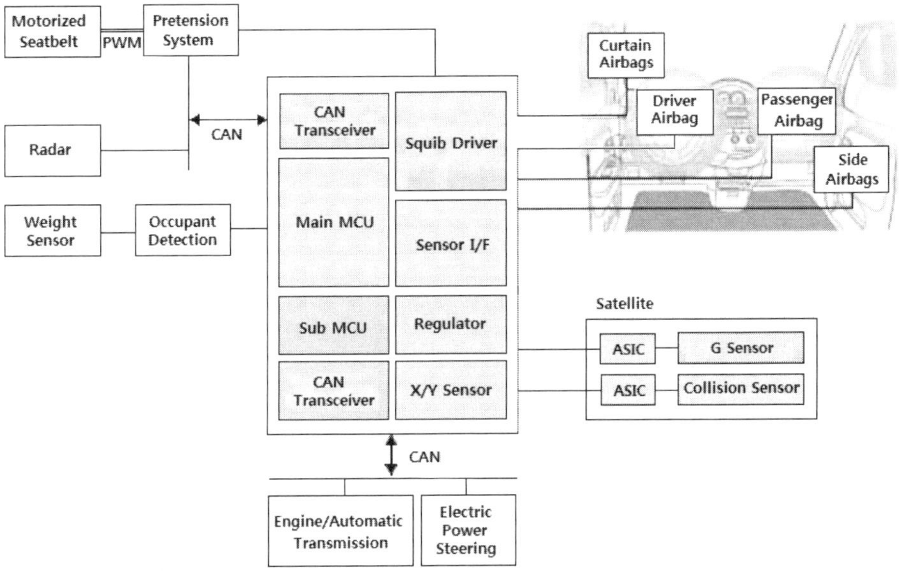

그림 1.10 에어백 제어 시스템

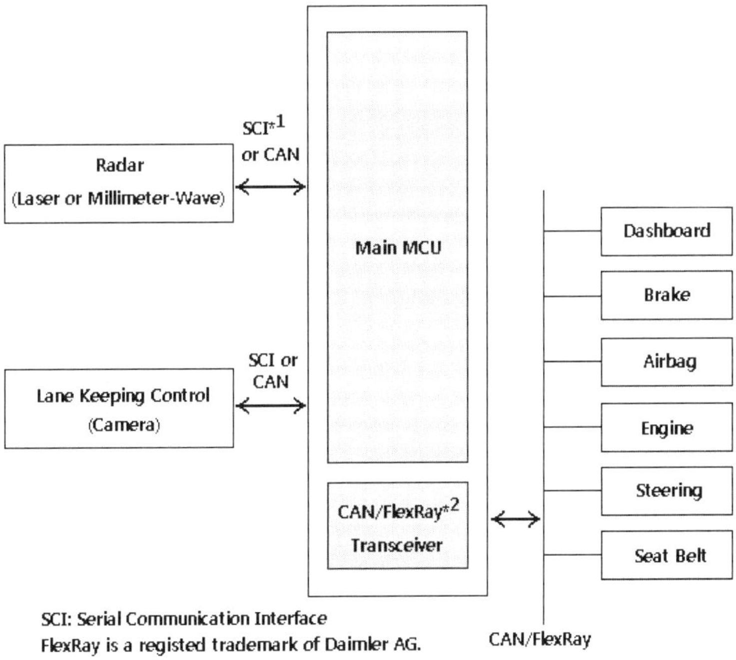

그림 1.11 충돌 방지 안전 시스템

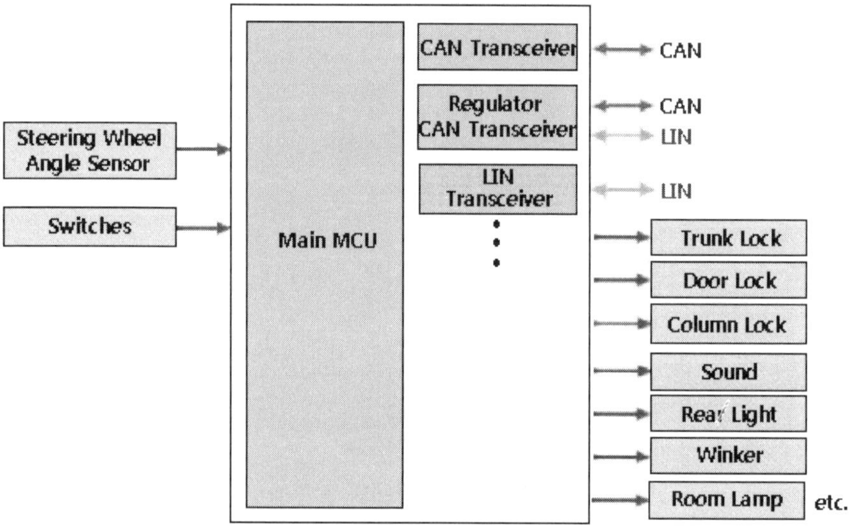

그림 1.12 차체(Body) 제어 시스템

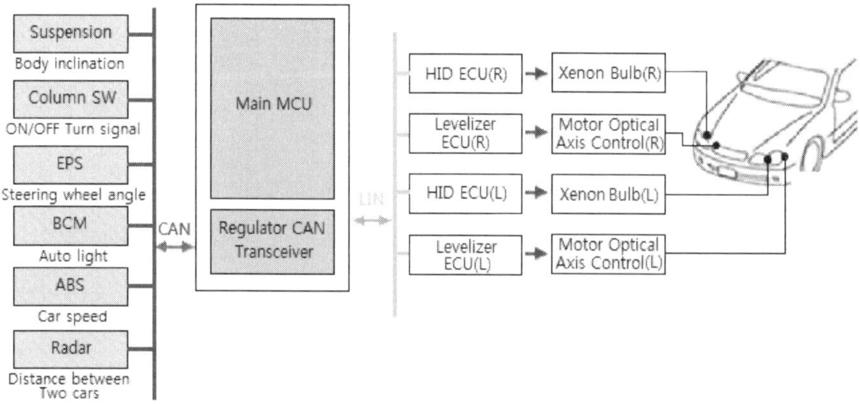

그림 1.13 적응 전등(Adaptive front light) 시스템

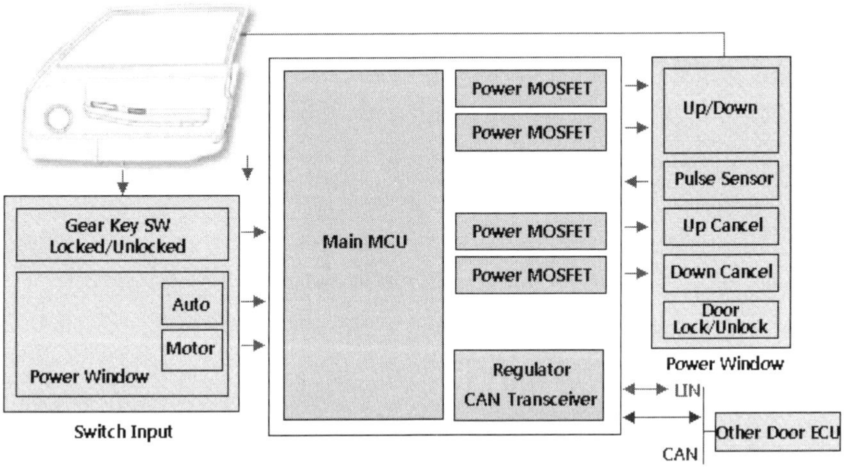

그림 1.14 파워 윈도우 시스템

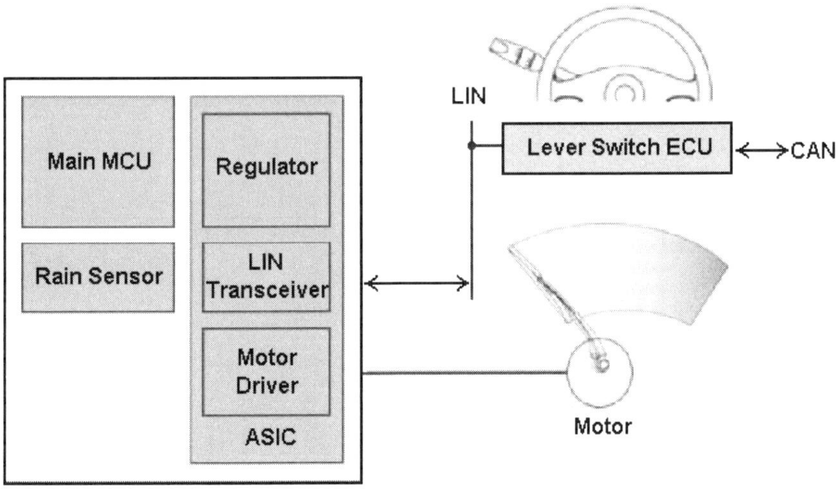

그림 1.15 와이퍼 시스템

1.2.2 CAN(Controller Area Network) 통신

1.2.2.1 CAN 통신 개요

CAN은 초기에 자동차 산업 분야에 적용하고, 차량 내부에 사용되고 있는 여러 종류의 ECU 시스템 및 기타 장치가 서로 정보를 교환(ECU들 간의 디지털 직렬 통신을 제공)할 수 있도록 하기 위해 Bosch사와 인텔사에서 개발한 차량용 직렬 버스 표준(serial bus standard) 및 통신 시스템이다. CAN은 열악한 환경이나 고온, 충격이나 진동 노이즈가 많은 환경에서도 잘 견디기 때문에 근래에는 자동차 분야뿐만 아니라 산업 전 분야에 폭 넓게 적용되고 있다. 또한 CAN은 코어 망을 포함해 전력 train 계통에서 차체(body) 계통에 이르기까지 폭넓게 사용되고 있다.

2가닥의 꼬임선(Twist Pair Wire) 형태로 구현된 CAN 버스로 임베디드 시스템(또는 마이크로 컨트롤러) 사이에서 통신망을 형성하며, 외부의 요인(노이즈 등) 등에 강인성을 가지기 때문에 통신 에러율을 최소화하여 높은 신뢰성을 보장할 뿐만 아니라 최대 110개의 노드를 하나의 네트워크 상에 연결하여 통신이 가능하다. 통신 속도는 실시간 제어가 가능한 1Mb/s(ISO 11898 규격)의 고속 통신을 제공하며 더불어 자동차 환경(자동차 엔진 룸의 경우 다양하고 심각한 전기적인 노이즈 상존)과 같은 심각한 노이즈 환경에 적합하도록 에러 검출 및 에러 보정의 기능이 있다.

CAN 규격에서는 전송속도가 최고 1 Mb/s로 되어 있으나 CAN 마크로를 사용하는 경우에는 프로그램 가능하게 설정할 수 있어 전송속도를 자유롭게 선택할 수 있다. 따라서 전송속도를 늦게 하면 CAN 버스의 길이를 길게 할 수 있다. 그러나 전송속도에 따라 CAN 마크로에 접속하는 진동자를 인식해야 한다. Bosch사 규격에서는 125 kb/s(네트워크의 길이 약 500 m) 정도이면 가격 면에서 유리한 세라믹 진동자 사용이 가능한 것으로 알려져 있다.

CAN에는 이론적으로 2,032개의 디바이스를 연결할 수 있으나 하드웨어의 실질적인 제한(예: 트랜시버)으로 110개 노드(Philips 82C250의 경우)만을 연결할 수 있고, CAN의 노드는 메시지를 송수신하게 된다. CAN에 연결된 전형적인 디바이스는 센서, 액츄에이터 및 콘트롤러이며, 메시지는 이들 디바이스에 직접 도달하지 않고 디바이스와 버스 사이에 있는 호스트 프로세서 및 CAN 콘트롤러를 통해 통신한다. 각 노드에는 호스트 프로세서, CAN 콘트롤러 및 트랜시버가 필요하다. 이들의 역할을 간단히 보면 다음과 같다.

- 호스트 프로세서: 받은 메시지가 무엇을 의미하고 어디로 송신해야 하는지를 결정한다.

- CAN 콘트롤러: 버스로부터 받은 비트 정보가 완전한 메시지를 구성, 호스트 프로세서로 보내질 때까지 비트 정보를 저장한다.
- 트랜시버: 수신측에서는 버스로 부터 오는 신호 레벨을 CAN 콘트롤러에 적합하도록 조정하고 송신측에서는 CAN 콘트롤러로 부터 받은 신호를 버스에 송신할 수 있는 신호로 변환한다.

각 메시지는 ID를 가지고 있으며 통신할 때마다 우열이 결정되고 송신 및 수신을 동시에 실행하지 않도록 되어 있다. CAN 데이터 연결 계층 프로토콜은 2003년 ISO 11898-1로 표준화되었다. 이 규격에서는 주로 데이터 연결 계층(Logical Link Control(LLC) 서브 계층 및 미디어 액세스서브 계층으로 구성됨)과 OSI 참조 모델의 물리 계층 측면을 기술하고 있다. 다른 프로토콜 계층은 네트워크 설계자의 선택에 맡겨지고 있다. 그림 1.16은 CAN 네트워크를 나타낸 것이다.

CAN의 주요 응용 분야는 승용차, 트럭과 버스, 비포장도로 차량, 선박 전자장치, 비행기 및 우주 전자장치, 공장 자동화, 산업 기계 제어, 기중기와 에스컬레이터, 건물 자동화, 의료 장비 및 장치, 비산업 제어, 비산업 장비 등이다.

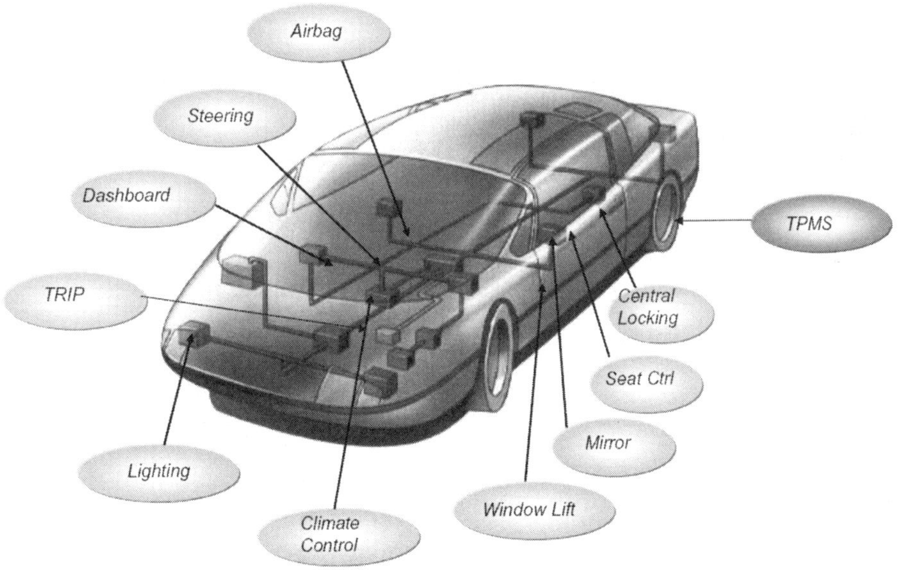

그림 1.16 CAN 네트워크

※ CAN의 역사: CAN은 1983년 세계적인 자동차 부품 제작사인 독일의 Robert Bosch GmbH가 개발하여 발표한 프로토콜로서 1986년 미국의 SAE (Society of Automotive Engineers)가 정식으로 이를 채택했으며 그 후 국제표준화기구가 ISO11898(고속용) 및 ISO11519(저속용)로서 표준화했다. 차량용 기기에서 디지털 컨텐츠의 전송 등 고속 통신이 필요한 경우에는 IDB-1394를, 에어백이나 안전벨트용 등 긴급안전용에는 저속으로서 신뢰성을 높인 safe-by-wire 등 별도의 규격을 책정하고 있다. CAN 칩은 1987년 인텔이 처음으로 생산을 개시했다.

1.2.2.2 CAN 통신의 특징

① 고속 액세스: 전송길이에 따라 다르지만 CAN의 전송속도는 최대 1 Mb/s이고, 제어계 LAN으로서 적절한 액세스 속도 실현이 가능.

② 에러 검출: 에러 검출을 위해 송신이 2개, 수신 텍스트가 3개인 에러 검출 기능이 있어 신뢰성이 우수.

③ 짧은 메시지 구성: 메시지로서는 0-8 바이트를 사용하며, 짧은 메시지로 구성되어 있고 재송신 등의 경우 재송신까지의 시간이 상당히 짧음.

④ 다중 마스트 방식: 데이터는 다중 마스트 방식을 사용.

⑤ 버스 액세스의 우선 순위: 버스의 순위는 ID가 낮은 것이 우선이 됨.

1.2.2.3 CAN의 주요 핵심 기술

(1) CSMA/CR

CAN 시스템의 주요 핵심 기술은 단일 직렬버스에 연결된 여러 전자 장치들 간에 데이터를 전송하기 위해 버스 사용권을 획득하기 위한 다중 충돌을 조정하는 CSMA/CR(Carrier Sensing Multiple Access(반송파 감지 다중 접속 방식)/Collision Resolution)이다. 다중 마스트 구조를 통해 우선순위의 메시지가 직렬버스에 보내지는데 그림 1.17에서와 같이 2개 이상의 노드가 동시에 메시지를 보내려할 경우 SOF(start of frame) 다음의 11비트로 이루어진 identifier를 이용하는 프로토콜은 메시지 충돌을 중재한다.

물리적으로는 그림 1.18에서와 같이 wired AND 논리회로에 의해 0비트에의해 결과 값이 결정된다. 즉, 버스 레벨이 0V일 때 우선권이 주어지고 5 V일 때 버스 사용권을 양보하게 된다. 이와 같이 여러 개의 노드에서 발생된 identifier의 값이 0 비트를 많이 가지고 있는 노드가 생존하게 되고 결국 버스 사용권을 획득하게 되어 정보를 전송하게 된다. CAN 지연 없이 최소 우선순위를 갖는 메시지에 버스 접근을 승인하는 비파괴적인 중재 메커니즘을 기반으로 하며 중앙 집중적인 버스 마스터가

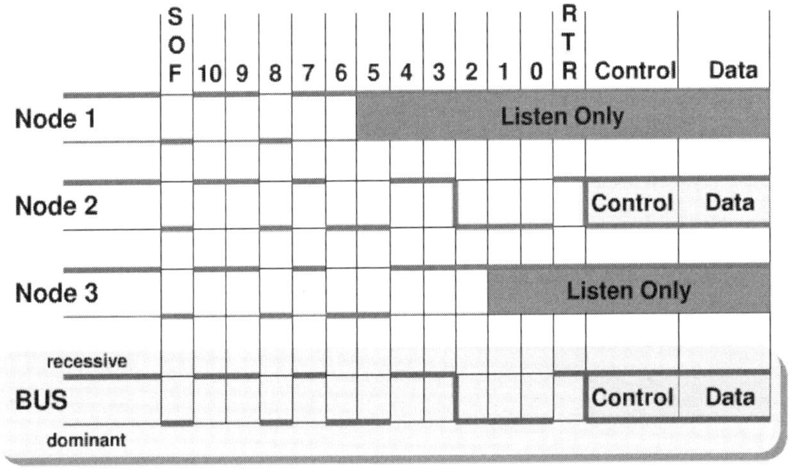

그림 1.17 CSMA/CA 방식의 버스 접속

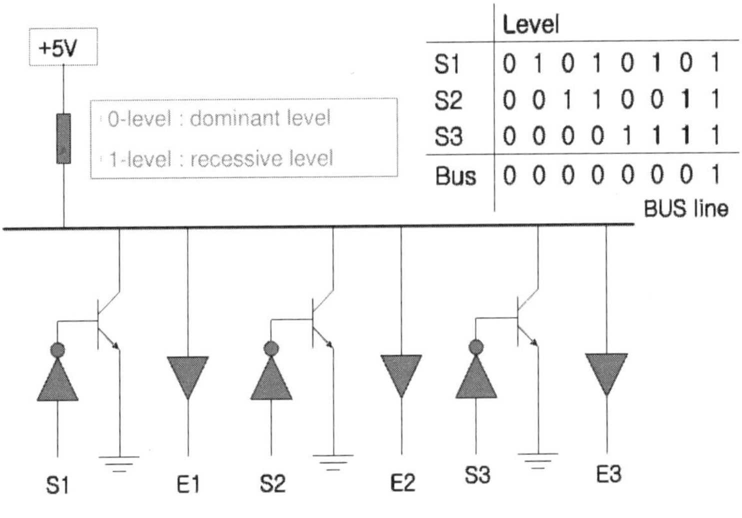

그림 1.18 CAN 버스 접속부의 wired AND 구조

존재하지 않는다. 또한 몇 가지 에러검출 메커니즘을 제공하며, 잘못된 버스 노드의 자동적 연결 단절 기능을 두어 나머지 노드들 간의 통신을 유지하도록 한다. 전송 메시지들은 대부분의 버스 시스템들과 마찬가지로 송신기나 수신기의 노드 주소가 아니라 메시지의 내용에 의해 확인된다.

(2) Bit Timing 및 Bit 동기(Synchronization)

두 번째 중요한 요소 기술은 각 노드 간에 정보를 정확히 주고 받기 위한 동기 기술이다. 각 노드 간 상대적 버스 길이가 다르고 노드 내의 clock을 발생하는 발진기의 주파수가 정확히 일치하지 않기 때문에 이를 보정할 수 있는 회로가 필요하다.

그림 1.19에서와 같이 주어진 차량 내 버스 길이에서 최대 허용 데이터 전송속도를 고려하여 전송지연 시간이 주어진다. 그리고 실제 각 노드들의 송·수신기 간에 clock이 발생용 발진기의 빠른 위상과 늦은 위상 오차를 고려해서 데이터가 포착되는 표본 시간을 중심으로 느린 clock timing 조정용 위상 버퍼와 빠른 clock timing 조정용 위상 버퍼를 두어 위상 오차를 보정한다. 이렇게 하여 각 노드들 간에 주고 받는 데이터의 동기를 유지한다.

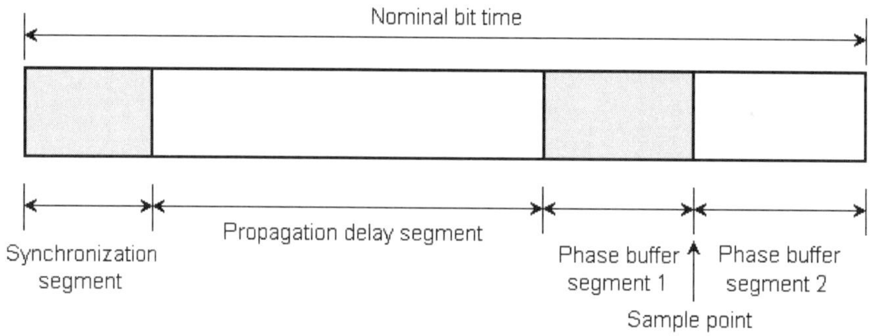

그림 1.19 CAN bit timing 동기

(3) CAN 구조

CAN은 그림 1.20과 같은 구조를 가진다. 또한 그림 1.21(a) 및 (b)와 같이 CAN transceiver와 CAN controller로 구성된다. CAN transceiver는 bus에 직접 연결되는 물리 계층 소자이고 수신된 신호를 CAN controller에 전달하고, 역으로 CAN controller에서 전달받은 신호를 물리계층의 조건에 맞게 변환한 후 버스에 실어 다른 노드로 전송한다.

CAN controller에는 CAN transceiver에서 받은 신호를 이용하여 동기를 맞춘 후 데이터 format에 따른 프로토콜 분석 절차에 의해 버스 사용권 조정획득 여부를 결정하고 host processor와 연동하여 데이터를 전송한다. 실제 차량 내 버스에 새로운 전자장치를 연결할 때 노드별 우선 순위를 정하기 위한 identifier의 입력등 초기화 과정이 이루어진다.

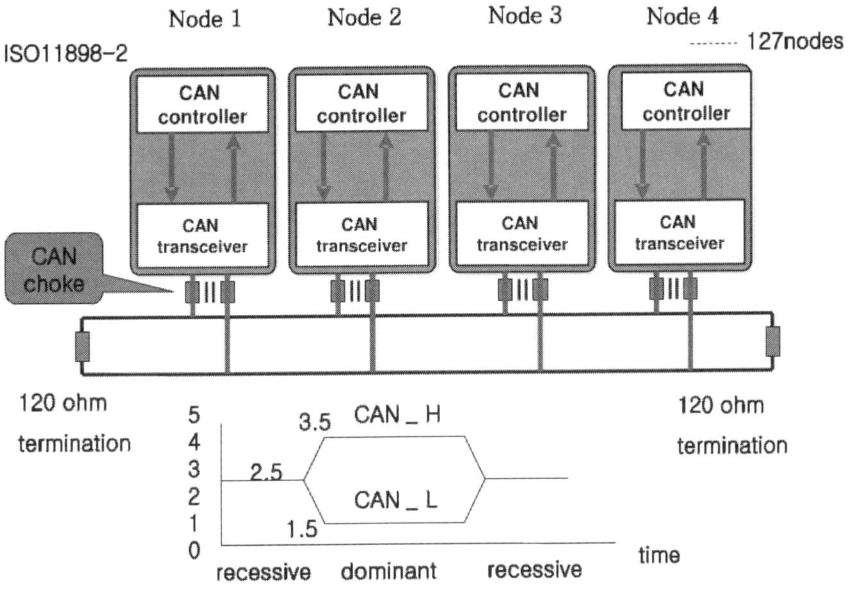

그림 1.20 CAN 구조

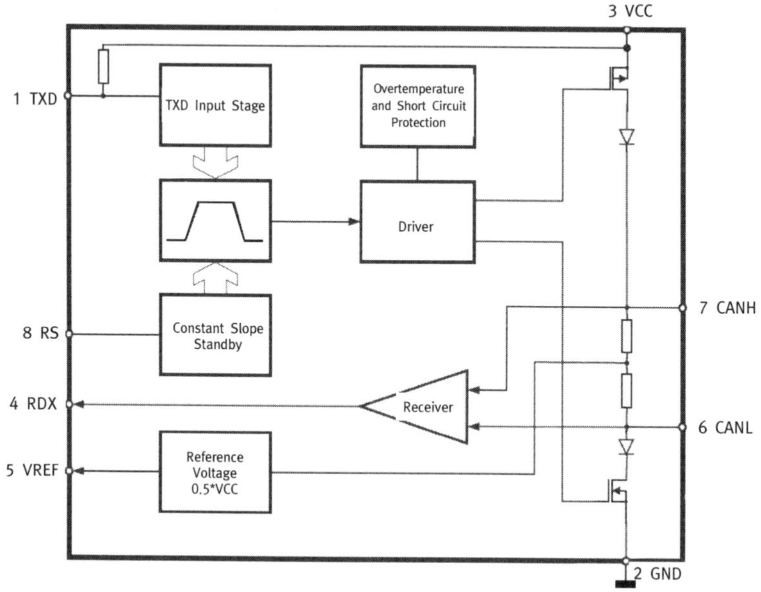

(a) CAN transceiver(예: ATA6660)

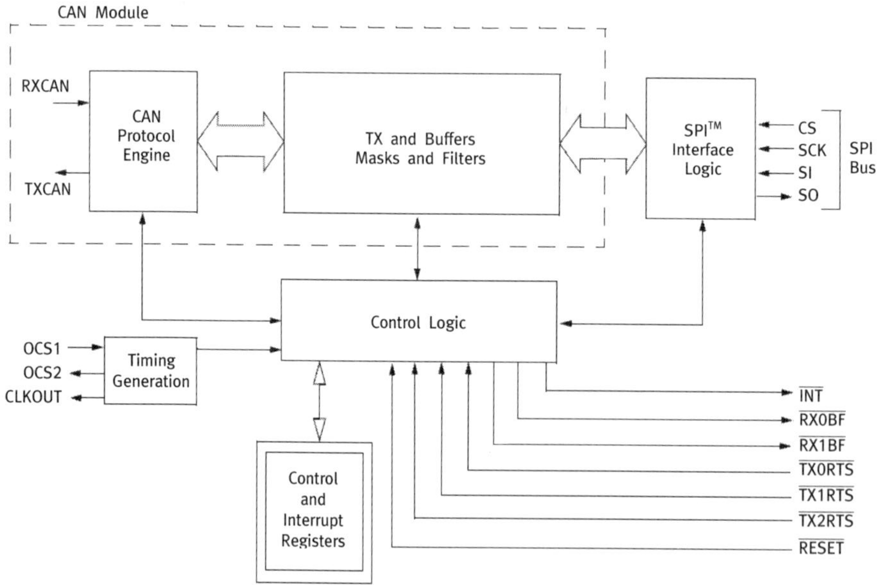

(b) CAN controller(예: MCP2515)

그림 1.21 CAN 구성 요소

CAN controller의 기능을 요약하면 다음과 같다.

- bus arbitration
- serialization and de-serialization of the frames to be sent or received
- calculation and checking of the cyclical redundancy sequence
- error detection an error signaling
- building of the CAN message formats
- inserting and deleting of the stuff bits
- generation and checking of the acknowledge bit
- synchronization of the received bit stream
- message filtering

또한 CAN 프로토콜은 다음과 같은 layer로 구성된다.

- Application Layer
- Object Layer
  - message filtering
  - message and status handling
- Transfer Layer
  - fault confinement
  - error detection
  - message validation
  - acknowledgment
  - arbitration
  - message framing
  - transfer rate and timing
  - information routing
- Physical Layer
  - signal level and bit representation
  - transmission medium

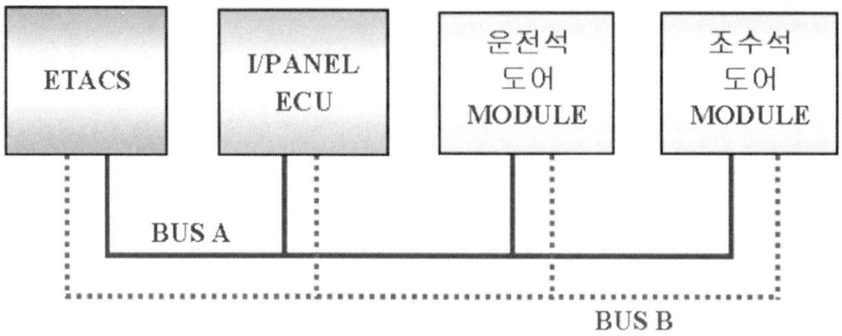

그림 1.22 대표적 CAN 통신 시스템

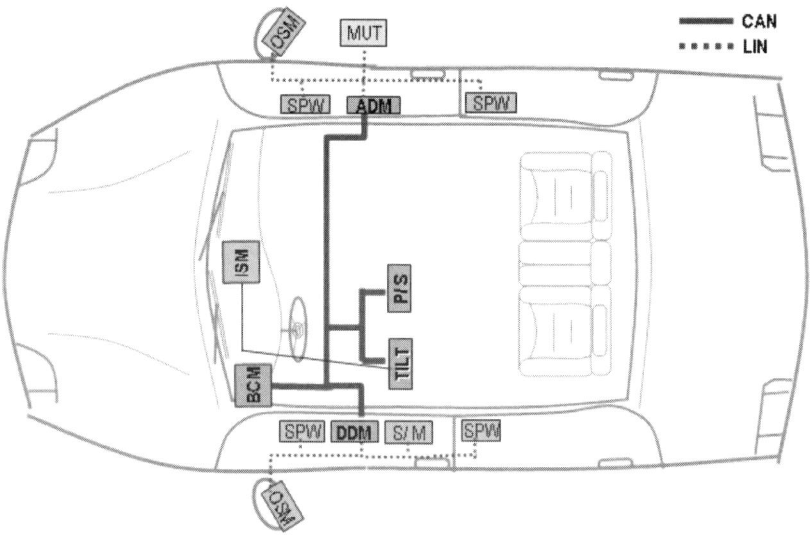

* BCM(Body Control Module)
DDM(Drive Door Module)
ADM(Assist Door Module)
TILT(Tilt ECU)
P/S(Power Seat ECU)
SPW(Safety Power Window)
S/M(Seat & Memory sw module)
OSM(OutSide Mirror module)

그림 1.23 국내 차량 시스템 적용 예

1.2.2.4 CAN 통신의 실제 적용 분야

CAN 통신은 실제 엔진 ECU와 TCU의 통신, 에쿠스 편의장치 통신 등에 적용되고 있다. 그림 1.22는 에쿠스 메인 ECU들의 통신을 그린 것이다. 에탁스(ETACS), 인 패널(I/P: In Panel) ECU, 운전석 도어 모듈, 조수석 도어 모듈이 함께 통신을 해 정보를 주고 받는다. 통신이 되는 라인을 'BUS-A, BUS-B'라고 한다. 여기서 BUS는 데이터 전송라인을 말한다. 즉, 2개의 BUS 라인을 통해 서로의 정보를 공유하고, 자신에게 필요한 데이터를 사용하게 된다.

그림 1.23은 국내 차량 시스템에 CAN/LIN 네트워크 기술을 적용한 예를 나타낸 것이다. 국내에서는 이러한 네트워크 기술을 기반으로 오피러스, 에쿠스 및 그랜저에 적용되어 왔다. ISM(InSide Mirror module)은 TILT에서 HARNESS로 제어한다.

그림 1.24는 CAN/LIN 네트워크 기술이 적용된 제품을 나타낸 것이다. BCM, DDM, ADM, TILT, P/S, SPW, ETACS 및 IN-PANEL 등 다양한 부분에 적용되고 있다.

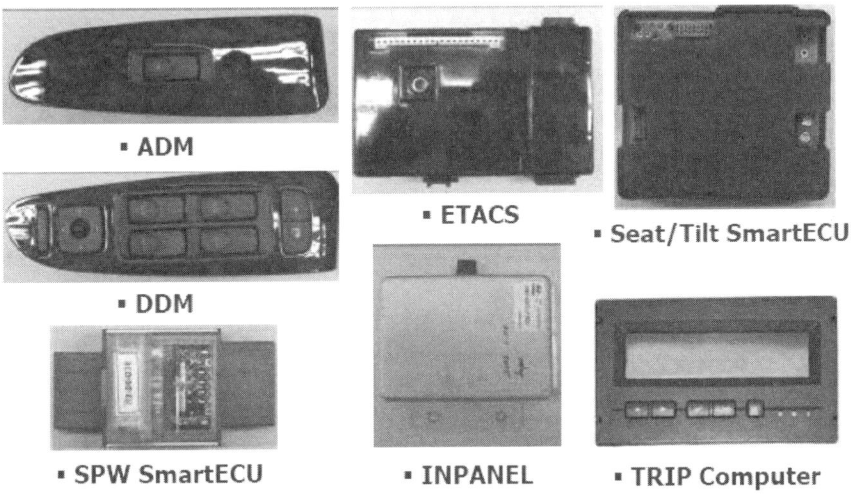

그림 1.24 CAN/LIN 제품 예

그림 1.25 CAN 적용분야

최근 CAN 적용 분야는 차량 분야에서 다른 분야로 점차 확대되고 있다. 그림 1.25는 CAN의 적용 분야를 나타낸 것이다.

1.2.3 LIN(Local Interconnect Network) 통신

1.2.3.1 LIN 통신 개요

LIN(Local Interconnect Network)은 차량에서의 분산된 전자 시스템을 위한 저비용의 직렬 통신 시스템으로 현존하는 자동 다중화 네트워크를 보완하기 위해 CAN을 토대로 고안된 것이다. LIN 통신은 네트워크상에 간단하면서 속도가 중요치 않은 액츄에이터 온-오프 기기와 보통 20kbps 스마트 센서와 같은 간단한 기능의 ECU를 컨트롤 하고 통신하는데 사용된다. 유럽 자동차 업계 중심이 저가의 차량용 네트워크 차량 내 분산된 전자 시스템들을 위한 저비용, 단일 유선 시리얼 통신 시스템인 LIN을 채용하고 있다. LIN의 통신 속도는 CAN의 1/12정도, MOST의 1/600 정도이다. 그 주요 기능은 다음과 같다.

- 개선된 ISO9141을 바탕으로 저비용의 single-wire 구현
- 최대 속도 20Kbps(EMI 이유로 제한)
- Single Master/Multiple Slave 개념으로 중재 불필요
- SCI(UART) Data 구조 기반

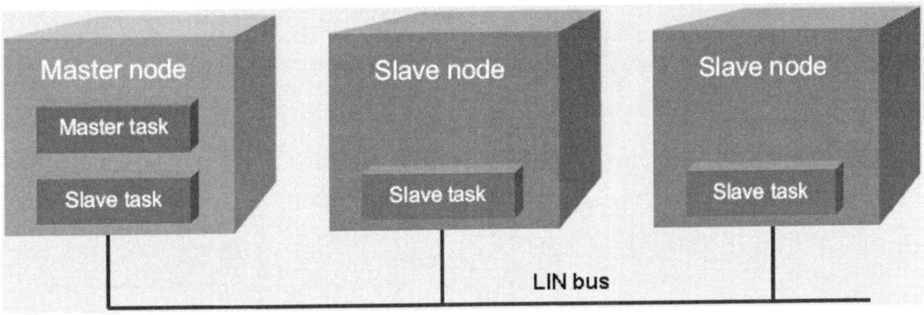

그림 1.26 대표적인 LIN 통신 네트워크 구조

- 신호 전송을 위한 보증된 대기 시간. 따라서 예측 시스템 가능.
- 다른 slave 노드에서 H/W나 S/W를 변경하지 않고도 LIN 네트워크에 노드를 추가
- Salve 모드에서 크리스탈 또는 세라믹 공진회로(resonator) 없는 self-synchronization

1.2.3.2 LIN 통신의 개념

그림 1.26은 대표적인 LIN 통신 네트워크를 나타낸 것이다. LIN 네트워크는 1개의 Master 노드와 여러 개의 Slave 노드로 구성되며, Slave 노드는 Slave Task만을 포함하고 있다. Master Task는 LIN 버스 상에 어떤 노드가 데이터를 전송할지를 결정하고, Slave Task는 Master Task에서 요청한 데이터 전송을 수행한다. 즉, CAN과 달리 LIN은 Master 노드에서 모든 네트워크 관리를 처리한다.

1.2.3.3 LIN 마스트 적합성 테스트

(1) LIN 마스트 적합성 테스트 개요

고품질과 신뢰성은 첨단 자동차에 버스 시스템을 성공적으로 적용하기 위한 필수 전제 조건이다. 자동차 개발에 사용되는 LIN 부품수가 급격히 증가함에 따라 경제적인 버스 시스템을 위한 효율적인 테스트 전략에 대한 중요성이 부각되고 있다. 여기서는 최신 LIN 적합성 테스트 사양에 따라 수행 가능한 LIN 노드 테스트 옵션에 대해 설명한다. 마스터 노드의 경우 이미 잘 알려진 개발 및 시뮬레이션 툴인 CANoe.LIN을 기반으로 한 새롭고 효율적인 블랙박스 테스트 전략이 소개되어 있다.

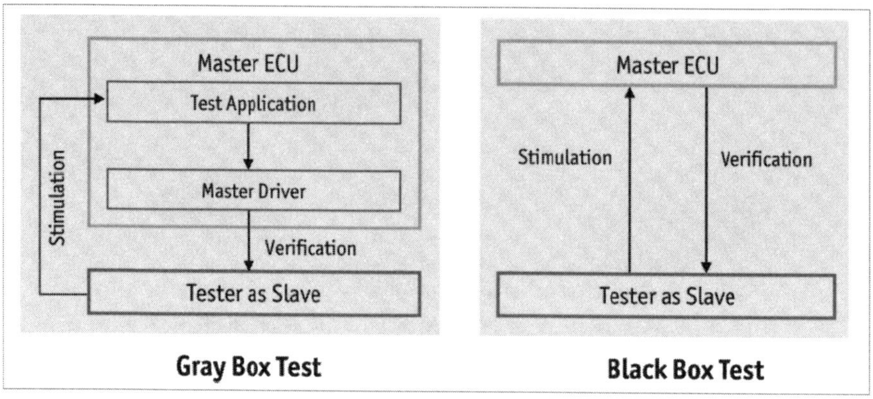

그림 1.27 LIN 마스터 적합성 테스트

LIN 컨소시엄에서는 각프로토콜 버전의 사양 외에 해당하는 적합성 테스트 사양도 제공한다. LIN 적합성 테스트는 LIN 디바이스가 특정 프로토콜 버전을 따르는지 여부를 확인하는 데 사용되며 LIN 인가를 위한 토대 역할을 한다. LIN 네트워크는 마스터-슬레이브 원리에 따라 작동하기 때문에 마스터 노드의 프로토콜 적합성이 무엇보다 중요하다. LIN 적합성 테스트는 물리층, 데이터 링크층, 네트워크 관리 및 노드 구성 같은 각 OSI 층에 대해 개별적으로 지정돼 있다. OEM 또는 공급업체는 애플리케이션 층 테스트만 지정할 수 있다.

블랙박스 테스트는 디바이스의 외부인터페이스(예: LIN 인터페이스)만 사용해 각 테스트 사례를 자극하고 검증하므로 적합성 테스트를 체계적으로 구현하는데 적합하다. 반면 화이트박스 테스트에서는 항상 디바이스의 내부 인터페이스(예: LIN 드라이버의 표준 인터페이스)에 액세스해야 한다. LIN 마스터 ECU는 CAN과 같은 외부 인터페이스를 통해 매우 제한된 수의 자극 옵션을 제공한다. 따라서 LIN 마스터 적합성 테스트를 구현할 때는 이러한 두 테스트 방식이 결합된 그림 1.27과 같은 그레이박스 테스트가 가장 널리 사용되고 있다. LIN 마스터 적합성 테스트는 대개 그레이박스 테스트로 구현되지만, 블랙박스 테스트가 더 많이 사용된다.

(2) 적합성 테스트를 위한 테스트 환경

일반적인 ECU 테스트 사례에서는 테스트 시스템과 테스트 대상 ECU를 구성 및 초기화한 다음 자극을 준 후 검증해야 한다. 벡터의 CANoe.LIN에 제공되는 슬레이브 적합성 테스트는 거의 전체가 블랙박스 테스트로 구현된다. LIN 마스터 역할의 테스터는 대개 LIN 버스를 통해 직접 자극 및 검증 작업을 수행할 수 있다. 재가동

신호를 자극하는 등의 목적으로 수동 자극 및 검증을 수행해야 하는 테스트는 소수에 불과하다. 반면 마스터 적합성 테스트는 슈투트가르트 소재의 툴 공급업체에 의해 그레이박스로 구현된다. 마스터 드라이버가 올바르게 구성되도록 하기 위해 특수 테스트 LDF(LIN Description File)가 제공된다. 생성된 드라이버 코드와 함께 특수 테스트 애플리케이션을 테스트 대상 마스터로 다운로드해야 한다. 이러한 방식을 통해 테스터의 역할이 LIN 슬레이브인 경우에도 LIN 버스를 자극 및 검증 프로세스에 모두 사용할 수 있는 것이다.

폴란드 크라카우에 위치한 델파이 기술 센터(Delphi Technical Center)는 LIN의 미국 버전인 LIN2.0 및 J2602에 대한 테스트 현장에서 CANoe.LIN과 관련 중요한 경험을 했다. LIN 적합성 테스트는 OSI 애플리케이션 2층에는 적용되지 않기 때문에 Delphi TCK에서는 다양한 애플리케이션 테스트를 포괄하도록 테스트 작업을 확장했다. 이러한 테스트의 중점은 신호, 스케줄 테이블, 게이트웨이 라우팅 및 진단을 테스트하는 것이다. CANoe.LIN에 제공되는 CAPL 테스트 기능은 이러한 테스트를 구현 및 자동화하는 과정에 필수적인 역할을 하는 것으로 알려져 있다. 델파이 TCK에 따르면 C와 유사한 CAPL 구문을 사용한 결과 아무리 복잡한 테스트 사례도 손쉽게 구현 및 확장할 수 있었다고 한다.

(3) 그레이박스 마스터 테스트의 단점

마스터 적합성 테스트의 그레이박스 구현은 유용성 면에서 여러 가지 단점이 있다. 예를 들어 이 테스트는 특정 개발 단계에서는 수행할 수 없다. 또 마스터-ECU를 테스트 하기 전에 테스트 LDF에 따라 마스터 드라이버를 구성 및 생성하는 등의 몇 가지 준비 작업을 수행해야 한다.

그레이박스 마스터 적합성 테스트를 사용하면 테스트 애플리케이션을 통해 LIN 버스에서 마스터 드라이버 인터페이스에 간접적으로 액세스할 수 있게 된다. 이러한 방식으로 전체 테스트 적용범위를 얻을 수 있지만, 이 접근 방식에서는 일반적인 V-모델 개발 프로세스를 엄격하게 준수할 수 없다. 예를 들어 개발 프로세스를 시작할 때 마스터의 적합성만 검증할 수 있을 뿐이다. 생산 데이터 베이스(LDF)와 애플리케이션이 마스터 ECU에서 실행되기 시작하면 더 이상 추가 검증을 손쉽게 수행할 수 없게 된다. 뿐만 아니라 OEM은 공급업체의 도움없이는 마스터 적합성 테스트를 반복해서 수행할 수 도 없다.

(4) 블랙박스 마스터 테스트 과정

따라서 많은 자동차 OEM과 공급업체들이 마스터 적합성 테스트를 블랙박스 테스트로 구현할 수 있는지 여부를 자주 묻는다. 이는 OEM과 공급업체들이 구성 노력은 최소화하면서 전체 개발 프로세스 동안 테스트를 개별적으로 수행할 수 있는 큰 이점을 제공한다.

그러나 블랙박스 마스터 적합성 테스트가 그레이박스 테스트보다 진정으로 뛰어난 이점을 갖도록 하려면 먼저 특정 요구 사항을 충족해야 한다. 가장 중요한 한 가지는 개발에 사용되는 드라이버 소프트웨어를 테스트에도 동일하게 사용해야 한다는 점일 것이다. 이를 해결하기 위한 한 가지 방법은 특수 테스트 인터페이스를 통해 LIN 마스터 드라이버를 확장하는 것이다.

이 드라이버 확장은 테스터에 스케줄 테이블을 변경하거나 드라이버의 상태어를 읽는 등의 특수한 테스트 서비스를 제공함으로써 LIN 버스를 통해 테스트 중인 마스터를 직접 자극 및 확인할 수 있도록 해야 한다. LIN 버스를 통한 마스터와 테스터 간의 테스트 통신에는 재구성 서비스에 사용되는 것에 필적할만한 특수 진단 서비스가 사용된다. 이러한 드라이버 확장과 관련된 또 다른 요구사항은 ECU 리소스 증가를 최소화하는 것이다. 또한 프리프로세서 define 등을 통해 생산 코드에서 테스트 인터페이스를 제거할 수 도 있어야 한다.

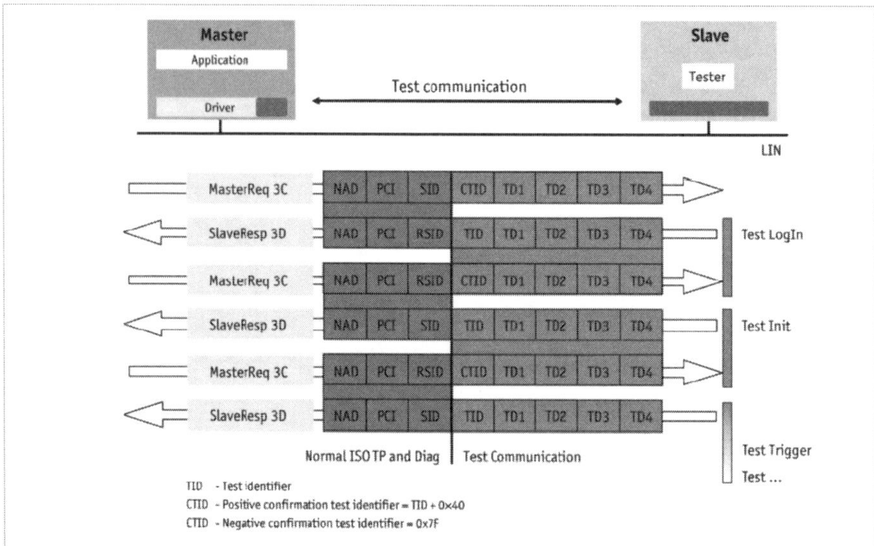

그림 1.28 마스트 적합성 테스트를 블랙박스 테스트로 구현하는 데 필요한 테스트 통신

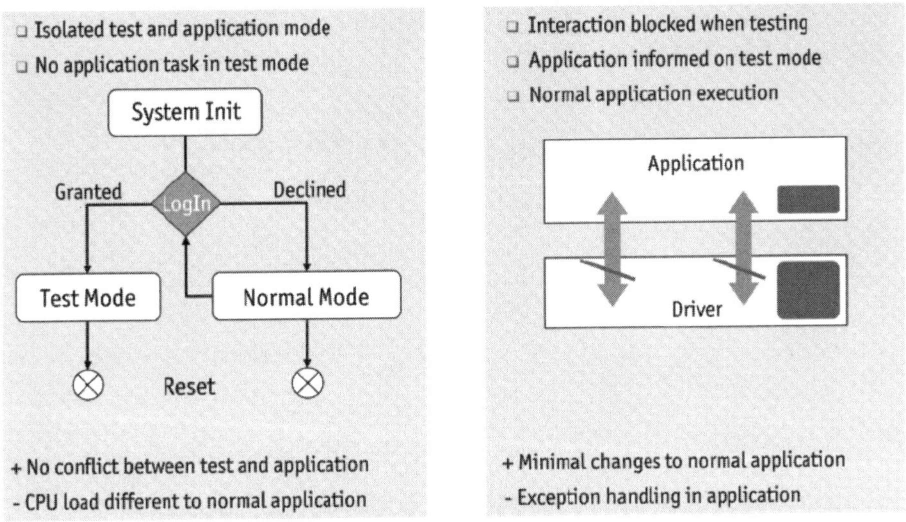

그림 1.29 마스터 애플리케이션과 테스트 실행 간의 조화로운 상호작용을 위한 두 가지 전략

(5) LIN 2.x에 대한 블랙박스 테스트 프로토타입

벡터의 LIN 전문가들은 블랙박스 마스터 적합성 테스트를 디자인 및 지정할 수 있게 해달라는 OEM의 요청을 받는다. 프로토타입을 지정하는 과정에 테스트 통신이 마스터-ECU의 정상적인 작동에 긍정적인 영향을 미칠 것이라는 점이 분명해 졌다. 이는 새로운 특수 진단 서비스를 사용하여 마스터 요청 및 슬레이브 응답으로 구성된 표준 LIN 진단을 적용하는 방식을 통해서만 얻을 수 있다. 이 사례에서는 통신을 시작하는 테스터는 마스터가 아닌 슬레이브다. 그림 1.28과 같이 테스터가 마스터-ECU로 테스트 명령을 보내면 마스터-ECU는 긍정 내지 부정으로 응답할 수 있다.

각 테스트 명령을 보내기 전에 테스트 로그인과 테스트 초기화를 실행해야 한다. 이렇게 되면 마스터의 일반적인 애플리케이션과 관계없이 적합성 테스트를 구현할 수 있는 한도에 대한 질문이 발생하게 된다. 테스트와 애플리케이션을 모두 완전히 별개로 해 병렬로 실행하는 것이 불가능한 것으로 입증됐다. 따라서 애플리케이션은 구현에 관여해야 한다.

애플리케이션과 드라이버의 테스트 모드 간의 상호작용을 처리하는 방법에는 그림 1.29와 같이 크게 두 가지가 있다. 한 가지 방법은 애플리케이션에 테스트가 실행 중임을 명시적으로 알리는 것이다. 이를 대체하는 방식은 애플리케이션에 테스트 실행 사실을 가급적 숨기는 것이다. 두 전략 모두 각각의 장단점을 지니고 있다. 전략을 최종적으로 선택하는 것은 마스터-ECU 공급업체의 피드백과 선호도에 따라 달라질 수 있다. 또한 두 경우 모두 필요한 테스트 서비스를 지원하기 위해 기존 드라이버를 확장해야 한다. 테스트-서버 기능에 필요한 추가 코드는 현재 LIN2.x 드라이버의 20-30%로 추정되며 대부분의 마스터-ECU 프로젝트에 문제를 일으키지 않는 것으로 간주할 수 있다.

현재 프로토타입 구현에서 제공하는 11가지 서비스는 LIN 2.0 마스터 적합성 테스트를 충족하기에 충분하다. 그림 1.30은 현재의 LIN 2.0 마스터 적합성 테스트를 완벽하게 적용할 수 있게 해주는 11가지 테스트 명령의 개요를 나타낸 것이다. 벡터에서 제안하는 개념은 기존 LIN 개발 프로세스 및 프로토콜 사양을 기반으로 하므로 확장이 가능할 뿐 아니라 손쉽게 표준화할 수 도 있다. 벡터는 이러한 활동과 별개로 CANoe.LIN을 추가로 개발할 계획을 가지고 있다.

Test Commands	Parameters	Test ID
Test LogIn	none	0x00
Test Presence / Idle	none	0x01
Test Setup / Trigger	T_{base} Cycles, Reset/Init indication	0x02
Load Parameters	Offset, D1, D2, D3	0x03
Read Result	Offset, D1, D2, D3, D4	0x04
Set schedule table	Table index, Slot index, T_{base} Cycles	0x05
Read Status Word	PID / none	0x06
Send Config Command	RCSID, RCNAD, RCPCI	0x07
Request Sleep Mode	Sleep cyc., Schedule tab, wakeup Del.	0x08
Set signal	Signal handle, Signal value	0x09
Read signal	Signal handle	0x0A

그림 1.30 현재의 LIN 2.0 마스터 적합성 테스트를 완벽하게 적용할 수 있게 해주는 11가지 테스트 명령의 개요

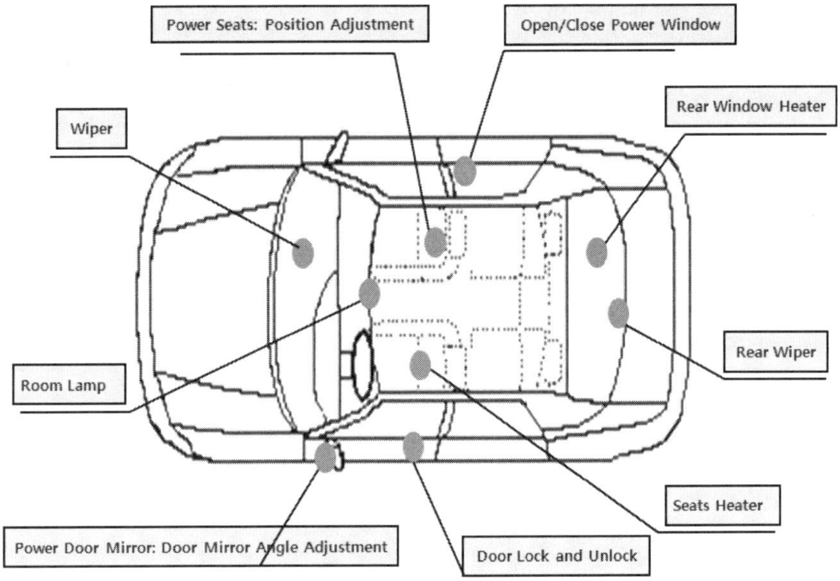

그림 1.31 LIN 통신 시스템(예: 오피러스)

1.2.3.4 LIN 통신의 실제 적용 분야

LIN 네트워크는 차량 내 Roof, Steering wheel, Door, Climate, Seat 및 Engine 등에 적용할 수 있다. 그림 1.31은 국내 자동차인 오피러스에 채용된 LIN 통신 시스템을 나타낸 것이다. 오피러스에 채용된 LIN 통신 시스템은 단방향 통신과 양방향 통신 모두에 적용이 가능하다.

1.2.4 FlexRay 통신

1.2.4.1 FlexRay 통신 개요

FlexRay 통신은 차량의 전자제어 장치가 증가함에 따라 CAN이 한계에 부딪히자 GM, DaimlerChrysler, BMW, Philips 및 Motorola 등에 의해 2000년도에 설립된 컨소시움에 의해 개발된 차량 통신 방식이다. 이러한 통신은 현재 Bosch, Freescale, Philips, Motorola, Honda, Toyota, Hyundai-Kia Motors 등 전세계에서 150 여개의 자동차 회사와 반도체 회사가 FlexRay 컨소시움 멤버십을 구성하였다. 2003년에 첫 번째 프로토콜 사양의 제품이 발표된 이래로, 2006년 봄에는 세 번째 프로토콜 사양의 버전(Version 2.1 Revision)이 발표되었다. 차량의 진단을 위해 개발된 직렬 통신 방식으로, 국제 규격 ISO 14230를 따른다. 미국의 배기규제 OBD-II(On Board Diagnosis)에서 필수적으로 사용(ISO 9141-2와 SAE J1978)하고 있다. OBD-II는 차량 배기가스에 영향을 줄 수 있는 모든 시스템의 제어기에 별도 자기진단기능을 구현하고, 전용 진단 장비를 통하여 어느 부분이 언제 고장을 일으켰는지를 알리는 역할을 한다. 기존에 널리 알려진 CAN은 데이터 전송 용량이 1 Mbps의 속도로 데이터를 전송하지만 FlexRay는 두 개의 채널로 구성되었으며 매개 채널에서 최대로 10 Mbps의 속도로 데이터를 전송할 수 있으므로, 두 개의 채널을 모두 사용할 경우에는 최대로 20 Mbps 대용량의 속도로 데이터를 전송할 수 있다.

1.2.4.2 FlexRay 통신의 개념

(1) FlexRay 통신 특징

FlexRay 통신은 차량의 고속 제어 분야를 위한 통신 인프라를 제공한다. 그 특징 및 장단점을 정리하면 다음과 같다.

▣ 특징

- 2×10 Mbps 전송속도: 10 Mbps 통신채널 2개
- 동기화된 시간축: 시간축 정밀도 0.5μs~100μs(일반적으로 1~2μs)
- 정적 & 동적 메시지 전송 가능
- 유연성 및 예측성(Determinism) 제공
- 이중화(Redundancy) 및 비이중화 통신
- 듀얼 채널 지원을 통한 Fault-tolerance
- 다양한 버스 토폴로지 적용 가능
- 파워트래인, 샤시, by-wire 등에 응용 가능

▣ 장점

- 유연성
- 이중화 및 비이중화 방식으로 전송될 메시지 선택 가능
- 가용성(정적 대역폭 할당) 또는 처리량(동적 대역폭 할당)에 맞게 최적화 가능
- 다양한 토폴로지 지원(버스, 스타 등)

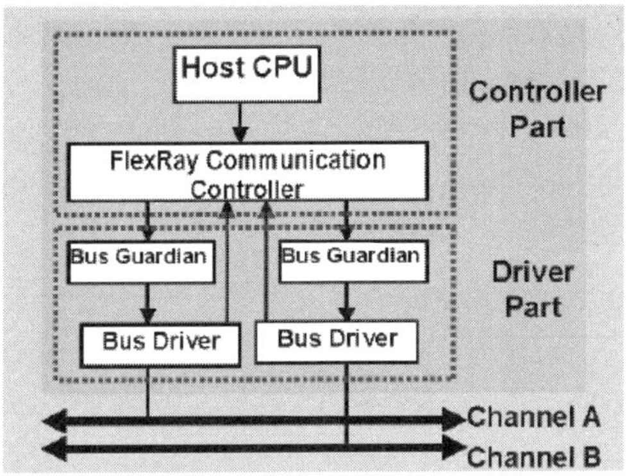

그림 1.32 FlexRay 노드

Header				Data bytes		Checksum
Fmt	Tgt	Src	Len	SId	Data	CS
Max. 4byte				Max. 255byte		1byte

그림 1.33 FlexRay 데이터 구성

▣ 단점

- 네트워크 설정
- 하나의 노드를 추가/제거하고자 할 경우 모든 노드에 대한 네트워크 변화를 야기
- 네트워크 디자인을 위해 개별 노드에 대한 액세스 타임을 알고 있어야 함.

그림 1.32는 FlexRay 노드를 나타낸 것이다. FlexRay 통신 시스템은 dynamic part로서 event-driven 과 static part로서 time-triggered 방식을 각각 수행한다.

FlexRay 통신의 데이터 구성은 그림 1.33과 같다. 구조는 다음과 같다.

- Header : 메시지의 형식결정

  * Format byte와 target, source address byte, length byte

- Data bytes
- Checksum(8bit)

1.2.4.3 FlexRay 통신의 실제 적용 분야

그림 1.34는 FlexRay 응용 분야를 나타낸 것이다.

실제 적용 사례로는 BMW X5(2006년)에 최초로 부분 적용(Swivel motors on the anti-roll bar & Shock Absorber Adjustment control unit)되었고, 그 이후로 Audi A8, Bentley Mulsanne, BMW X5, BMW 7-Series(2008년, 최초 풀 적용), BMW 5 Series Gran Turismo, BMW 5-Series 및 Rolls-Royce Ghost 등에 적용되어 왔다.

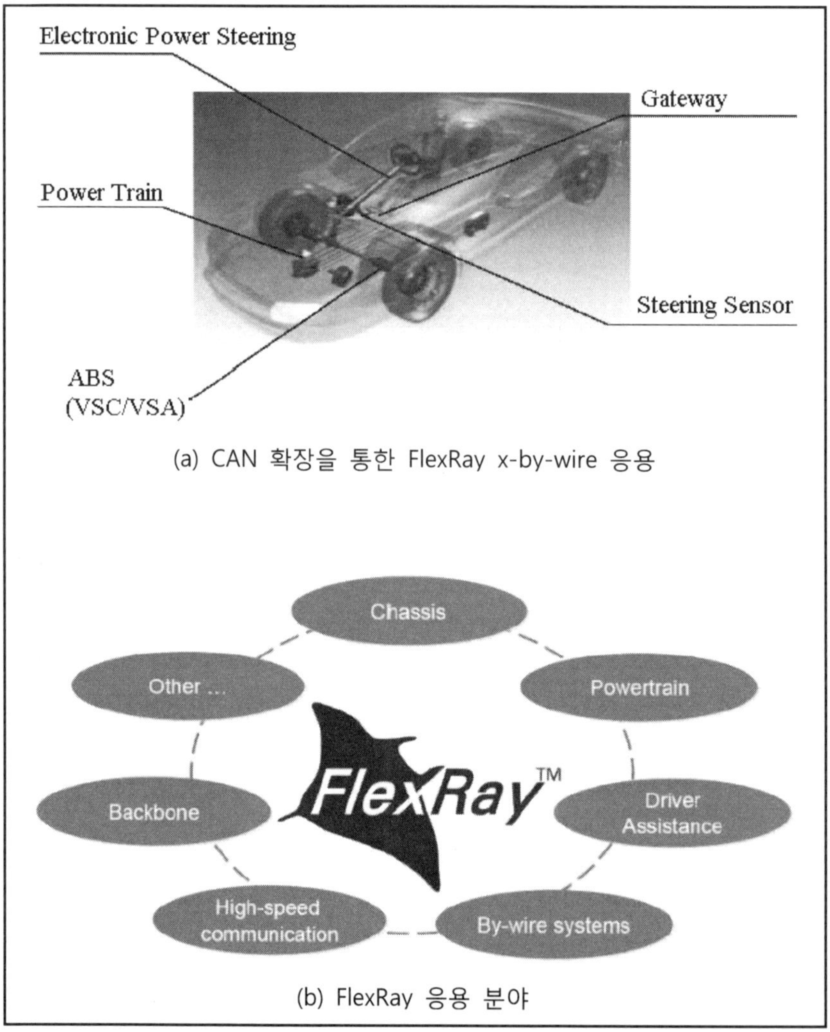

(a) CAN 확장을 통한 FlexRay x-by-wire 응용

(b) FlexRay 응용 분야

그림 1.34 FlexRay 응용 분야

1.2.5 MOST(Media-Oriented Systems Transport) 통신

1.2.5.1 MOST 통신 개요

MOST(Media-Oriented Systems Transport)는 대용량의 멀티미디어 정보를 전달하기 위해 광케이블(Plastic Optical Fiber: POF)을 이용하여 오디오, 비디오 및 제어 정보를 전송하는 시리얼 통신 시스템이다. MOST는 2001년 처음 등장한 이래 고대역폭과 안정성, 편리한 사용방법 등을 바탕으로 자동차 인포테인먼트 시스템에 널리 사용되고 있다. 1세대 MOST는 25 Mbps로 실행되었으며 전 세계 여러 자동차 제조업체의 45개가 넘는 차량 모델에서 인포테인먼트 커뮤니케이션 백본으로 널리 도입되었다. 이후 차량 인포테인먼트 시스템에 점점 더 많은 콘텐츠가 추가되고, 보다 효율적이고 원활한 데이터 전송에 대한 요구가 높아짐에 따라 이중 밀도 코딩을 사용하여 대역폭을 50 Mbps로 높임으로써 MOST25보다 두 배 높은 대역폭을 제공하게 되었다. 현재 늘어나는 대역폭 요구에 맞춰 150 Mbps까지 지원하는 MOST150까지 소개되었다.

동기화된 데이터 통신에 기반하고 있는 MOST는 다양한 기능과 향상된 성능의 멀티미디어 네트워크 기술로써 자동차 내에서 적용될 수 있는 다양한 분야의 멀티미디어 시스템을 위한 통신 매체로 적용되고 있는 추세이다. 그러나 로열티 문제와 복잡한 인터페이스 및 고비용의 단점을 가지고 있다.

1.2.5.2 MOST 통신 특징

MOST 시스템은 컴퓨터 네트워크와 통신 설계를 위한 OSI(Open System Interconnect) 참조 모델의 모든 레이어를 포함할 뿐만 아니라, 기능 블록(function blocks)으로 정의한 AM/FM 튜너와 같은 애플리케이션에 대한 인터페이스까지도 표준화한다. 구현방식은 샘플 상호작용 모델로 기술한다. 또한 오디오·비디오 신호 인코딩도 명세를 구성하는 일부분이다. 따라서 시스템 설계자는 상대적으로 높은 추상화 단계에서 멀티미디어 시스템을 설계할 수 있다.

MOST 네트워크는 일반적으로 Ring Topology 형태를 갖추며, 최대 64개(1개 Timing Master + 63 Slaves)의 MOST 장치로 구성될 수 있다. 경우에 따라서는 Star Topology도 가능하며, 안전상 중요한 어플리케이션 구현을 위하여 Double Bring Topology 구성도 사용 가능하다. 플러그 앤 플레이가 가능하여 MOST 네트워크 상에 장치의 추가 및 제거가 용이하다. 그림 1.35는 MOST 네트워크 구조를 나타낸 것이다. 차량의 실시간 멀티미디어 기술을 제공하며 DMB, CD/DVD, MP3, 네비게이션, 라디오 등 다양한 멀티미디어 기기들이 이러한 MOST 기술을 바탕으로 통합 제어된다.

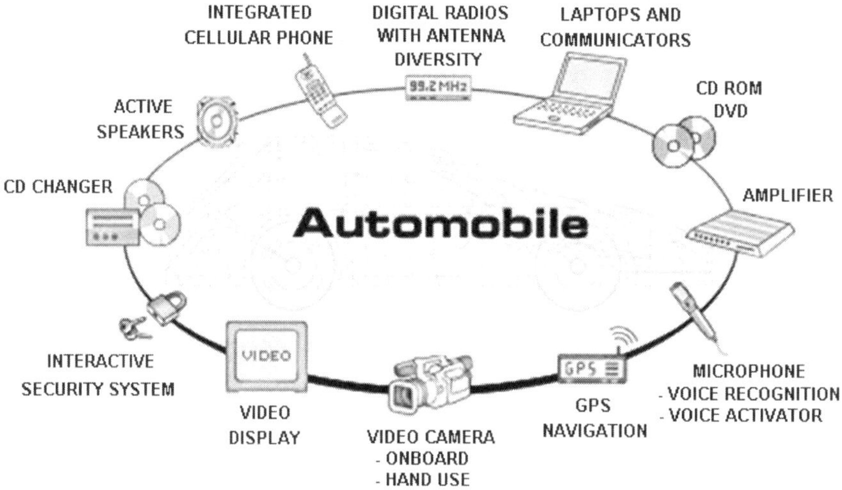

그림 1.35 MOST 네트워크 연결도

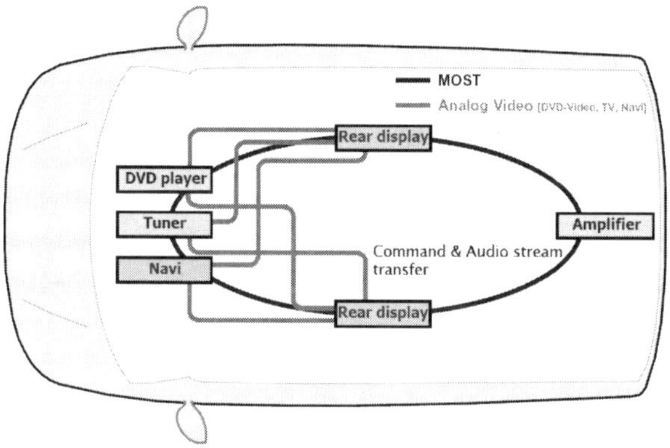

그림 1.36 MOST 네트워크로 구성된 멀티미디어계

1.2.5.3 MOST 통신의 실제 적용 분야

MOST는 스트리밍 데이터(Synchronous Data Transmission) 전송과 패킷 데이터(Asynchronous Data Transmission) 전송을 위한 대역폭으로 최대 약 23 Mbaud가 사용되며, 사용자 설정이 가능한 60개 채널로 구성된다. MOST와 관련된 자동차 내 멀티미디어 서비스 규격으로는 AMI-C(automotive multimedia interface collaboration) 단체가 형성되어 MOST 외에도 IDB1394가 적용되고 있다. 그림 1.36은 MOST 네트워크로 구성된 멀티미디어계를 나타낸 것이다.

1.2.6 MUX(Multiplex) 통신

MUX 통신은 'multiplex'의 약자로, '다중 통신'이라 번역할 수 있다. 현대자동차에 적용된 먹스(MUX) 통신은 단방향과 양방향 통신 모두가 적용되었다. 그림 1.37은 뉴 그랜저, 다이너스티, 그랜저 XG에 적용된 편의장치 통신 시스템이다. 그림 1.37을 보면 운전석 도어 모듈과 에탁스(ETACS)는 서로 양방향 통신을 한다. 즉, 서로에게 자기의 정보를 출력하고 실행한다는 것이다. 그러나 조수석 도어 모듈과는 단방향으로 통신을 한다. 조수석 도어 모듈은 운전석 도어 모듈의 데이터만 수신할 뿐 자기의 정보를 출력하지는 않는다.

그림 1.38은 에쿠스 세이프티 ECU의 통신을 나타낸 것이다. 운전자가 파워윈도우 스위치를 조작하면 운전석 도어모듈은 해당되는 창문의 동작 신호를 파형을 통해 통신선에 출력한다. 이때 세이프티 ECU는 자신에 맞는 신호가 입력이 되면 파워윈도우를 작동한다.

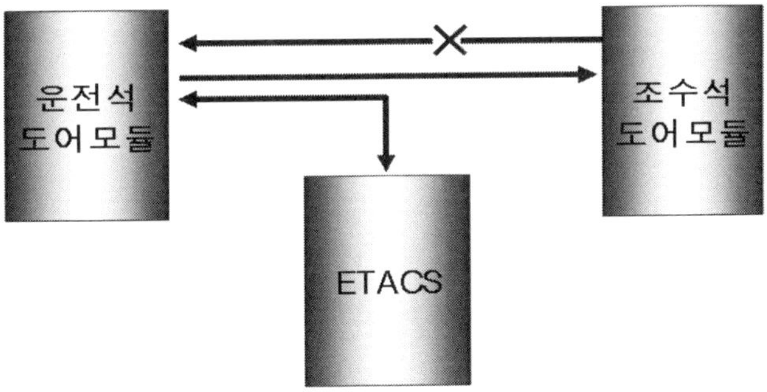

그림 1.37 대표적 MUX 통신 시스템

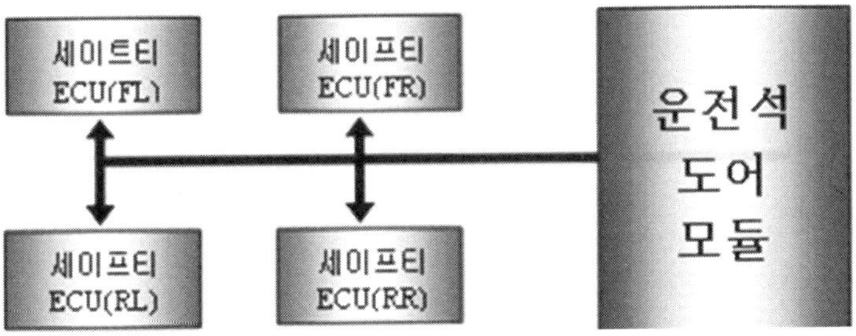

그림 1.38 단방향 통신(에쿠스 차량의 경우)

1.2.7 LAN(Local Area Network) 통신

LAN(Local Area Network: 근거리 통신망) 이란 동일한 통신 프로토콜을 가진 여러 대의 컴퓨터가 통신라인을 통해 서로가 가지고 있는 정보를 공유하는 네트워크 통신 시스템을 말한다.

▣ LAN 시스템의 필요성

- 차량제어의 고도화 및 고부가 가치화
  - 차체 전기기기의 급증
  - 스위치 및 엑츄에이터의 급증
  - 차량 배선의 증가 및 복잡화

▣ 문제점

- 차량 배선 중량 증대
- 배선의 설치 공간 및 전기기기의 설치 장소 제한
- 수작업에 따른 공수 증대 및 작업성
- 고장진단이 어려움

그림 1.39는 에쿠스에 적용된 LAN 통신 시스템을 나타낸 것이다. 에쿠스는 에탁스 기능, 세이프티 파워 윈도 제어, 리모콘 시동 제어, 도난방지 기능, IMS 기능 등 많은 편의사항이 적용되어 있다. 이처럼 많은 시스템들이 작동되기 위해서는 시스템이 작동되기 위한 전원 및 접지, 그리고 이와 관련된 각 스위치나 센서 신호들이 입력되어야 한다. 이러다 보면 배선이 많아지고 고장 발생 개소도 많아지는 것은 당연한 것이다. 이것을 보완하기 위해 통신을 적용, ECU들이 통신으로 데이터를 공유하도록 했다. 그만큼 차에 설치되는 배선의 무게가 줄어들었고, 진단장비를 이용한 고장진단이 가능해졌다.

▣ 에쿠스 LAN 시스템의 특징

- 배선의 경량화: 각 제어 ECU간 LAN 통신선 사용
- 전장품 설치 장소 확보 용이: 근접 ECU에서 입출력을 제어
- 시스템 신뢰성 확보: 사용 커넥터 및 접속점 감소

- 설계 변경에 대응이 용이: 기능 업 그레이드를 소프트 웨어적으로 처리
- 정비성 향상: 진단장비를 이용해 자기진단, 센서 출력 값 분석, 액츄에이터 구동 테스트 가능

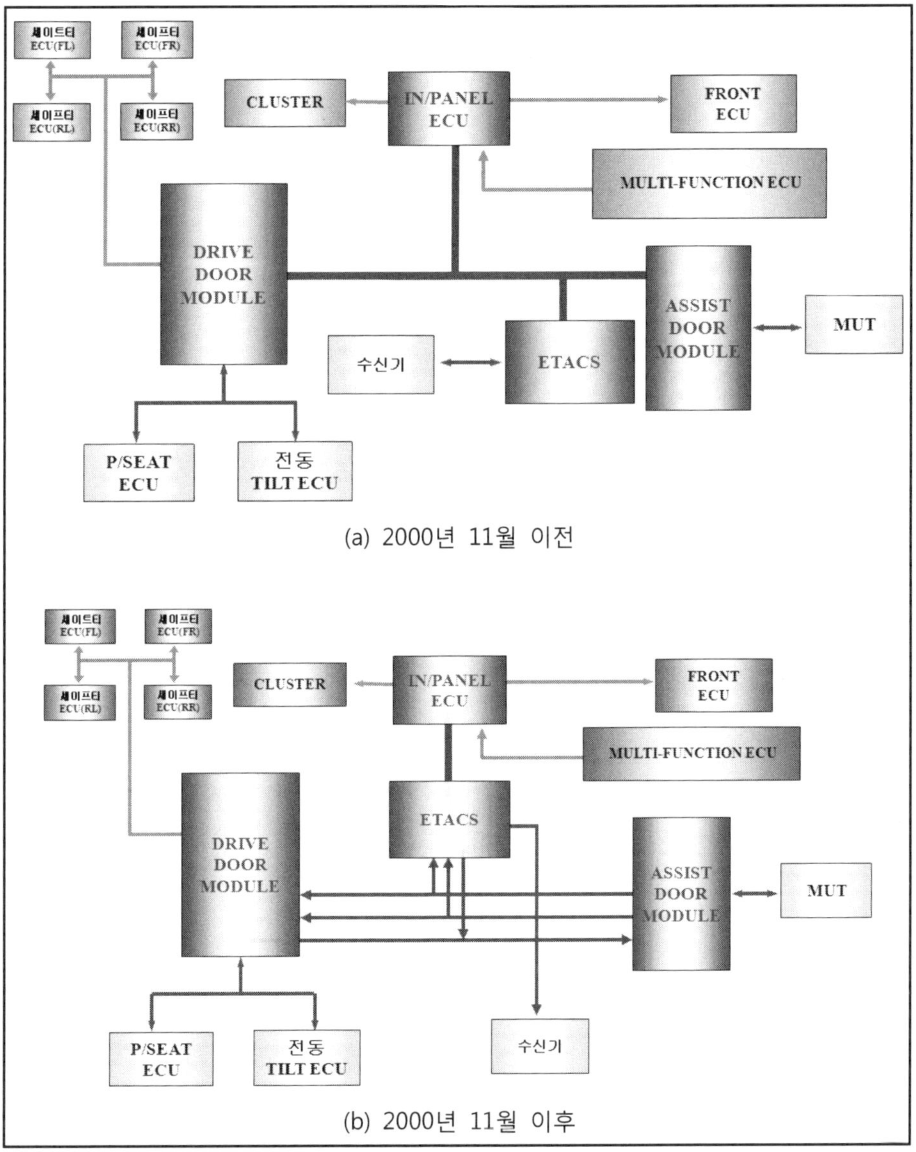

(a) 2000년 11월 이전

(b) 2000년 11월 이후

그림 1.39 대표적 LAN 통신 시스템(에쿠스의 경우)

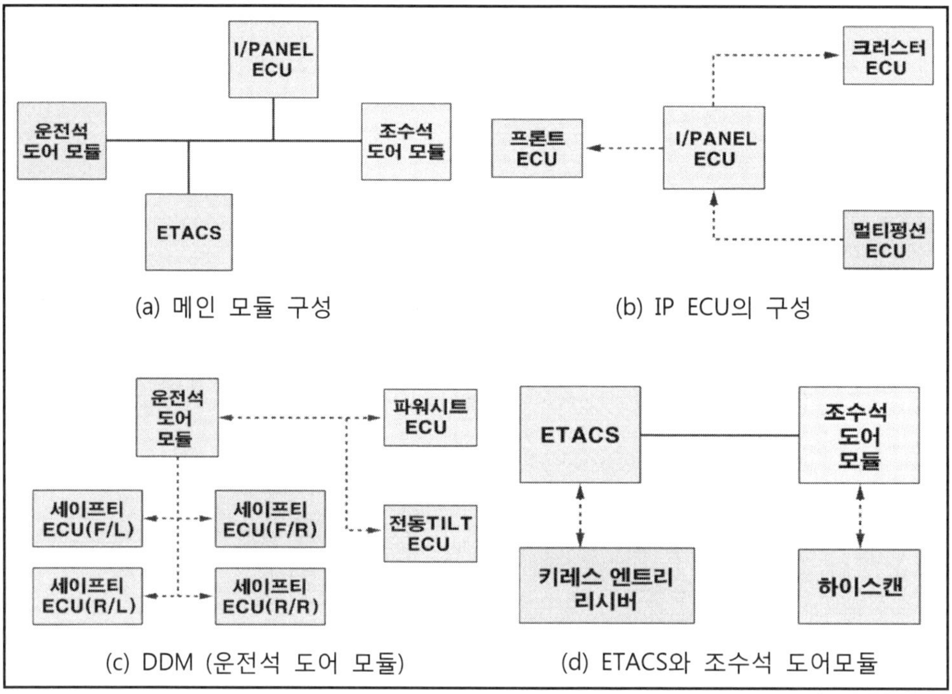

그림 1.40 에쿠스 LAN 시스템 구성

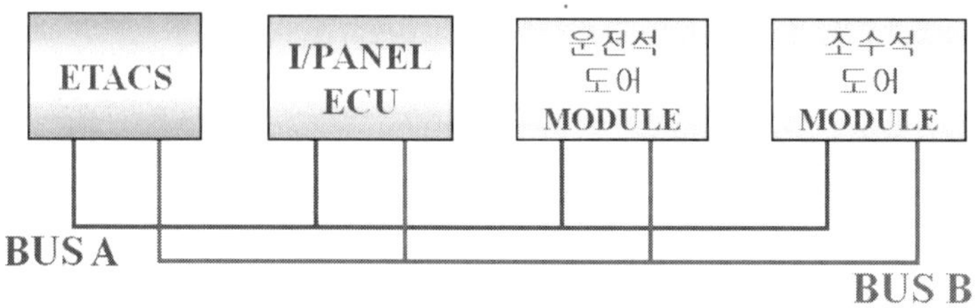

그림 1.41 에쿠스 LAN 시스템 주요 사양

▣ 에쿠스 LAN 시스템 구성(그림 1.40(a)~1.40(d) 참조)

에쿠스 차량은 IN/PANEL ECU, ETACS, DDM, ADM 4개의 메인 모듈과 각각의 메인 모듈과 연결되는 10여개의 서브 모듈로 구성되어 있다.

- DDM-운전석 도어모듈
- ADM-조수석 도어모듈
- IP ECU-인패널 ECU

▣ 에쿠스 LAN 시스템 주요 사양
에쿠스 LAN 시스템의 주요 사양은 그림 1.41과 같다.

1.3 기술개발 동향

1.3.1 기술개발 동향

차량 통신은 기술의 특성에 따라 IVN, V2V와 V2I로 구분되므로, 이러한 기술 영역별로 국내외 기술 개발 현황과 표준화 현황을 살펴본다.

IVN은 차량의 안전이나 편의에 밀접하게 관련된 차량 네트워크 기술이므로 자동차업체가 주도적으로 기술 개발과 표준화를 추진하였다. CAN은 독일의 보쉬사에서 차량의 엔진, 미션, ABS, 에어백과 같은 장치들 간 정보를 공유하고 실시간으로 제어하기 위해 개발되었으며 현재 대부분의 차량이 채택하여 사용하고 있다. MOST는 차량의 오디오 및 비디오와 같은 멀티미디어 기기간 광 네트워크를 제공하기 위해 1998년 미국 Daimler Crysler, BMW, OAIS 등이 참여하여 기술개발을 주도하였는데, 최대 24.5 Mb/s를 지원하는 광통신 네트워크이다. 이와 함께 미국 자동차업체 컨소시엄에서 멀티미디어기기 네트워크를 위해 채택한 AMI-C 1394는 최대 400 Mb/s를 지원하는 차내 통신 네트워크로 주목을 받고 있는 기술이다.

차량 내 IVN 구성시 유선 네트워크는 설치와 유지 보수에 번거로움이 있으므로 무선 네트워크를 이용한 정보기기의 네트워크를 구성하는 시도가 추진되어 왔다. 차량의 거리가 수 m이고 무선으로 정보를 전달할 수 있는 무선통신기술이 적합하므로 2.4GHz 대역의 WPAN 기술의 적용이 연구되었다. 블루투스, 무선랜 및 UWB 기술은 IVN에 적용이 될 수 있는 기술로서 블루투스 기술은 핸드프리 서비스, 무선랜은 핫 스팟(hot spot)에서의 차량 인터넷 서비스에 활용하고 있다. V2V와 V2I는 차량의 안전뿐만 아니라 편의, 관리에도 관련이 있으므로 정부와 자동차업체, 그리고 통신업체가 상호 협력하여 기술개발을 추진하는 것이 필요한 분야이다.

미국 DOT에서는 그림 1.42와 같이 VII(Vehicle Infrastructure Integration) 프로젝트를 추진하여 국가차원의 교통정보와 차량 안전 서비스를 제공하고 있다. VII 프로젝트에서는 V2V와 V2I 통신을 지원하는 통신 시스템 구조, 시스템 엔지니어링, 단말 플랫폼, 위치정보, 네트워크 보안, 시스템 개발 및 시험을 수행하고 있으며 BMW, DCX, 포드, 혼다, 니산, 텔코디아가 참여하고 있다. DOT는 5.9 GHz 대역에서 V2V와 V2I 통신을 모두 지원하는 WAVE(Wireless Access for Vehicle Envi-

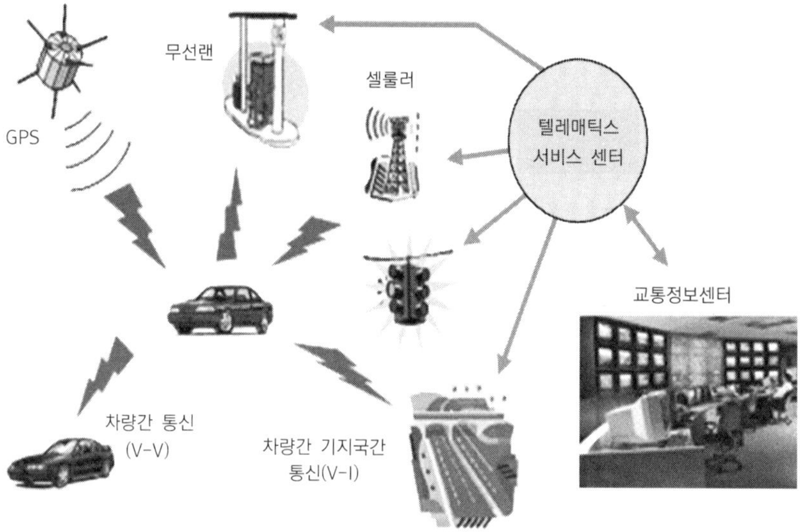

그림 1.42 VII 시스템 개념도

ronments) 기술을 개발하여 차량 공공서비스와 일반 개인 서비스에 제공할 목적으로 2010년부터 미국 전역에 200,000개의 노변기지국을 연차적으로 설치하여 통신인프라를 구축하여 운용하고 있다. WAVE 통신기술은 기본적으로 차량환경과 차량 안전 서비스에 적합하도록 IEEE802.11 무선랜 규격을 변형한 기술로서 차량환경에서의 성능을 검증하는 것이 매우 중요하다. 따라서, DOT는 5.9 GHz 대역 WAVE 기술을 개발하고 서비스 적합성을 검증할 목적으로 DIC(DSRC(Dedicated Short Range Communication) Industry Consortium) 컨소시엄을 구성하였으며 Mark IV, Raytheon, Sirit Technologies, TransCore, 도요타 및 혼다 자동차 등이 참여하고 있다.

차량통신을 이용하여 차량 안전 서비스를 제공하기 위해 2003년 BMW, Daimler Crysler, Ford, GM, 니산, 폭스바겐을 중심으로 VSCC(Vehicle Safety Car Community)가 구성되었다. VSCC는 도로에서의 차량충돌 감소를 위한 차량 안전 서비스 요구사항을 정의하고 WAVE 기술을 적용하여 성능을 평가하고 통신 프로토콜의 표준화를 추진하고 있다. 차량 안전 서비스에서 우선순위가 높은 서비스는 통신 인프라 기반의 급커브경고, 좌회전지원, 신호위반경고이고 차량간 통신 기반의 전방충돌경고, 긴급 전자브레이크 라이트, 차선변경경고 및 사전충돌감지가 있다. EU는 2005년부터 i2020 "Intelligent Car Initiative"라는 슬로건 하에 보다 안전하고 지능화되며 고품질의 이동성을 제공하겠다는 비전을 제시하고 있다. i2020 비전을 실현하기 위해 e-Safety 포럼이 구성되었으며 150여 개 업체가 참여하여 도로맵, 통신기술,

국제협력, 서비스 연구 등 7개의 워킹그룹으로 나뉘어 활동하고 있다. EU에서 추진되는 프레임워크 프로젝트를 통해 차량 안전기술을 연구하였으며 대표적인 프로젝트로는 PreVENT, AIDE, EASIS, GST, Cooperative System, Cooperative System and Synergies, CVIS, SAFESPOT, Coopers(IP)가 있다. 특히, 2007년도부터 시작된 7차 프레임워크 프로젝트에서는 지능형 자동차 시스템과 고속 이동 환경에서 차량 안전 시스템, 교통 관리 및 안전 시스템과 Cooperative 시스템을 연구하고 있다.

SAFESPOT 프로젝트는 2006년부터 4년간 3천7백만 유로가 투입되어 "Smart Vehicles for Smart Roads"라는 비전을 목표로 차량이 주행하면서 주위 차량을 실시간으로 모니터링 하는 Cooperative 통신기술과 차량 안전 서비스 기술을 연구하고 있다. SAFESPOT 프로젝트에서는 그림 1.43과 같이 이동하는 차량이 센서를 기반으로 실시간으로 차량의 주변 상황을 인식하므로 차량은 위험 상황을 인식할 경우 차량간 통신으로 안전 서비스를 제공하거나 노변에 설치된 기지국이 안전에 관련된 메시지를 차량에 제공함으로써 차량의 안전 운행을 지원하는 기술이다. 이러한 Cooperative 통신에서 주요 기술은 "Dynamic Ad-hoc Networking", "Accurate Relative Localization", "Dynamic Local Maps"이며, 이중 Localization 기술은 GPS, DGPS와 landmark 등을 복합적으로 이용하는 방식을 연구하고 있다.

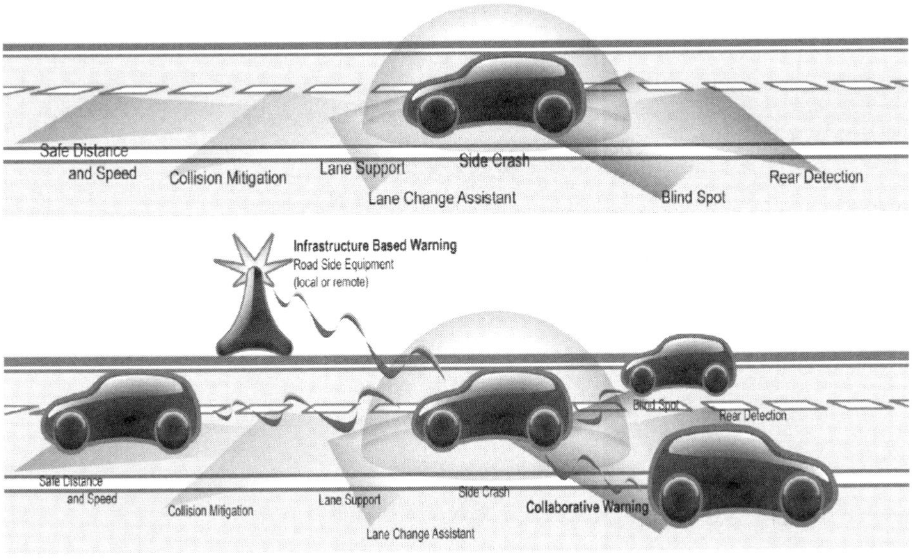

그림 1.43 Cooperative 통신의 기본 개념

INTERSTATE 프로젝트는 교차로에서의 안전기술을 연구할 목적으로 2006년부터 Volkswagen, Renault, Inria 등 유럽 자동차업체가 참여하는 컨소시엄 형태로 추진하고 있다. 일반적으로 교차로에서 상해사고는 30~60%, 치명적 사고는 16~36% 정도이므로 교차로에서 사고감소를 위한 차량안전 서비스기술을 연구하고 있다. 교차로에서 차량 안전서비스 연구는 교차로에서의 안전 시뮬레이션, 차량 센서(레이더, 레이저 스캐너, 비디오 카메라)를 이용하여 도로의 노변 표시와 차량의 위치 및 이동 방향을 실시간으로 모니터링하고 무선통신기술을 사용하여 안전 관련 패킷 메시지를 전달하는 기술을 포함하고 있다. 이 기술은 자동차의 위치와 방향을 실시간으로 계산하고 교차로에서 추돌방지를 위한 신호등 변화를 예측하는 기술로서 운전자에게 경고음이나 메시지를 주는 형태로 패킷 latency를 100msec 이내로 제공하여야 한다.

CVIS 프로젝트는 차량과 노변간 통신시스템의 개발을 목표로 총 사업비는 41백만 유로(약 600억원)이고 4년간 12개국의 63개 업체가 참여하는 대규모 프로젝트이다. 다양한 텔레매틱스 서비스에 적용을 고려하여 통합네트워크 관리, 종착점 기반 제어, 네트워크 기반 가속/감속, 동적버스차로운영, 운전자인식, 네트워크 기반 운전자 지원 서비스, 화물 및 차량 관리, 위치관리, 위험물 관리, 주차예약을 개발하고 있다. 또한 IEEE 802.11 표준과 연계하며 OSGi 기반 단말 플랫폼을 추진하고 있다.

C2C-CC 컨소시엄은 미국에서 추진하고 있는 WAVE 기술을 적용하여 차량 안전과 교통에 활용을 추진하고 있으며, 이 컨소시엄에는 Audi, BMW, Volkswagen, Renault, Fiat 등이 참여하고 있다.

일본에서는 DSRC 통신을 이용한 ETC 서비스가 전국적으로 확산되어 있으므로 DSRC 통신 인프라를 기반으로 교통정보와 차량 안전 서비스를 지원하는 연구를 추진해 오고 있다. 2007년도에 일본에서 시연한 Smart Way 프로젝트에서는 DSRC 통신을 이용하여 ETC, 교통정보, 차량간 충돌 경고 서비스를 제공하는 기술을 개발하였다. 또한 DSRC 통신은 통달거리가 제한되어 있으므로 셀룰러 및 무선랜과 연동되어 차량에서 인터넷 서비스를 제공하는 인터넷 ITS 기술을 개발하였다. 인터넷 ITS 기술은 그림 1.44와 같이 다양한 무선접속기술이 단말에 접속이 되고 IP 프로토콜상에서 무선통합이 되는 특징을 가지고 있다.

일본의 도요타, 혼다, 니산 자동차업체와 히타치, OKI 통신업체들은 5.8GHz ITS 대역, 2.4 GHz ISM 대역, 그리고 200 MHz 대역을 이용한 차량간 통신기술을 연구하고 있다. 5.8 GHz ITS 대역은 미국에서 추진하고 있는 WAVE 기술, 2.4 GHz ISM 대역은 무선랜 기술, 그리고 200 MHz 대역은 기존 아날로그 방송 주파수를 새로운 기술로 다각적인 접근을 시도하고 있다.

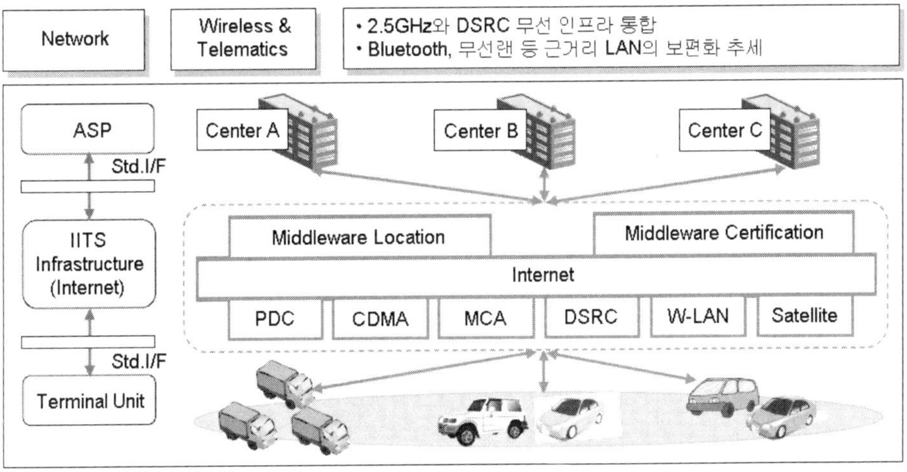

그림 1.44 인터넷 ITS 시스템 개념도

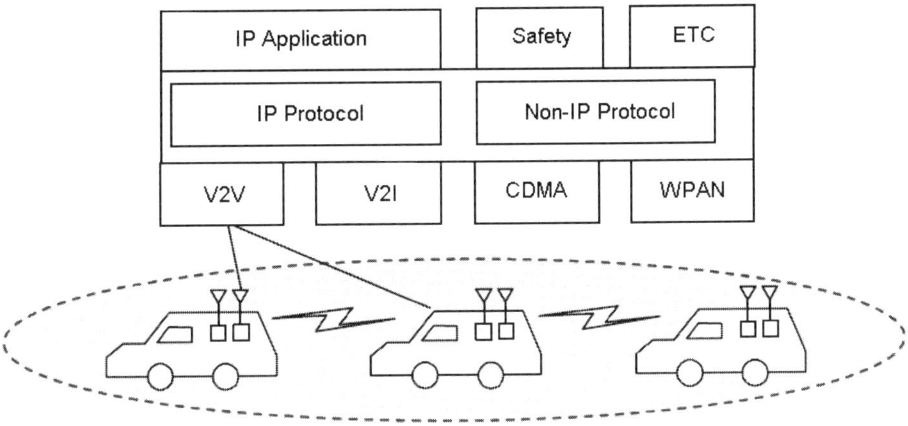

그림 1.45 VMC 시스템 개념도

국내에서는 ETRI를 중심으로 하여 2007년도부터 VMC 기술을 연구하고 있다. VMC 기술은 WAVE 규격을 준용하여 차량 간 통신과 차량과 인프라 통신을 지원하는 핵심기술 확보를 목표로 하고 있다. 주로 핵심기술은 고속이동환경에서의 OFDM 모뎀 기술과 낮은 latency와 많은 사용자 환경을 지원하는 CSMA/TDMA 하이브리드 MAC 기술, 차량간 멀티홉을 지원하는 멀티홉 라우팅 기술, 차량 단말 플랫폼 기술, 차량 안전 서비스와 컨버전스 서비스 기술을 포함하고 있다. 그림 1.45는 VMC 기술의 시스템 개념도를 보여 준다.

1.3.2 표준화 동향

차량 통신 기술의 표준화는 IVN과 연계된 표준과 V2V/V2I 통신기술 표준으로 구분된다. IVN에 관계되는 CAN, LIN, MOST, AMIC-1394와 WPAN 기술은 대부분 표준화되어 상용화하고 있는 상황이므로, 최근에 ISO와 ITU를 중심으로 이슈가 되고 있는 IVN과 외부 통신망과의 표준화를 소개한다.

ISO TC22 WG1에서는 차량 전자장치와 관련된 통신을 다루고 있으며, IP 네트워크를 이용하여 차량 진단의 기술표준을 논의하고 있다. 그리고 ISO TC 204 WG17에서는 개인이 휴대하는 노매딕(normadic) 장치와 IVN을 접속하여 사용자에게 차량정보, 차량 안전, infotainment를 제공하는 기술표준을 논의하고 있으며, ITU-T SG16에서는 차량 IVN과 외부 통신망을 접속하는 차량 게이트웨이 기술 표준을 논의하고 있다. 이러한 표준의 추진은 IVN과 외부 통신망을 효율적으로 연결하여 새로운 응용 서비스를 제공하기 위한 접근으로 이해할 수 있다.

V2V와 V2I 차량통신기술 표준화는 미국의 WAVE 표준과 ISO CALM 표준으로 진행되고 있다. 미국의 WAVE 기술표준은 물리계층과 MAC 계층을 정의하는 IEEE802.11p와 자원관리를 정의하는 IEEE1609.1, 보안을 다루는 IEEE1609.2, 네트워킹 프로토콜을 다루는 IEEE1609.3, 그리고 멀티채널 운용을 다루는 IEEE1609.4로 나누어 진행되고 있으며, IEEE802.11p는 2003년부터 시작되어 2008년에 Letter Ballot 단계로 표준화를 마무리한 상황이다. WAVE 규격은 차량 안전 메시지를 신속하게 보낼 수 있는 Non-IP 응용 서비스와 IPv6 기반의 IP 응용 서비스를 제공하는 특징을 가지고 있다. ISO CALM WG16에서는 다양한 무선접속을 통합하여 ITS와 텔레매틱스 서비스에 응용할 수 있는 기술 표준화를 추진하고 있다. 이러한 표준화 접근은 현재 유용한 무선접속기술을 단말플랫폼에 접속할 수 있도록 하며 IPv6 프로토콜 상에서 통합이 되어 서비스가 중단 없이 제공하는 표준을 마련하고 있다.

이러한 국제 표준화 추세에 부응하여 국내에서도 차량 통신 기술 표준화를 추진하고 있다. TTA PG310 텔레매틱스/ITS 연구반에서는 차량 내부 통신 인터페이스 표준과 차량간 통신 규격의 표준을 개발하고 있으므로 차량과 통신이 결합된 통신 기술과 서비스를 창출하는 기반을 조성할 것으로 전망된다.

참고문헌

[1] 민재홍, 이현우, 김재영, “자동차용 임베디드 소프트웨어 기술 동향,”한국전자통신연구원, 전자통신동향분석, 제26권, 제2호, 2011년 4월.

[2] 오현서, 박종현, “차량 통신 네트워크 기술 동향,”한국전자통신연구원, 전자통신동향분석, 제23권, 제5호, 2008년 10월.

[3] 게빈 C. 로저서, “LIN ECU의 품질 확보: LIN 마스터 적합성 테스트 전략의 현재와 미래,”Automotive Electronics Magazine, 2008년 6-7월.

[4] 임명섭, “차량 통신 네트워크 기술,”정보와 통신, 2007년 9월.

[5] 심영일, “새롭게 발전하는 자동차 센서 네트워크 기술,”한국과학기술정보 연구원, Machinery Industry Magazine, 2008년 3월.

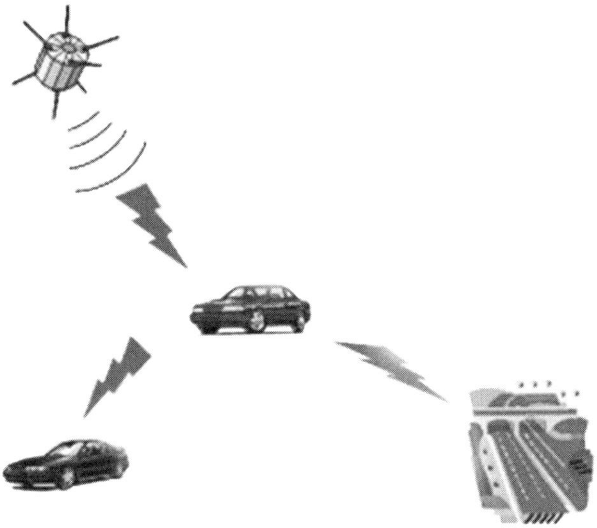

Chapter 2
이동무선통신과 수송기계

2.1 개요

최근 스마트 폰과 아이패드와 같은 혁신적인 무선이동통신기술이 있기까지, 무선정보의 전송개념은 전파의 발견으로부터 시작되었다. 전파의 역사는 1864년 맥스웰(Maxwell)이 전자파의 존재를 이론적으로 예언하고 개념을 정립하는 것으로부터 시작된다. 이어서 1888년 헤르쯔(Hertz)에 의해 전자파의 존재가 실증되었고, 1901년 마르코니(Marconi)에 의한 대서양 횡단통신실험이 무선이동통신의 시초라 볼 수 있다. 그 이후, 20세기 초반부터 무선통신분야는 최근의 마이크로 전자공학분야와 함께 전 세계 연구자의 흥미를 끄는 연구대상이 되어 왔다. 이 처럼 전자파의 발진, 증폭, 검파, 복사(radiation), 전파(propagation) 등 전자파의 이용에 필요한 각종 이론과 기술이 수많은 수학자, 물리학자, 공학자에 의해 연구가 되어 새로운 현상의 발견과 장치의 발명이 계속되어 왔다. 그 결과, 전자파 중에서도 전파라고 명명되는 주파수영역의 파형에 대한 기술적 진보가 두드러져 그 성과가 폭 넓은 과학기술분야에 응용되게 되었다.

전자파 중에서도 빛보다 낮은 주파수 영역을 전파라고 부른다. 전파의 정의는 명확하지 않지만, 상식적으로 전기회로에 의해 인위적으로 발생시킬 수 있는 주파수 영역에서 넓은 공간을 전파하는 전자파를 일컫는 것으로 해석하고 있다. 현재 전자파로 명명되는 주파수는 대략 수 백 GHz 가 상한이라 말할 수 있다.

전파의 주파수별 대표적인 명칭은 표 2.1과 같다. 파장에 따라서 분류하는 초장파 및 극초단파까지의 명칭이 오래전부터 사용되어 왔다. 현재에는 준 밀리미터파(10~30 GHz), 밀리미터파, 서브밀리미터파 등의 명칭도 사용되고 있다. 극초단파 및 마이크로파는 정확한 주파수 영역을 나타내는 경우가 없고, 대략 표 1.1에 나타내는 영역을 통칭하여 사용되고 있다. 주파수 별로 정확한 분류로서는 VLF에서부터 EHF에 이르는 명칭이 일반적으로 사용되고 있다. 또한 Radar를 대상으로 사용되는 P밴드에서 Q밴드까지의 명칭도 사용되고 있다.

한편, 전파의 주된 응용을 이용목적에 따라 크게 분류하면 다음과 같다.

(1) 정보의 전달매체로서 이용

(2) 계측 수단으로서 이용

(3) 에너지 전송매체로서 이용

표 2.1 전파의 주파수대별 명칭

주파수	명칭	명칭	명칭
3 kHz ~ 30 kHz	VLF		
30 kHz ~ 300 kHz	LF		
300 kHz ~ 3 MHz	MF		
3 MHz ~ 30 MHz	HF		
30 MHz ~ 300 MHz	VHF		
300 MHz ~ 3 GHz	UHF	마이크로파 / 극초단파	
3 GHz ~ 30 GHz	SHF	마이크로파 / 극초단파	준밀리미터파
30 GHz ~ 300 GHz	EHF	마이크로파 / 극초단파	밀리미터파
300 GHz ~ 3 THz		마이크로파 / 극초단파	서브밀리미터파

주파수	명칭
225MHz ~ 390MHz	P밴드
390MHz ~ 1.5GHz	L밴드
1.5GHz ~ 5.2GHz	S밴드
5.2GHz ~ 11GHz	X밴드
11GHz ~ 33GHz	K밴드
33GHz ~ 55GHz	Q밴드

이 중에서도 정보의 전송매체로서의 이용은 넓은 의미의 통신기술의 정보전송 수단으로서 매우 유용하다. 따라서 19세기 초 전파의 발견에 이어서, 이를 정보전송에 이용하기 위한 연구가 우선적으로 행하여 졌고, Marconi의 대서양 횡단통신 이후 현재에 이르기까지 급속한 발전을 거듭하고 있다. 이용되는 주파수 대역도 VLF에서 SHF대역에까지 광범위하게 걸쳐있고, 각종 전파전송방식을 이용하여 현재에는 전 세계의 넓은 지역에서 국내 및 대륙 간을 연결하는 통신의 유력한 수단으로서 널리 이용되고 있다. 더욱이 최근의 전자공학 및 각종 정보기술과 조합되어 다양한 통신형태의 새로운 기술이 탄생되고 있다.

본 장에서는 공간에 복사되는 전파의 이용 중에서도 현재 정보공유사회에서 매우 중요한 역할을 담당하고 있고 기술적으로도 매우 큰 흥미를 끌고 있는 이동무선통신 기술의 수송기계에의 응용기술을 전자파의 기본적인 개념을 소재로 하여 소개한다.

2.2 전자파의 기본적 성질

2.2.1 전파의 복사

2.2.1.1 Hertz dipole에 의한 전자계

송신기로부터 급전선을 거쳐 안테나에 공급되는 고주파전류는, 안테나로부터 공간에 복사되는 전자파 형태로 공간에 전파된다. 실제로 이용되는 안테나는 수 없이 많지만, 전자파의 복사이론은 이상적인 헤르쯔 다이폴(Hertz diploe) 안테나를 가정하여 계산되어 진다. 헤르쯔 다이폴은 그림 2.1에 표시하는 바와 같이, 간격$d(=\Delta l)$ 만큼 떨어진 두 개의 전극으로 구성되며 송신기에 의해 여진된다. 여기서 전극의 크기 및 간격 d는 고주파의 파장 λ에 비하여 충분히 작다고 가정한다.

한편, 그림 2.2 좌표계의 원점에 헤르쯔 다이폴의 중심이 있고, 공간을 자유공간이라 가정하면, 원점으로부터 거리 r만큼 떨어진 P점에서의 벡터 포텐셜(vector potential) A가 존재한다고 생각할 수 있다. 우선, 안테나 간격 d가 극히 작아서 안테나 전류 I_o가 간격 d에서 일정하다고 생각하자. 그리고 I_o는 헤르쯔 다이폴에 흐르는 고주파 전류의 진폭이고, ε, μ는 자유공간의 유전율 및 투자율이며, β는 $w\sqrt{\mu\varepsilon} = \frac{w}{c} = \frac{2\pi}{\lambda}$로 나타내는 파수(위상정수), Z_o는 $\sqrt{\frac{\mu}{\varepsilon}}$로 나타내는 자유공간에서의 파동임피던스이며, w는 각주파수, c는 광속이라 하자.

따라서, 원점으로부터 $(\theta,\ \phi)$의 방향에서 거리 r 만큼 떨어져 있는 수신점 P에서의 전자계는, r 방향의 전계(E_r), θ 방향계의 전계(E_θ) 그리고 ϕ 방향의 자계(H_ϕ)가 존재하며, Helmholtz의 파동방정식의 해인 식 (2.1)의 vector potential A로부터, $B = rot\ A$ 연산을 취하여 유도할 수 있다. 이때, 그림 2.2에 나타낸 바와 같이 직각좌표계로부터 구 좌표계를 고려하는 수식계산을 수행한다. 최종적으로 구하여진 전자계(E_r, E_θ, H_ϕ)는 다음 식 (2.2), (2.3), (2.4)과 같다.

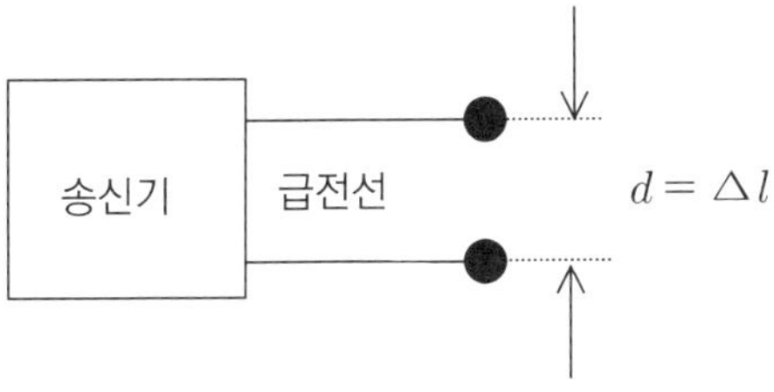

그림 2.1 헤르쯔 다이폴

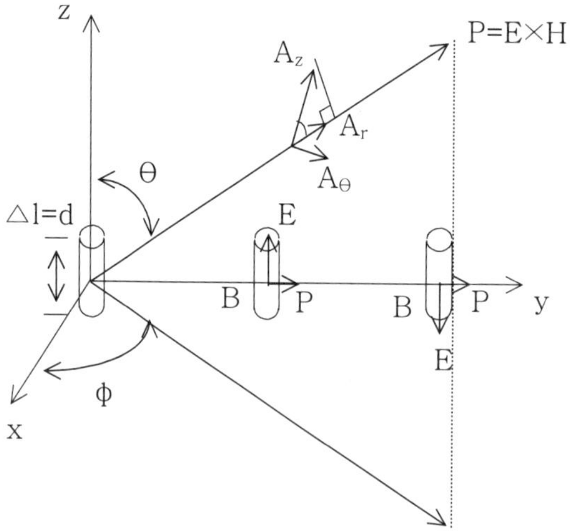

$$\begin{cases} A_\theta = -A_z \cdot \sin\theta \\ A_r = A_z \cdot \cos\theta \end{cases}$$

$$\begin{cases} x = r \cdot \sin\theta \cdot \cos\phi \\ y = r \cdot \sin\theta \cdot \sin\phi \\ z = r \cdot \cos\phi \\ r = (x^2 + y^2 + z^2)^{1/2} \end{cases}$$

그림 2.2 헤르쯔 다이폴로부터의 복사전계

$$\begin{aligned} A &= K\int \frac{uI_0 \exp(j(\omega t - \beta r))}{4\pi r}\, d \\ \therefore A &= K \cdot \frac{udI_0 \exp(j(\omega t - \beta r))}{4\pi r} \end{aligned} \tag{2.1}$$

$$E_r = \frac{dI_0}{4\pi}\left(\frac{2}{r^2}\sqrt{\frac{\mu}{\epsilon}} + \frac{2}{j\omega\epsilon r^3}\right) \cdot \cos\theta \cdot \exp[j(\omega t - \beta r)] \tag{2.2}$$

$$E_\theta = \frac{dI_0}{4\pi}\left(\frac{j\omega\mu}{r} + \frac{1}{j\omega\epsilon r^3} + \frac{1}{r^2}\sqrt{\frac{\mu}{\epsilon}}\right) \sin\theta \cdot \exp[j(\omega t - \beta r)] \tag{2.3}$$

$$H_\phi = \frac{dI_0}{4\pi}\left(\frac{j\beta}{r} + \frac{1}{r^2}\right) \sin\theta \cdot \exp[j(\omega t - \beta r)] \tag{2.4}$$

상기 (2.2), (2.3), (2.4)식의 전자계는 $\frac{1}{r^3}$, $\frac{1}{r^2}$, $\frac{1}{r}$ 에 비례하는 성분이 있고, 각

각 정전계(static electric field), 유도전자계(induction field), 복사전자계(radiation field)라 부른다. 또한 각각의 진폭 비는

$$\frac{1}{r^3} : \frac{\beta}{r^2} : \frac{\beta^2}{r} = 1 : (\frac{2\pi r}{\lambda}) : (\frac{2\pi r}{\lambda})^2 \tag{2.5}$$

이다. r이 λ에 비하여 충분히 작은 Hertz dipole의 근방에서는 정전계가 탁월하고, r이 λ에 비하여 충분히 큰 거리에서는 복사전자계가 탁월하다.

일반적으로 전파에 의한 정보전송이나 계측 시에는 송수신점 간의 거리가 파장에 비하여 매우 크기 때문에($\beta r \gg 1$), 정전계 및 유도전자계를 무시하고 복사전자계만을 고려하여 다음 식 (2.6)과 같이 주어진다.

$$\begin{aligned} E_\theta &\fallingdotseq j\frac{z_0 I \triangle l}{2\lambda r}\sin\theta \cdot \exp[j(\omega t - \beta r)], \\ H_\phi &\fallingdotseq j\frac{I \triangle l}{2\lambda r}\sin\theta \cdot \exp[j(\omega t - \beta r)] \end{aligned} \tag{2.6}$$

또한 $E = Z_0 H$ 와 $Z_0 = 120\pi$ 인 것을 고려하고, 크기만을 생각하면 전자계는 다음 식 (2.7)과 같이 표현할 수 있다.

$$\begin{aligned} E = E_\theta &= 60\pi\frac{I \triangle l}{\lambda r}\sin\theta \quad [V/m], \\ H = H_\varphi &= \frac{I \triangle l}{2\lambda r}\sin\theta \quad [AT/m] \end{aligned} \tag{2.7}$$

결국, 안테나로부터 복사되는 전자계의 실효치 E, H는 안테나에 흐르는 전류의 실효치 I와 안테나의 실효높이 h_e를 고려하면 다음 식 (2.8)과 같이 표현된다.

$$\begin{aligned} E = E_\theta &= 60\pi\frac{h_e I}{\lambda r}\sin\theta \quad [V/m], \\ H = H_\phi &= \frac{h_e I}{2\lambda r}\sin\theta \quad [AT/m] \end{aligned} \tag{2.8}$$

즉 Hertz dipole로부터 만들어지는 전계 및 자계는 ϕ면내에서는 일정한 지향성을 갖지만, θ면내에서는 $\sin\theta$의 지향성을 가지며 $\theta = 90°$에서 최대가 된다.

한편, 식(2.8)에서 E와 H사이에는

$$H = \frac{E}{120\pi} \qquad \text{또는} \qquad \frac{E}{H} = 120\pi \tag{2.9}$$

의 관계가 있고, 자유공간에서의 임피던스 $Z_0 = 120\pi = 376.6\Omega$이다. 또한 수신점에서의 Poynting power P는 다음과 같다.

$$P = E \cdot H = \frac{E^2}{120\pi} \tag{2.10}$$

2.2.1.2 안테나로부터의 복사전력

안테나로부터 복사되는 전력과 수신점의 전계강도의 관계를 구해보자. 다음 그림 2.3에서와 같이, 안테나로부터 충분히 먼 거리($r \gg \lambda$)인 점에서의 Poynting power는 식 (2.8)과 (2.10)를 이용하면 다음 그림 2.3과 같이 생각하여 유도할 수 있다.

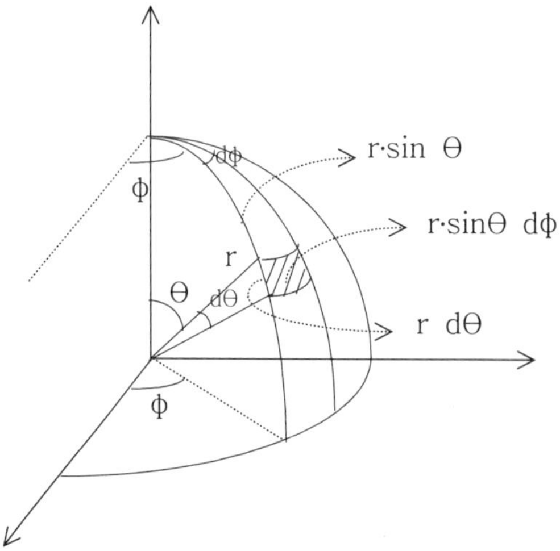

그림 2.3 복사전력을 구하기 위한 구면

Poynting power는 단위면적당 발산하는 에너지 이므로, 송신기로부터의 급전선 손실과 안테나 자신의 손실을 무시하면 송신전력 P_t는 Hertz dipole로부터 복사되는 전력과 같고 이 전력은 반경 r의 구면상에서 밖으로 향하여 흘러 나가는 Poynting power 의 총량과 같다. 즉, 반경 r 의 전 구면상에서 적분한 것이 송신전력 P_t와 같으므로 다음 식 (2.11)과 같이 구할 수 있다.

$$\begin{aligned} P_t &= \oint_S P_p ds = \int_0^{\pi} \oint_0^{2\pi} P_p (r \cdot \sin\theta \, d\phi) \; r \; d\theta \\ &= \int_0^{\pi} \oint_0^{2\pi} \frac{E^2}{120\pi} \; r^2 \cdot \sin\theta \; d\theta \; d\phi \\ &= \int_0^{\pi} \frac{E^2}{120\pi} \; r^2 \cdot \sin\theta \; d\theta \cdot (2\pi) \\ &= \frac{2\pi r^2}{120\pi} \int_0^{\pi} (60\pi \; \frac{h_e I}{\lambda r} \; \sin\theta)^2 \; \sin\theta \; d\theta \\ &= 60\pi^2 \; \frac{h_e^2 I^2}{\lambda^2} \int_0^{\pi} \sin^3\theta \; d\theta \\ &= 80\pi^2 \; \frac{h_e^2 I^2}{\lambda^2} \quad [watt](2.11) \end{aligned} \tag{2.11}$$

여기서, $\int_0^{\pi} \sin^3\theta \; d\theta \; = \; \frac{4}{3}$ 임을 이용하였다.

그리고 식 (2.11)을 식 (2.10)에 대입하면, 지향성의 최대방향 $(\theta = 90^{\circ})$에서의 전계강도는 다음 식 (2.12)와 같이 얻어진다.

$$E = 3\sqrt{5}\sqrt{\frac{P_t}{r}} \quad [V/m] \tag{2.12}$$

여기서, $P_t : [W]$, $r : [m]$ 이다.

2.2.1.3 반파장 다이폴(half dipole)에서의 전계강도

Hertz dipole은 이상적인 것이지만, 실제로 사용되는 안테나는 유한 길이를 갖는 도선이고 그 기본이 되는 것은 반파장 다이폴(half dipole) 안테나이다. 송신기에서

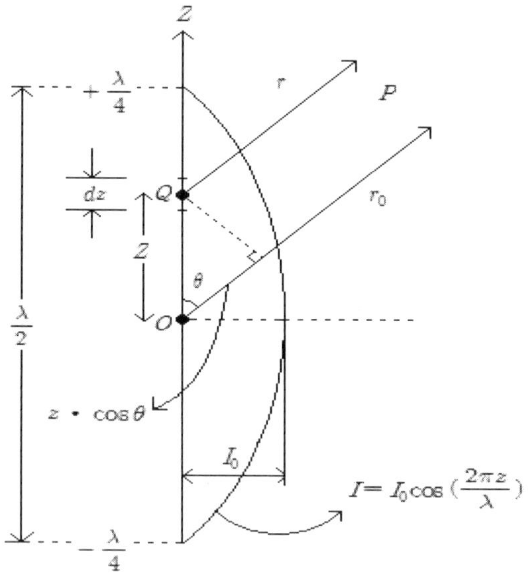

그림 2.4 반파장 다이폴

여진하면, dipole상에서는 그림 2.4와 같이 전류의 정재파를 발생하여, 전류분포는 여현함수로 주워진다. 이때 half dipole의 중심으로부터 θ방향으로 $r_0(r_0 \gg \lambda)$만큼 떨어진 P점에서의 전계강도는 dipole상의 임의의 점 Q에서 매우 작은 Hertz dipole(그 길이가 dz이고, dipole에 흐르는 전류는 $I = I_0\cos(2\pi z/\lambda)$이다.)이 만드는 전계를 half dipole의 전 길이에 걸쳐 적분하면 얻을 수 있다. 이 경우, r은 r_0에 대하여 $zcos\theta$ 의 길이 차이를 갖기 때문에 원점 O에 있는 미소 dipole의 전계에 대하여 $(2\pi z/\lambda) \cdot \cos\theta$의 위상차를 갖는 것을 고려하면, half dipole의 P점에서의 합성전계 E_θ는 다음 식(2.13)과 같다.

$$E_\theta = j\frac{60\pi}{\lambda r_0} \cdot \sin\theta \cdot e^{-j\beta r_0}\int_{-\lambda/4}^{\lambda/4} I_0 \cdot \cos(\frac{2\pi z}{\lambda}) \cdot e^{j\frac{2\pi z}{\lambda}cos\theta}dz$$
$$= j60I_0 \cdot \frac{e^{-j\beta r_0}}{r_0} \cdot \frac{\cos(\frac{\pi}{2}cos\theta)}{\sin\theta} \qquad [V/m]$$

식(2.8)과 비교하면, $\cos(\frac{\pi}{2}cos\theta)/\sin\theta \cong \sin\theta$ 이기 때문에, half dipole이 만드

는 전계는 λ/π의 길이를 갖는 안테나에 일정한 전류 I_0가 흐를 때의 전계와 근사적으로 같게 된다. 따라서 half dipole의 실효길이(effective length) h_e는

$$h_e = \frac{\lambda}{\pi} \tag{2.14}$$

가 된다. 복사전력 P_t와 전계강도의 관계는 Hertz dipole의 경우와 같은 방식으로 다음 식 (2.15)과 같이 표현된다.

$$P_t \cong 73.13\pi^2 (I \cdot h_e/\lambda)^2 = 73.13I^2 \tag{2.15}$$

따라서 지향성의 최대방향($\theta = 90^\circ$)에서의 전계강도는 다음 식 (2.16)과 같이 표현된다.

$$E \cong 7\sqrt{P_t}/r \quad [V/m] \tag{2.16}$$

여기서, $P_t : [W], r : [m]$ 이다.

이 식은 자유공간 중에서 half dipole로부터 송신되는 전계강도를 나타내는 기본식이며 실용상 자주 사용되는 중요한 식이다.

2.2.1.4 안테나 특성

전파전송에서는 안테나의 역할은 매우 중요하다. 본 절에서는 전송시스템에서 중요한 안테나의 기본적 성질로서 복사저항, 이득, 지향성에 대하여 간단히 설명한다.

(1) 안테나의 복사저항

송신기에서 안테나를 여진시키면 안테나로부터는 송신전력과 동등한 전력이 공간으로 복사된다. 따라서 송신기로부터 본다면 그림 2.5에 나타내는 바와 같이 안테나를 하나의 부하로 볼 수 있을 것이다.

이 부하의 임피던스를 복사 임피던스로 생각하면 다음과 같다.

$$Z_r = R_r + jX_r$$

안테나에 최대의 전력을 전달하기 위해서는 송신기와 안테나는 정합(matching)이

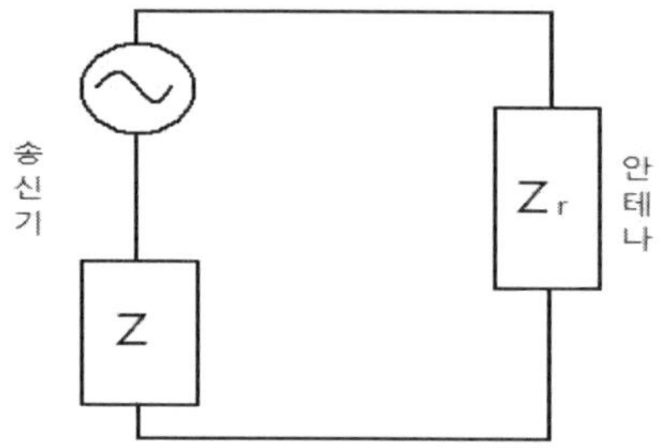

그림 2.5 등가회로

되어야 한다. 이는 안테나의 임피던스와 송신기(또는 송신기와 안테나를 연결하는 급전선)와의 임피던스가 서로 공액 관계임을 의미한다. 복사 임피던스의 실수부 R_r은 복사저항이라 부르며 정합이 된 경우는 다음과 같이 정의된다.

$$R_r = P_t / I^2$$

Hertz dipole 및 half dipole의 복사저항은 식(2.11) 및 식(2.15)으로부터

$$\begin{aligned} R_r &= 80\pi^2 (l/\lambda)^2 \quad [\Omega] : \text{Hertz dipole} \\ R_r &= 73.13 \quad [\Omega] : \text{Half dipole} \end{aligned} \tag{2.17}$$

가 된다. 복사저항은 수신전력을 고려할 때 매우 중요한 요소이다.

(2) 안테나 이득

안테나 이득은 어떤 방향에 대한 단위 입체각 내에 복사되는 전력과 기준 안테나의 전력과의 비로 정의된다. 즉 어떤 기준 안테나에 대한 상대 값이며 전력비로 정의되는 안테나 이득을 dB 값으로 표시하면

$$[G] = 10\log G \qquad [dB]$$

로 표현된다.

지금 기준 안테나로 이상적인 등방성(isotropic) 안테나(모든 방향으로 동일한 전력으로 복사하는 안테나)를 고려해 보자. 등방성 안테나는 임의의 방향으로 단위입체

각 당 복사전력을 P_0라 하면 송신전력 P_t와 다음 관계가 성립된다.

$$P_0 = P_t/4\pi \quad \text{또는} \quad P_t = 4\pi P_0 \tag{2.18}$$

Hertz dipole의 최대방향에 대한 단위 입체각내의 복사전력을 P라 하면, θ방향에서는 $P \cdot \sin^2\theta$이고 전 복사전력은

$$P_t = \int_0^{2\pi} d\phi \int_0^{2\pi} P \cdot \sin^2\theta \cdot \sin\theta \cdot d\theta = \frac{8\pi}{3}P \tag{2.19}$$

이기 때문에, Hertz dipole의 최대방향에서의 등방성 안테나에 대한 이득은

$$G = P/P_0 = 1.5 \quad \text{또는} \quad [G] = 1.76\,dB \tag{2.20}$$

로 주워진다. 또한 half dipole의 경우도 같은 방법으로

$$\begin{aligned} P_t &= \int_0^{2\pi} d\phi \int_0^{\pi} P[\cos(\frac{\pi}{2}cos\theta)]/\sin\theta]^2 \cdot \sin\theta \cdot d\theta \\ &= \pi P[0.577 + \ln(2\pi) - C_i(2\pi)] \end{aligned} \tag{2.21}$$

여기서, C_i는 여현적분으로 $C_i(x) = \int_{\infty}^{x} (\cos u/u)du$ 와 같이 되어, 등방성 안테나에 대한 이득은, $G = P/P_0 = 1.64$ 또는 $[G] = 2.15 \quad [dB]$ 와 같이 된다.

안테나 이득은, 앞서 정의한 바와 같이 기준 안테나가 무엇인가에 따라 그 값이 다를 수 있다. 통상 기준 안테나는 반파장 dipole 안테나 또는 등방성 안테나를 사용한다. 낮은 주파수(UHF이하)에서 사용되는 선상 안테나에서는 half dipole를, 높은 주파수(SHF이상)에서 사용하는 개구면 안테나에서는 등방성 안테나를 기준 안테나로 사용하는 경우가 많다. 일반적으로 안테나 이득을 표시하는 경우에는 반드시 기준 안테나를 지정할 필요가 있다. 그렇지 않으면 이득이 2.15 dB의 오류가 발생한다. 등방성 안테나를 기준으로 하는 이득을 특별히 절대이득이라 부른다.

안테나 이득의 정의에 의해, half dipole에 대한 G_t의 이득을 갖는 안테나로 부터 송신되는 경우, 자유공간에서의 전계강도는 식(2.16) 대신

$$E = 7\sqrt{P_t G_t}/r \qquad [V/m] \tag{2.22}$$

로 표현해야 한다.

(3) 지향성

안테나 이득의 방향에 대한 변화특성을 지향특성 또는 지향성(antenna pattern 또는 radiation pattern)이라 부르며, 안테나의 특징을 나타내는 중요한 요인이며 전파의 전송계에 있어서도 중요한 요소이다. 그림 2.6은 최대의 이득으로 정규화한 지향성을 직각좌표로 표시한 예이다. 주 빔(main beam) 또는 주 로브(main lobe)의 예리함 정도를 표시하는 것으로 전력의 반치 폭(또는 반치 각 : half beam power)이 자주 이용된다. 서브 빔(side beam) 또는 사이드 로브(side lobe)는 다른 시스템에 간섭을 주는 요인이므로 전파이용에 있어서 main beam과 똑같이 중요한 요소이다.

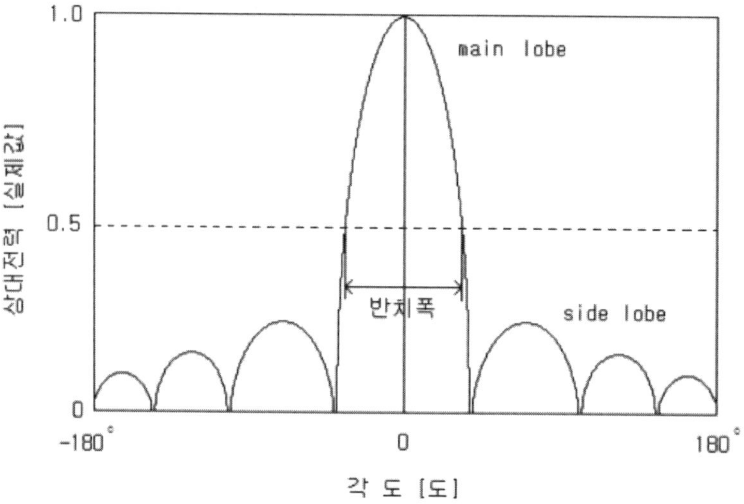

그림 2.6 지향성

2.2.2 전파의 수신

2.2.2.1 수신전력

그림 2.7과 같이 전계강도가 $E[V/m]$인 공간에 길이 $l[m]$의 도선이 전계의 방향과 평행으로 놓여 있을때, 이 도선에 유기되는 전압은 $E \cdot l[V]$이다. 안테나가 반파장 dipole인 경우에는 $h_e = \lambda/\pi$ 인 유효높이가 되며 이때 유기되는 전압 V는

$$V = E \cdot h_e = E \cdot \lambda/\pi \qquad [V]$$

이다. 이 안테나에 정합된 수신기의 유능전력(available power)를 수신전력 P_r로 표현하면 다음 식(2.23)과 같다.

$$P_r = V^2/4R_r = E^2(\lambda/\pi)^2/4R_r \qquad [W] \tag{2.23}$$

다음으로, 등방성 안테나로부터 송신전력 P_t를 복사하였을 때, r만큼 떨어져 있는 파면상의 단위 면적당 전력밀도 S는

$$S = P_t/4\pi r^2 \qquad [W/m^2] \tag{2.24}$$

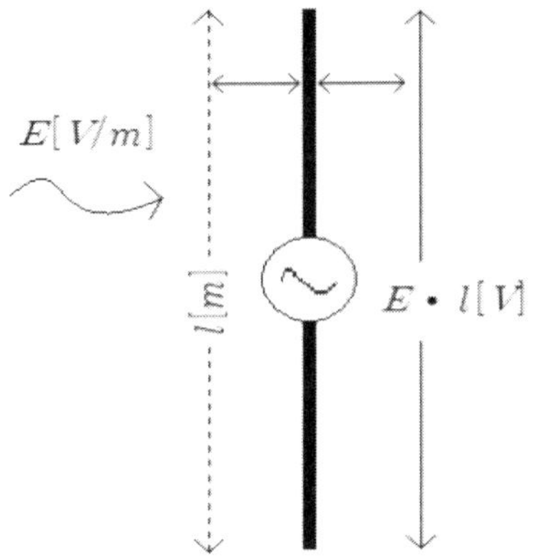

그림 2.7 안테나의 유기전압

이고, 이곳에 개구면적 $A[m^2]$의 개구면 안테나로 전파를 수신할 때 개구면내의 모든 전자파 에너지가 손실 없이 수신기에 유기된다고 가정하면 수신전력은

$$P_r = S \cdot A = P_t \cdot A/4\pi r^2 \qquad [W] \tag{2.25}$$

이다. 송신안테나로 등방성 안테나에 대한 이득 G_t인 안테나를 이용했을때, 최대방향에서의 수신전력은 같은 방법에 의해 다음 식과 같이 구할 수 있다.

$$P_r = P_t \cdot G_t \cdot A/4\pi r^2 \qquad [W] \tag{2.26}$$

안테나 이득을 표시할 때, 기준 안테나로서 선상 안테나는 half dipole를, 개구면 안테나의 경우는 등방성 안테나를 이용하는 경우가 많다고 2.2.1.4의 (2)에서 기술한 바 있다. 그 이유는 앞서 기술한 바와 같이 물리적으로 이해하기가 쉽기 때문이다. 물론, 선상 안테나의 경우에도 등방성 안테나를 기준으로 하는 경우도 있지만 이 경우 기준 안테나의 이득 차 2.15 dB을 고려하면 호환이 가능하다.

2.2.2.2 안테나의 유효면적

앞서 기술한 바와 같이 전력밀도 S인 공간에 존재하는 개구면적 $A[m^2]$인 안테나는, 이상적으로 식(2.25) 또는 식(2.26)의 수신전력 값을 갖지만, 실제로 안테나에서는 전파를 유효하게 수신하는 개구면적은 A 보다 작다. 이 실효적인 개구면적을 안테나의 유효면적(effective area) $A_e(< A)$로 표시한다. A_e는 다음 식과 같이 정의된다.

$$A_e = P_r/S \quad [m^2] \text{ 또는 } P_r = A_e \cdot S \quad [W] \tag{2.27}$$

이와 같은 정의에 의해 선상 안테나의 유효면적을 구해보면

$$A_e = 30\pi h_e^2/R_r \tag{2.28}$$

과 같이 된다. 식(2.28)을 이용하여 Hertz dipole 및 반파장 다이폴의 유효면적을 구하면 다음과 같다.

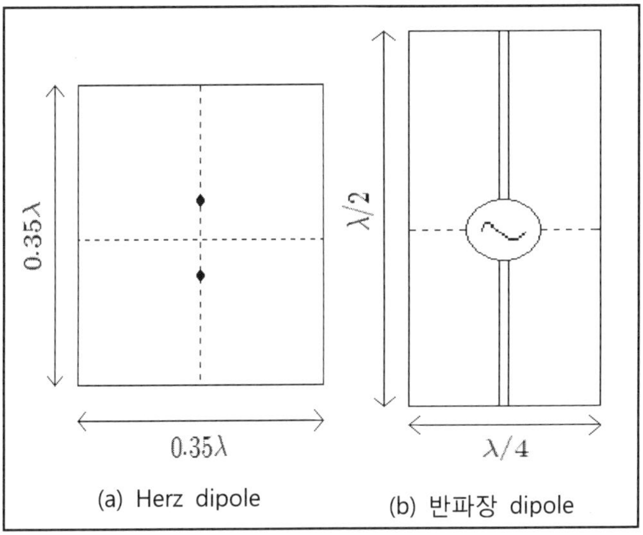

그림2.8 안테나의 유효면적

$$A_e = 3\lambda^2/8\pi \fallingdotseq 0.12\lambda^2\,(\fallingdotseq 0.35\lambda \times 0.35\lambda)\ :\ \text{Hertz dipole}$$
$$A_e = 30\lambda^2/73.13\pi \fallingdotseq 0.133\lambda^2\,(\fallingdotseq \lambda/2 \times \lambda/4)\ :\ \text{Half dipole} \tag{2.29}$$

Hertz dipole과 half dipole 안테나는 모두 기하학적인 개구면적을 갖지는 않지만, 그림 2.8에 표시하는 바와 같은 유효면적을 갖는 것을 의미한다.

다음으로 그림 2.9에 나타내는 바와 같이 자유공간 내에 r만큼 떨어져 있는 두 개의 안테나 Ⅰ, Ⅱ를 생각해보자. 유효면적 및 등방성 안테나에 대한 이득을 각각 A_{e1}, G 및 A_{e2}, G_2 라 하자. 안테나 I로부터 복사전력 P_t을 송신할 때, 안테나 Ⅱ의 수신전력을 P_{r2}, 역으로 안테나 Ⅱ로부터 동일전력을 송신했을 때 안테나 I의 수신전력을 P_{r1}라 하면

$$P_{r1} = P_t G_2 A_{e1}/4\pi r^2$$
$$P_{r2} = P_t G_1 A_{e2}/4\pi r^2 \tag{2.30}$$

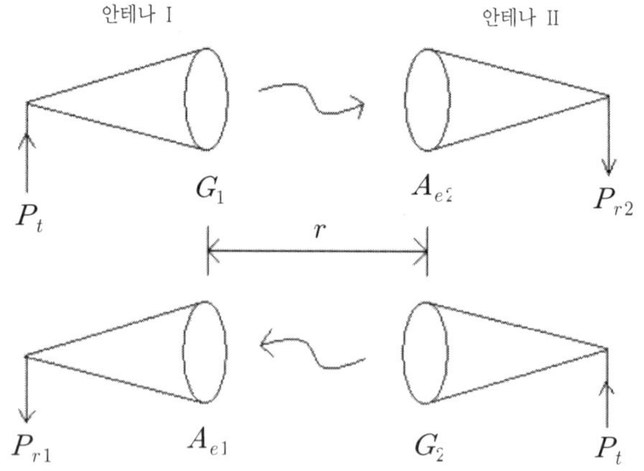

그림 2.9 송신과 수신

이고, 가역성이 성립하기 때문에 $P_{r1} = P_{r2}$가 되어서

$$G_1/G_2 = A_{e1}/A_{e2} \quad \text{또는} \quad G_1/A_{e1} = G_2/A_{e2} \tag{2.31}$$

을 얻을 수 있다. 식 (2.31)은 안테나 I 및 II가 어떠한 안테나라도 성립하기 때문에 G/A_e 는 모든 안테나에 대하여 같은 값이 되며 일정하다(G/A_e= 일정).
예를 들면, Hertz dipole의 경우를 보면 식 (2.20)및 식 (2.29)을 이용하여 다음 식을 얻을 수 있다.

$$G/A_e = 4\pi/\lambda^2 \ \text{또는} \ G = 4\pi A_e/\lambda^2 \tag{2.32}$$

2.3 이동무선통신과의 수송기계

2.3.1 이동통신의 역사

이동통신이란 인간, 항공기, 선박, 열차 그리고 자동차 등과 같은 이동체 내에서 인간이 주체가 되어 정보를 주고받는 통신은 말 할 것도 없이, 이동체 상호간의 모든 형태의 통신을 일컫는 것이다. 이와 같은 이동통신은 전파에 의존하지 않으면 실현이 불가능한 것으로 전파의 성질을 무엇보다도 유효하게 이용하는 응용시스템이 중요한 요소 중의 하나이다.

이동통신의 역사는 LF대역에서의 선박통신으로부터 시작되었고, 그 후 단파대가 선박이나 항공기 등의 통신에 넓게 이용되었다. 제 2차 대전 직후에는, 육상의 열차나 자동차와의 통신도 업무용을 중심으로 행해지게 되었고, 당시 선진외국에서는 자동차전화서비스에도 일부 이용되었다.

우리나라에서는 1988년 올림픽 이후, 자동차전화의 급속한 보급에 이어, 무선호출기(pager)의 보급과 아날로그 이동전화 그리고 디지털 이동전화로 이어져 왔지만, 1995년 CDMA 상용화기술 개발의 성공이 국내의 이동통신기술 개발의 원동력이라 볼 수 있다. 최근의 스마트 폰이나, 아이패드의 세계시장의 선점은 국내의 막강한 네트워크기술이 이미 선진화되어 왔던 점에서도 그 이유를 찾을 수 있는 것이다.

한편, 인간에 대한 통신은 예전부터 CB(citizen band)라 부르는 특정의 주파수대에서 이용되고 있었지만, 이는 통신의 대상과 범위가 극히 한정되었던 것으로 본격적인 이동통신이라고 말할 수가 없다. 또한, 무선호출서비스(paging service)도 과거 급속히 확대된 바 있지만 이것은 단방향 통신인 것이었다.

이와 같이 이동통신은 아주 오랜 역사를 갖고 있지만, 고정통신이 1950년 이후 20~30년간 눈부신 진보를 거듭한 것에 비교해 보면, 당시의 공중용 이동통신의 진보는 느림보 수준이었다. 그 이유는 당시는 우선 고정통신망의 확충에 중점을 두었던 점에도 있지만, 무엇보다도 중요한 요인은 가입자를 수용하는데 필요한 전파의 주파수가 충분하게 할당되어 있지 않았던 것에 있다고 볼 수 있다.

한편, 공중이동전화서비스는 외국에서는 1950년대~1960년대부터 이미 개시되고 있었다. 이 방식은 그림 2.10과 같은 단일 무선 존(zone)으로부터 시작되었다. 도시의 중심부에 설치한 기지국을 중심으로 반경 15~40 km 정도의 서비스 area 내에 있는 자동차와의 통신을 기지국을 경유하여 수행했다. 기지국은 지상회선에 의해 고정전화망에 접속되고 자동차와 고정가입자간 또는 자동차 상호간 통화가 가능하였다. 주파수는 주로 150 MHz 대역이 이용되었고, 그 후 450 MHz 대역도 이용되게 되었다. 기지국의 송신출력은 수 십~ 200 W 정도로 매우 컸으며, 각 기지국에는 10~30 파수 정도의 주파수가 할당 되었다. 기지국에 의한 교환접속에서는 초기에는 일제호출방식에 의한 수동교환이 이용되었지만, 그 후 특정의 자동차를 선택하여 호출하는 선택호출방식이 사용되었고, 급기야 dial에 의한 즉시접속통화가 가능하게 되었다. 표 2.2는 외국의 초창기 자동차전화서비스 상황의 개요를 나타낸다.

이후, 단일 무선 존(zone) 방식은 근본적으로 2가지의 문제점이 있었다. 그 첫 번째로, 전파의 전파특성에 의해 서비스 area가 제한되고 자동차가 zone밖으로 나가게 되면 통화가 불가능하게 된다는 것이다. 둘째로 주파수의 이용효율이 나빠서 다수의 가입자에 대한 통신을 수행하기 위해서는 대단히 많은 주파수가 필요했던 것이다. 특히, 주파수 이용효율이 나쁘다는 것은, 제한되어 있는 전파의 주파수를 이용할 때에는 치명적인 것이다. 가입자를 늘리기 위해서 모자라는 전파의 주파수가 확보해야 하지만 그렇지 못하였던 것이다. 공중용 자동차전화의 잠재수요가 많았음에도 불구하고 표 2.2에 표시한 바와 같이 가입자 수 또는 그 자동차 대수에 대한 비율이 매우 낮은 숫자가 그 사정을 나타내고 있다.

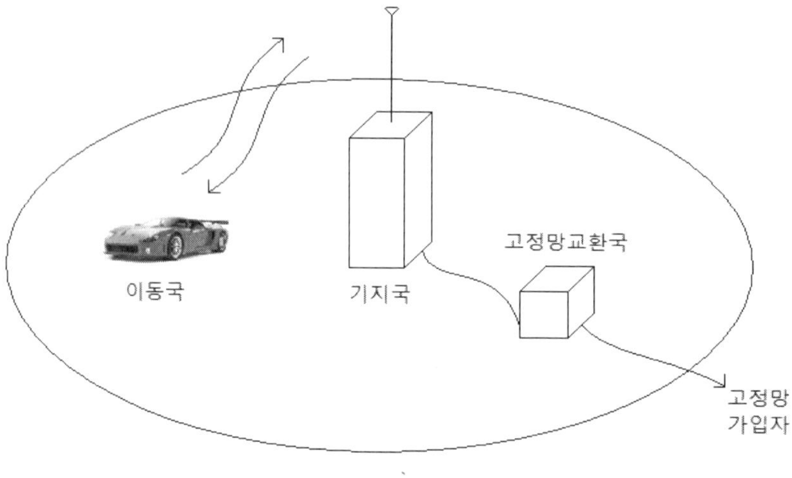

그림 2.10 단일무선 zone 구성의 자동차전화

표 2.2 초창기 공중자동차 전화서비스

국명	미국	캐나다	서독	스웨덴	영국	프랑스
서비스 개시년도	1946	1947	1950	1951	1959	1969
주파수 대역	35 MHz 150 MHz 450 MHz	150 MHz 450 MHz	150 MHz	80 MHz 450 MHz	150 MHz	150 MHz
교환접속	자동	수동	자동	자동	수동	수동
가입자수	13만	2만	1만	0.4만	0.3만	1만
자동차 대수에 대한비율	0.1%	0.2%	0.05%	0.2%	0.02%	0.02%

<※ 이표의 자료는 1970년대의 것임>

이 문제점들을 해결하는 수단으로 등장한 것이, 인공위성의 이용과 복수무선 zone 구성의 기술(cellular engineering 기술)이었다. 그 이후 수 없이 많이 거듭된 이동통신기술의 발달과 함께, macro cell(수 ~ 10 km이하), micro cell(수 km이하), pico cell(indoor) 그리고 femto cell 등의 서비스 area의 개념이 등장되었다. 한편, 새로운 주파수대의 할당과 그 기술개발 등이 AMPS시스템(800 MHz), PCS(준 마이크로파대: 1 ~ 3 GHz), FPLMTS(마이크로파대: 3 ~ 10 GHz)와 같은 대표적인 시스템의 계속적인 발전으로 이어져서, 현재는 3G, 4G 개념의 이동통신서비스에 이르고 있다. 최근의 스마트 폰과 아이패드의 등장은 네트워크기술과 함께 혁명적인 이동통신의 역사를 계속 써내려가고 있는 것이다. 그림 2.11은 이동통신시스템의 과거와 미래를 한 눈에 가늠할 수 있는 이동무선통신의 역사를 나타내는 기술변천사이다.

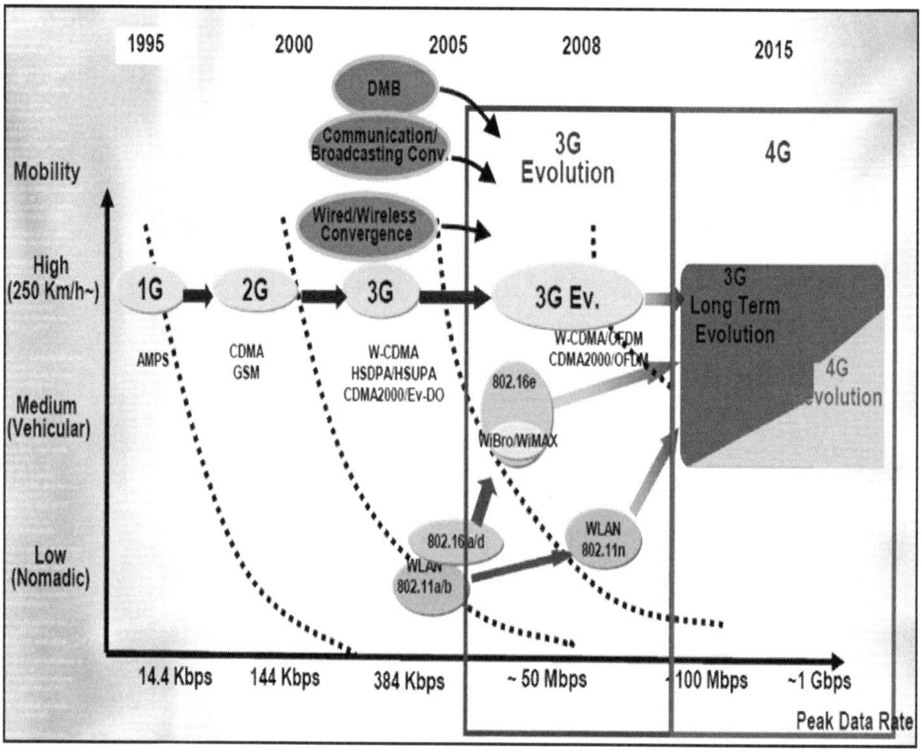

그림 2.11 이동통신시스템의 변천사

2.3.2 이동통신에서의 전파특성

2.3.2.1 개요

공간에 복사된 전파를 이용하는 경우, 전파는 전파공간(또는 전파매질)의 성질에 따라 여러 영향을 받으며, 그 영향은 정성적으로도 정량적으로도 전파의 주파수에 따라서 매우 큰 차이를 나타낸다. 예를들면 HF 이하의 주파수의 전파는 전리층 대기에 의해 크게 영향을 받지만 VHF 이상의 주파수에서는 거의 영향을 받지 않는다. 또한 공기중의 강우량은 수 GHz 이하의 주파수에는 거의 영향을 주지않지만 10 GHz 이상의 주파수에는 큰 영향을 준다. 따라서, 전파를 이용할때에는 어떤 주파수에서는 어떠한 전파매질에 의해 어떠한 영향을 받을까, 즉 주파수에 대한 전파특성을 충분히 이해하는 것이 매우 중요하다.

이처럼 전파의 이용에 있어서는 전파의 전파특성을 충분히 파악할 필요가 있다.

전파의 전파특성은 전파매질과 주파수의 조합에 따라서 매우 다양한 형태를 나타내기 때문에 본 절에서는 주요 전파응용에 직접적으로 중요한 관계를 갖는 기본적인 특성에 한정시켜 기술한다.

2.3.2.2 지상파 전파

지상파(ground wave)의 정의는 명확하지는 않지만, 일반적으로 대지의 영향을 받으면서 진행하는 파를 일컫는다. 전리층 반사파나 대류권 산란파등과 같이 대지의 영향을 받지 않고 전파하는 파(공간파라고도 부른다)와 구별된다. 하지만 지상파는 대기의 영향을 받기 때문에 대기에 영향을 미치는 현상은 대류권 전파현상으로 취급한다. 따라서 지상파란 통상, 지표파, 직접파, 대지반사파, 회절파 등을 총칭한다.

지상파 전파는 모든 주파수대의 전파가 관계되는 전파의 양상이지만, 매우 낮은 주파수대에서는 지표파, VHF이상의 주파수대에서는 직접파, 대지반사파 및 회절파가 실용상 중요하다. 참고문헌 [1]에서는 실용상 중요한 직접파, 대지반사파 및 회절파에 대하여 소개하고 있다. 통상 대지에 의한 영향을 받는 전파형식을 취하게 되며, 지상파의 전계강도에 영향을 미치는 요소는 송신기출력, 송신안테나의 특성, 주파수, 대지의 도전율과 유전율. 대기의 기상상태 등이 있다. 또한 대지의 도전율은 완전도체도 아니고 부도체도 아닌 중간위치에 있지만 여러 전파의 전파 파라미터를 해석할 때는 대지를 완전도체 평면으로 가정하여 수신 전계강도를 우선 구하고 나중에 수정을 수행한다. 통상 지상파는 직접파, 대지반사파, 지표파, 대류권파 성분들 중에서 한 가지 또는 2개 이상이 합성되어 수신전계를 형성한다. 이와 같은 지상파의 전파특성에 관해서는 참고문헌[1]을 참고하기 바란다.

2.3.2.3 이동무선전파의 전파특성

(1) 자유공간에서의 전파손실 특성[1]

고유의 전송특성을 표현하는 한 가지 방법으로, 전송손실 $= \dfrac{\text{전송기출력}}{\text{수신기입력}}$ 로 주어지며, 송·수신 안테나를 등방성 안테나로 대치하였을 때의 전송손실을 전파손실 또는 기본 전송손실이라고 부른다. 이것을 Γ(gamma)로 표시하면 다음 식과 같다.

$$\Gamma = \frac{P}{P_{r0}} \tag{2.33}$$

여기서, P : 등방성 안테나의 복사전력
P_{r0} : 등방성 수신안테나의 흡수전력

일반적인 경우의 전파손실은 자유공간 전파손실 Γ_0에 대지의 영향에 의한 부가전파손실(대지계수라고도 한다.) Γ_p을 곱한 값이며, dB로 표시하면 다음 식과 같다.

$$\left.\begin{aligned} \Gamma &= \Gamma_0 \cdot \Gamma_P \quad [neper] \\ \Gamma' &= \Gamma_0' + \Gamma_P' \quad [dB] \end{aligned}\right\}$$

부가전파손실의 크기는 전파경로에 따라서 다르지만 자유공간 전파손실은 송·수신 안테나 간의 거리와 파장 만에 의해서 결정된다.

지금 수신점에 있어서의 전력밀도는 $P_u = P / 4\pi d^2$ 이므로 이 점에 수신용 등방성 안테나(실효넓이 $A_e = \lambda^2 / 4\pi$)을 놓으면 수신전력 P_{r0}는

$$P_{r0} = P_u A_e = P \cdot \left(\frac{\lambda}{4\pi d}\right)^2 \tag{2.35}$$

이며, 이로부터 자유공간 전파손실 Γ_0은

$$\Gamma_0 = \frac{P}{P_{r0}} = \left(\frac{4\pi d}{\lambda}\right)^2 \tag{2.36}$$

식(2.36)을 dB로 표시하고 정수를 대입하면 다음과 같이 쓸 수도 있다.

$$\Gamma_0\ [dB] = 32.45 + 20\log_{10} f\ [MHz] + 20\log_{10} d\ [km] \tag{2.37}$$

이 식에 의해서 50~10,000[MHz]의 주파수에 대하여 10~300[km]거리에 대한 자유공간 전파손실을 그리면 그림 2.12과 같다. 같은 거리에서는 주파수가 높을수록 자유공간 전파손실은 커지며, 주파수가 안정할 때에는 거리의 자승에 비례한다.

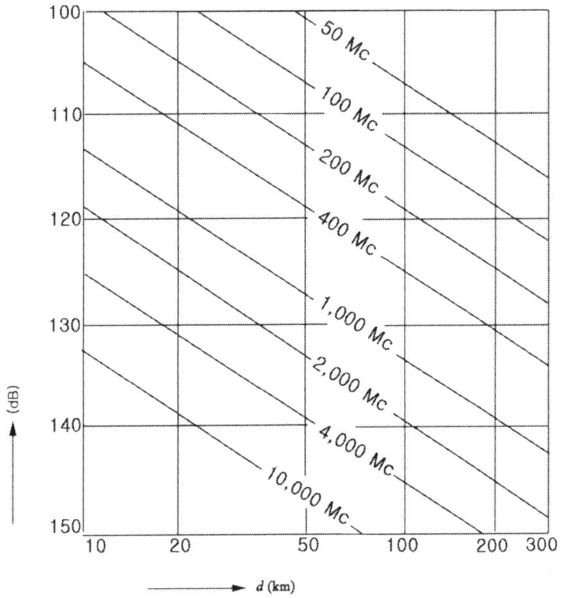

그림 2.12 자유공간전파손실[1]

(2) 이동무선통신환경에서의 전파손실특성

육상의 이동통신에 이용되는 것은 많은 경우 지상파 전파형식이지만, 이 전파는 지형이나 각종 건축물 등에 영향을 받아서 대단히 복잡한 전파특성을 나타내는 것이 특징이다. 이동통신이 무엇보다도 많이 이용되는 곳은 인구가 많은 도심지역이지만, 건물이 밀집한 시가지에서는 더 복잡하다. 자동차를 대상으로 하는 경우를 예를 들면, 이동체의 안테나 높이가 낮고 VHF, UHF 대역의 전파는 주위의 건물에 의한 회절로 인하여 감쇠를 받는다. 그림 2.13은 시가지에서의 거리에 대한 전파손실의 모양을 자유공간손실과 비교하여 나타낸다. 시가지에서의 전파모델은 그림 2.13에 나타내는 바와 같이 Okumura-Hata 모델과 Lee 모델이 대표적이고 실용적으로 많이 사용되는 전파손실 모델이다. 점선으로 표시하는 자유공간손실에 비하여 대지나 건물 등에 의한 감쇠로 인하여 약 20~30 dB 이상 낮다.

이처럼, 시가지에서는 건물로부터의 반사파나 산란파에 의해 심한 다중경로 전파가 발생한다. 도로상의 수신점에서는 전파경로가 다른 복수의 파가 도래하여 복잡한 정재파가 발생하여 이곳을 자동차가 주행을 하면 심한 fading이 발생하게 된다. 시가지에서의 fading 현상의 기록을 살펴보면 다수의 다중경로파의 간섭에 의해 fading

의 전계강도의 변동은 30~50 dB의 크기의 변화폭을 보이며, 이 순간적인 fading 변동의 진폭은 Rayleigh 분포를 한다. 또한 fading 주기는 전파의 입사방향과 도로가 만드는 각도, 그리고 건물의 상황 등에 의존하지만 통상 반파장에서 반파장 이상에 분포한다. 차량 속도 v에 대하여 fading의 최대주파수 f_d는 다음식과 같다.

$$f_d = 2v/\lambda \qquad (\lambda : \text{파장}) \tag{2.38}$$

예를 들면, 이동체 속도가 40 km/h 인 경우, 900 MHz에서의 fading의 speed는 60 Hz 이상에 달한다.

시가지에서의 수신되는 전파신호는, 단주기 변동에 중첩하여 건물의 회절손실의 변화에 의한 장주기 변동이 나타난다. 이 장주기 변동은 수 십 m정도 이상의 주기로 10~20 dB 정도의 변화폭을 보인다. 이와 같은 장주기 변동은 일반적으로 주파수 선택성을 갖지 않으며, 다른 주파수에 대해서도 동일한 변화모양을 나타내는 것이 보통이다.

한편, 건물로부터의 반사파나 회절파는 일반적으로 전파경로 길이가 달라서, 수 십 m에서 수 백 m 크게는 Km정도의 전파 통로차(path length)를 갖는 경우도 있다. 이와 같은 지연시간을 갖는 파의 간섭에 의해 단주기 변동은 심한 주파수선택성을 나타내며 넓은 주파수 대역을 갖는 신호전송에서는 신호에 왜곡이 발생한다.

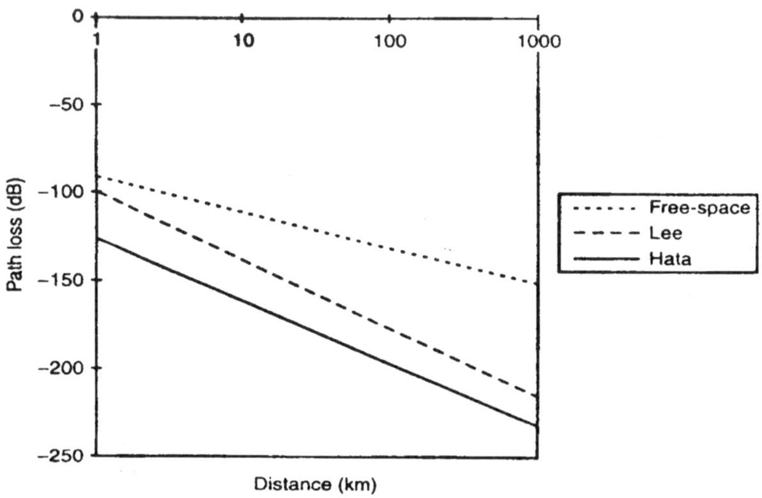

그림 2.13 시가지에서의 전파손실 특성[2]

시가지에서의 전파전파는 평균전계강도가 낮으며 게다가 깊고 빠른 fading을 항상 받기 때문에 통신품질이 저하되기 쉽고, 깊은 fading 발생에 의해 잡음이 증가하기도 하고 급기야는 통신이 끊기는 현상이 발생하기도 쉽다.

이와 같이 긴 전파 통로차를 갖는 다중경로파에 의해 대단히 빠른 Rayleigh fading이 발생하는 전파조건은, 통상 무선전송에서 쉽게 일어나는 열악한 조건이어서 도시 내의 이동통신에서는 여러 가지로 곤란한 기술적 문제가 발생하게 되는 것이다. 이러한 fading 문제를 해결하는 방법으로 다음 2.3.3절에서는 원형편파 특성을 이용한 응용기술에 대하여 기술한다.

2.3.3 이동통신기술의 수송기계에의 응용

2.3.3.1 이동차량용 RFID태그 리더기용 패치안테나[3,4]

(1) 개요

원격에서 비 접촉 무선인식 기술을 통해 정보교환을 가능하게 하는 RFID(Radio Frequency IDentification) 시스템은 인식속도, 저장능력 등을 획기적으로 향상시키어 물류산업에 혁신적 변화를 일으키고 있으며, 무선네트워크, 센서기술과 함께 유비쿼터스 국가/사회/도시 등의 건설을 위한 핵심 인프라 기술이다. 원래 RFID의 출현은 1930년대 미국의 군대에서 지상, 해상, 공중의 표적을 정확히 식별하기 위한 레이더 기술의 응용으로 나타나게 되었는데, 정보통신 및 반도체 집적기술의 발전에 따라 기존의 바코드 시스템과 마그네틱 카드시스템의 단점인 제한된 용량의 정보저장 및 물리적 접촉에 의한 손상 문제를 해결할 수 있는 RFID 기술이 특히 각광을 받게 되었다.

최근 글로벌 선진 기업들은 물류비 절감을 위해 물류공급망관리(SCM)에 RFID 기술의 도입을 추진하고 있으며, 대표적으로 미국의 Wall Mart가 주요공급업체에게 RFID 태그 부착을 요구하면서 연간 84억불의 예산을 절감한 사례가 보고되고 있다. 또한, 미국은 9.11테러 이후 자국의 안전을 위하여 수입하는 모든 컨테이너에 2007년 1월부터 RFID 태그(e-Seal:전자봉인) 부착의 의무화를 추진함에 따라, 국가경제의 기반을 이루는 수출산업의 보호를 위해 국내에서도 정부 주도하의 시범사업을 통해 RFID 리더 및 태그의 국산화에 심혈을 기울여 오고 있는 실정이다. 하지만 실질적으로 민간부문에서 사용되고 있는 RFID 시스템의 점유율은 미국의 Alien, Savi, Intermec 등이 대부분을 차지하고 있으며, 정부에서 추진하는 입찰과정에서도 제품의 성능평가 없이 가격으로만 낙찰자를 선정함에 따라 RFID 리더 및 태그의 국내 생산업체의 공급요구가 증대되지 않아 국산제품의 기술력이 향상되지 못하는 악순환이 이어져 왔었던 것이 사실이다. 특히 외국산 RFID 태그의 인식률은 국내의 실내외 환경이 국외환경과 다르기 때문에 태그의 인식률이 떨어질 가능성이 있다고 본다. 실제 물류차량의 RFID 인식성능이 매우 미흡하여 항만출입에 불필요한 시간이 소요되고 있으며 인식률이 70%에도 못 미친다는 보고사례도 있다. 따라서 국내 수송차량용 RFID 를 포함한 국내 RFID 기술의 발전 및 보급을 활성화하기 위해서는 각종 이동용 수송차량이나 현장에 설치된 RFID 시스템이 각종 환경에서 어느 정도의 성능으로 인식되고 본래의 기능을 수행할 수 있는 핵심기술이 반드시 필요하다. 그림 2.14는 RFID 시스템의 수송기계에의 사용 예이다.

본 절에서는 이동차량을 포함한 여러 Business Model 에 따라 설치되는 RFID 리더 및 태그 시스템 성능을 향상시키기 위한 UHF대역 (908.5 MHz~914 MHz)의 RFID 리더기용 패치안테나 시스템 기술을 소개한다.

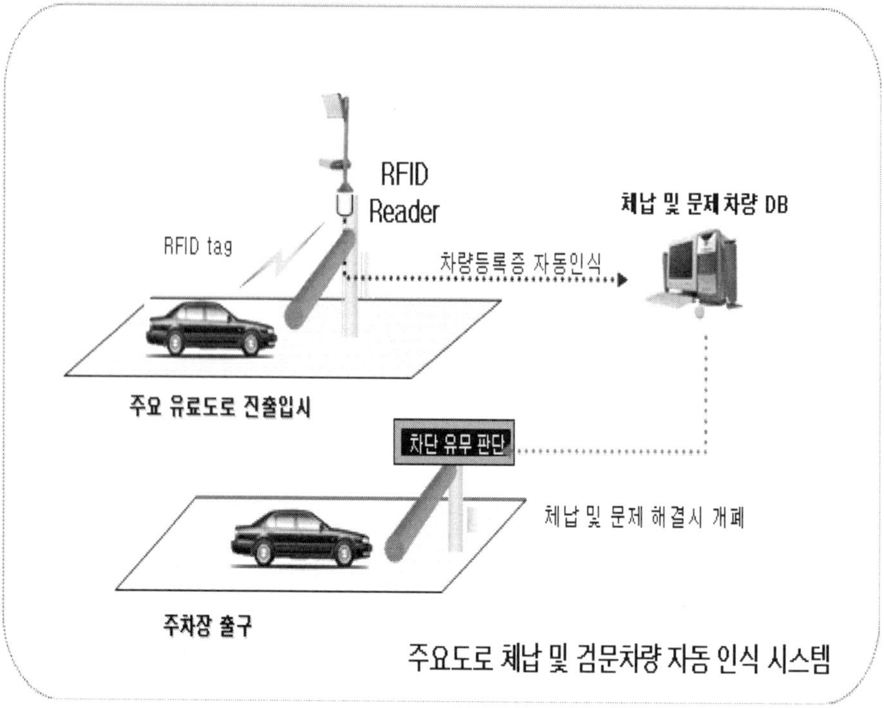

그림 2.14 RFID 시스템의 사용 예

(2) 마이크로 스트립 패치안테나

칩 안테나로서는 마이크로스트립 패치안테나의 기술이 매우 중요하다. RFID와 같은 근거리 무선통신기기는 물론, GPS, PCS, Cellular, 지상파 DMB 등과 관련된 실내외 무선 전파환경에서는 안테나의 편파특성과 다중경로 페이딩 현상을 충분히 고려하지 않으면 안 된다. 또한 각종 임펄스 성 잡음이나 간섭파에 의한 오동작을 유발시킬 수 있는 요소가 많으므로 목표물 인식용의 송수신 안테나는 소형이고 동일평면에 설계 장착하는 마이크로스트립 패치안테나의 역할이 매우 중요하다. 특히, 다중대역 광대역 무선전파환경과 같은 다중경로 전파환경에서는 전파의 반사, 회절 등과 같은 영향으로 편파 면이 쉽게 변화되므로 이를 쉽게 극복할 수 있는 송수신 안테나가 일체형으로 구현되는 안테나시스템이 요구된다. 이러한 안테나로서는 원형편파 안테나(Rotating wave antenna: Circular polarization antenna)가 가장 적합하다. 원형편파는 수직 및 수평편파의 반사의 물리적 특성을 잘 응용하여, 동일 패치내에서 쉽게 설계 제작할 수가 있다. 또한 반사파의 억제 수신효과와 다이버시티 시스템에서도 쉽게 구성할 수 있는 장점이 있어 실내는 물론 근거리 다중경로 전파환경에서 매우 유리한 안테나이다.

이처럼, 무선통신분야에서 활용범위가 확대되고 있는 RFID 시스템에 다중경로 성분에 의한 페이딩 경감특성이 탁월한 원형편파를 구성하는 방법이 있다. 즉, 각 편파에 따라, LOS 전파환경에서는 송수신 안테나를 정선회 원형편파 송수신(C-C)로 한 경우가 기수회 반사파를 억제하는 원형편파의 특성 때문에 수직편파 송수신(V-V), 수평편파 송수신(H-H)에 비해 우수한 신호특성과 페이딩 경감효과가 얻을 수 있다. NLOS 전파환경에서는 C-C, V-V, H-H의 경우보다는 편파다이버시티로 수신한 경우가 우수한 신호특성을 보인다. RFID를 포함한 대부분의 근거리 무선통신 기기들은 LOS환경에서 사용되지만, 주변 환경에 따라서 다중경로 전파도 발생하기 때문에 원형편파를 사용하는 편파다이버시티 수신기술을 적용한 안테나시스템이 매우 중요시 된다.

본 절에서는 고속도로진입 인식장치인 하이패스 시스템과 같은 오동작에 의한 교통사고를 방지하고, 각종 Business model에서의 RFID Tag의 오류인식에 의한 인식성능 저하의 원인을 해결하며, 어떠한 열악한 무선전파환경에서도 인식성능을 향상시키는 차량용 RFID Tag 리더기용 패치안테나 시스템에 관한 응용기술을 소개한다.

(3) 원형편파 안테나 구성

원형편파를 발생시키는 안테나 구성 원리는 그림 2.15과 같이 수직편파와 수평편파를 이용하여 $\pm\pi/2$의 위상차를 두고 합성하면 된다. 이러한 안테나로부터 얻어지는 원형편파는 구성방법에 따라 우선회 원형편파와 좌선회 원형편파가 있다. 한편, 근거리 무선전파의 전파특성 측정결과로부터, LOS 환경에서는 원형편파로 송신하고 원형편파 안테나로 수신하는 경우(C-C)와, 수직 및 수평편파 안테나를 이용하여 각각 송수신하는 경우(V-V, H-H)의 페이딩 경감특성을 비교한 결과, C-C의 경우가 가장 우수하다. 또한 이러한 특성을 이용한 편파 다이버시티시스템의 측정결과에서도 이를 확인할 수가 있었다. 그 물리적인 이유는 원형편파는 반사할 때마다 위상이 180°로 반전되어 역선회 원형편파가 된다. 결국, 우선회 원형편파 안테나로 송수신할 경우 기수회 반사된 원형편파는 좌선회 원형편파가 되어 우선회 원형편파 안테나로 수신되지 못하기 때문에 다중경로 무선전파를 억제하여 수신하는 효과를 얻게 된다.

(4) 원형편파 패치안테나 구현 방법

원형편파를 구현하는 가장 일반적인 방법은 90°위상차가 나는 두 선형편파 요소를 직교하도록 인가하는 것이다. 그 구체적인 방법으로 사각형 패치(patch)의 대각선 방향의 모서리를 자르거나, 대각선 방향으로 slot을 형성하는 방법, cross-slot에 위상차를 고려하여 급전하는 방법, 사각형패치나 원형패치에 90°로 slot을 형성하여 급전하는 방법 등이 있다. 사각형 패치(patch)의 대각선 방향의 모서리를 자르면 원

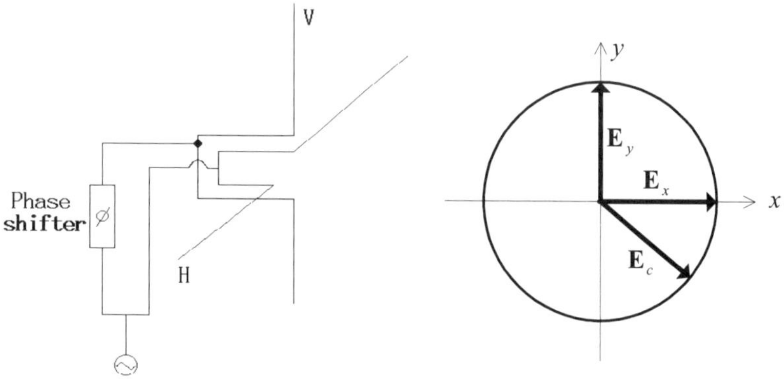

(a) 원형편파 안테나구성 원리 (b) 원형편파의 전계 구성

그림 2.15 원형편파 안테나 구성 원리

표 2.3 기판의 규격

	Specification
Metal thickness	0.017 mm(1/2 oz. copper)
Substrate thickness	0.79 mm
Dielectric constant	2.2
Loss tangent	0.0009

형편파 특성을 갖는 마이크로 스트립형 패치 안테나를 구성할 수가 있다. 하지만 실제 제작시에는 수평(수직)에 대한 수직(수평)성분의 위상을 $\pm\pi/2$[rad] shift 시키는 기술이 쉽지는 않다. 따라서, 모멘트 법의 Ensemble 5.0을 이용하여 여러 가지 형태의 패치 안테나의 방사패턴과 반사손실 등을 시뮬레이션한 후에 가장 적절한 원형편파 안테나를 구성하여 설계 및 제작한다.

원형편파를 생성하는 절단된 모서리 패치를 적용하여 중심주파수 UHF 밴드(908.5 MHz ~ 914 MHz)에서 동작하는 우선회 원형편파와 좌선회 원형편파를 설계한다. 설계에 사용되는 소프트웨어는 Ensemble 5.0이며 모멘트 법의 정확성과 Windows 환경의 간편함 때문에 개구결합 다층 마이크로스트립 안테나와 배열을 쉽게 설계하는 프로그램이다.

안테나를 설계할 때 첫 번째 단계는 적당한 기판을 선택하는 것인데, 기판의 물질에는 구리, 알루미늄, 금 등 다양한 종류가 있다. 통상 원형편파 안테나를 제작하기 위해 유전율이 낮고, 두꺼운 기판을 선정하며, 그 규격은 표 2.3과 같다.

한편, 원형편파를 발생할 수 있는 패치로는 여러 종류가 있으나, 여기에서는 단일 급전으로 하여 급전손실을 최소화 하였으며 모서리 부분이 절단된 패치를 선정한다. 그 설계치(주파수 대역에 따라 달라진다)는 정사각형 패치의 길이가 47.96 mm 이고, 모서리 잘린 길이는 3.12 mm이다. 그림 2.16(a) 의 경우는 우선회 원형편파를 설계한 안테나의 모양이고 그림 2.16(b)는 좌선회 원형편파 안테나를 설계한 모양을 나타내고 있다. 한편 설계한 원형편파 안테나 등에 대한 이득, 축비, 반사손실 등을 시뮬레이션에 의해 기술규격에 맞는지 확인한다. 또한 방사패턴 및 임피던스 매칭 관계도 확인한다.

(a) 우선회 원형편파 (b) 좌선회 원형편파

그림 2.16 원형편파 안테나의 설계 구현 예

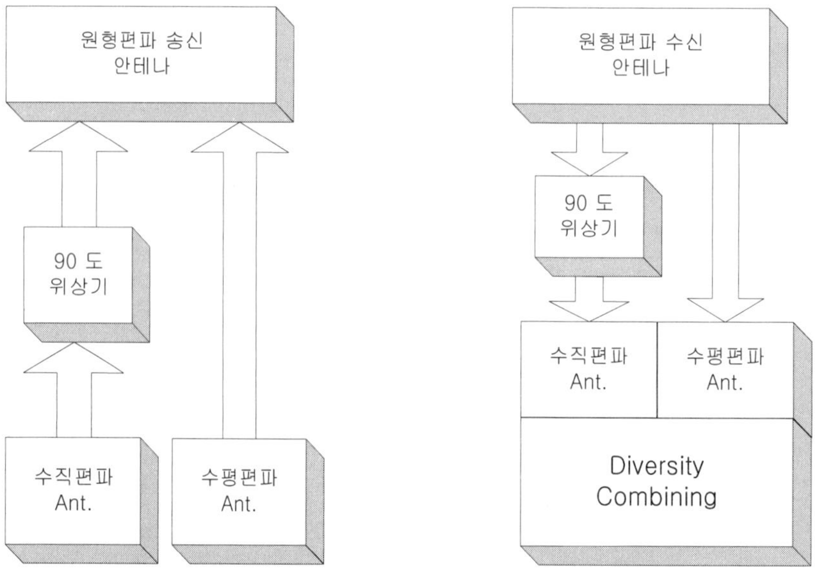

(송신계) (수신계)

그림 2.17 편파 다이버시티 시스템의 송수신 Block Diagram

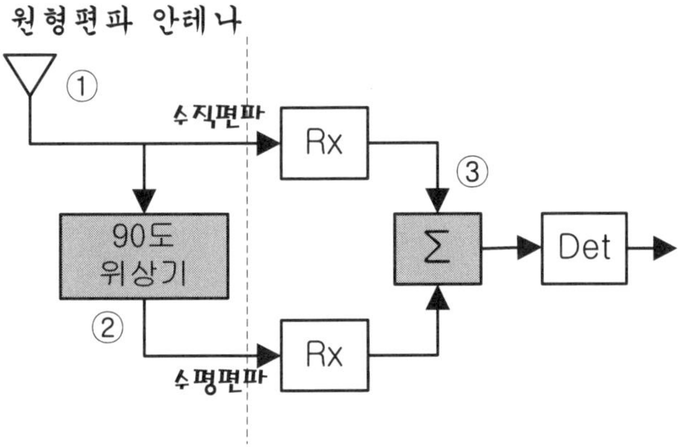

그림 2.18 편파 다이버시티 수신시스템

(5) 패치안테나를 고려한 편파다이버시티 시스템 구성

마이크로스트립 패치의 장점을 이용하여 원형편파를 발생시키는 UHF 대역(908.5 MHz ~ 914 MHz)의 RFID 리더기용 마이크로 스트립형 패치안테나의 설계 개념은 다음과 같다. 그림 2.17과 같이 원형편파를 수직편파 및 수평편파로 각각 분리하여 편파다이버시티를 수행할 수 있도록 편파다이버시티 송수신장치를 설계하고, 최종적으로 그림 2.18과 같은 RF 위상기 회로로 구성되는 다이버시티 합성회로를 접목한 패치안테나 시스템을 설계한다.

2.3.3.2 패치형 원형편파 다이버시티 송수신회로[4]

(1) 기본원리 및 구성도

기존의 편파다이버시티 방법은 수직편파를 송신하고 수직 및 수평편파 브랜치를 이용한 편파다이버시티 기법을 이용하고 있다. 여기에서는 소형, 경량, 박형의 특성을 가지고 있는 마이크로스트립 기판을 이용하여 마이크로스트립형의 원형편파 다이버시티시스템을 소개하고자 한다. 본 원형편파 다이버시티시스템 구성도는 그림 2.17에서 이미 기술한 바와 같이 송신계와 수신계로 구분하여 나타낸다.

원형편파를 구현하는 가장 일반적인 방법은 전술한 바와 같이, 90°위상차가 나는 두 선형편파 요소를 직교하도록 인가하는 것이다. 그 구체적인 방법으로 사각형 패치(patch)의 대각선 방향의 모서리를 자르거나, 대각선 방향으로 slot을 형성하는 방법, cross-slot에 위상차를 고려하여 급전하는 방법, 사각형 패치나 원형 패치에 90°로 slot을 형성하여 급전하는 방법 등이 있다.

여기에서는 우선, 마이크로스트립 형 90°Hybrid 와 수직 및 수평편파 안테나를 이용하여 원형편파 안테나를 제작하고 합성기를 이용하여 편파다이버시티 시스템을 설계하는 방법을 기술한다. 하지만 실제 제작 상에 있어서 수평(수직)에 대한 수직(수평)성분의 위상을 $\pm\pi/2$[rad] shift 시키는 기술이 쉽지는 않다. 따라서, 모멘트법의 Ensemble 5.0을 이용하여 여러가지 형태의 패치안테나의 방사패턴과 반사손실 등을 시뮬레이션 한 후 가장 적절한 원형편파 안테나 및 편파 다이버시티 수신장치를 구상한 후 설계 제작한다.

원형편파 다이버시티시스템의 합성방법은 수신된 원형편파를 90°위상기를 이용하여 수직 및 수평 편파로 분리하여 합성한다. 다이버시티 합성법은 검파이전(pre-detection)과 검파이후(post-detection)로 나눌 수 있다. 검파이전 방식에서는 최대비합성, 등이득합성, 선택절환법 등이 있으며 최대비합성법은 다른 방법과 비교하여 가장 우수한 방식이지만 위상동기장치, 가중치회로, 합성회로가 요구되어 구성하기가 상당히 어렵다. 또한, 등이득합성법은 가중치회로만 제외하고 최대비 합성회로와 같고 성능개선은 최대비 합성보다는 약간 낮다. 다중경로 페이딩 전파환경에서 정확하고 안정한 위상동기를 추적하는 회로를 실현하는 것이 매우 어렵기 때문에 VHF, UHF 그리고 그 이상의 주파수대인 마이크로파 대역의 무선통신에서는 최대비합성과 등이득합성법이 적합하지 않다. 이러한 두 방법과 비교하여 가장 높은 신호를 선택하는 선택절환방법은 두 방법보다는 성능이 약간 떨어지지만 회로구성이 간단하기 때문에 무선통신방식에서 더 선호하고 있다. 하지만 신호의 연속적인 모니터링으로 다이버시티 브랜치 수 만큼의 수신기가 필요하고, switching에 의해 야기될 수 있는 반송파의 위상 transient와 switching 시 야기되는 잡음으로 인하여 성능을 경감시키는 문제점을 갖고 있다.

따라서, 여기에서는 기존의 다이버시티시스템 합성법보다 구성이 간단하고 성능이 우수한 그림 2.18과 같은 원형편파 다이버시티시스템을 제작한다.

(2) 원형편파 안테나 송신계통

설계는 Ensemble 5.0로 하며 사용하는 기판은 유전율 2.5, 두께 1.6 mm(주파수에 따라 달라진다)를 계획하고 있다. 그림 2.19는 중심주파수 911 MHz에서 설계되는 원형편파 안테나의 모형을 보이고 있다.

그림 2.19에서 알 수 있듯이 설계 제작되는 원형편파 안테나는 수직 및 수평편파 안테나로 사용이 가능하고 우선회 및 좌선회 원형편파 안테나로도 사용이 가능하다. 그림 2.19(a)의 수직 및 수평편파 안테나의 S11 과 이득에 대한 것을 중심주파수 911 MHz에서 시뮬레이션을 수행하여 체크한다. 또한, 그림 2.19(b)의 90°Hybrid Combiner 이득과 위상차의 시뮬레이션을 수행하여 Hybrid의 이득 S12 와 S13의 설계제작 성능 기준치로서의 양호함을 확인한다.

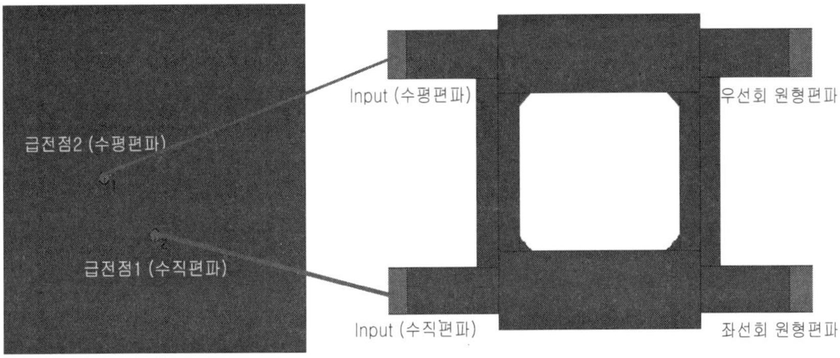

(a) 수직 및 수평편파 Ant. (b) 90도 Hybird Combiner

그림 2.19 원형편파 안테나의 설계 예

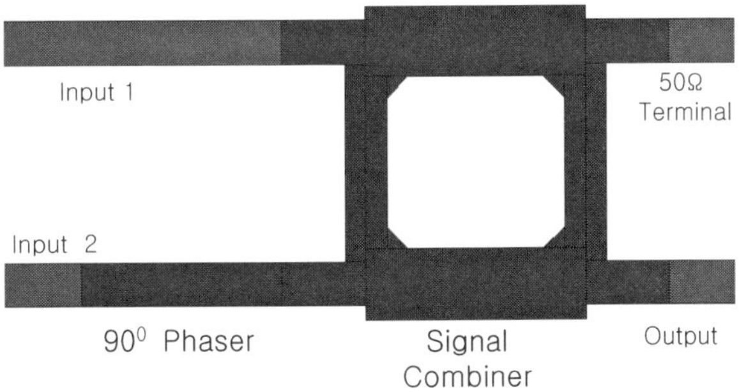

그림 2.20 편파다이버시티 설계 예

(3) 편파다이버시티 합성기(수신계통)

그림 2.20은 설계하고자하는 편파다이버시티 합성기의 실제 모형 예이다. 입력에 수직 및 수평편파 안테나로부터 신호가 유입되면 편파다이버시티 합성기를 통해 출력된다. 한편, 송신계통과 마찬가지로, 설계된 편파다이버시티 합성기의 이득과 위상차에 대한 설계치 성능을 시뮬레이션 결과로부터 확인하며, 그로부터 실제 제작되는 합성기의 각종 파라미터 성능을 체크한다.

2.3.3.3 원형편파특성을 적용한 OFDM 시스템[5]

(1) 개요

본 절에서는 원형편파 및 편파다이버시티를 이용하면, 스펙트럼 이용효율을 극대화시키고 근거리 무선통신환경에서 탁월한 페이딩 경감효과를 얻을 수 있기 때문에 고속무선전송시스템의 성능을 향상시킬 수 있음을 기술한다. 특히 원형편파특성과 반송파 간섭신호를 함께 적용하면 기존의 OFDM 시스템의 문제점으로 되어 있던 PAPR 저감효과도 얻을 수 있음을 설명한다. 또한, 원형편파를 고려하는 편파다이버시티방식에 의하면 스펙트럼 이용효율도 개선시킬 수 있음을 제시한다.

OFDM은 직렬 입력 데이터를 병렬로 전환하여 직교하는 다중 부반송파로 변조하여 고속으로 데이터를 전송하는 방식으로써 고속 무선LAN은 물론 유럽의 디지털방송과 각종 무선전송시스템의 표준 방식으로 채택되고 있다[6]. OFDM 시스템에서는 직병렬 변환된 N개의 비트들은 N개의 직교하는 부반송파로 동시에 전송되므로 고속의 데이터 전송이 가능하며 주파수 선택적 채널에서 다중경로에 의한 페이딩에도 매우 강하다. 그러나 OFDM은 부반송파의 직교성을 유지하지 못하는 경우에는 성능이 열화하게 된다. 또한 독립적으로 변조된 다수의 부반송파들이 동 위상으로 합성될 경우 신호크기가 크게 되어 PAPR(Peak-to-Average Power Ratio)이 크게 나타난다. PAPR이 커지면 시스템의 복잡도가 증가하고 RF 전력증폭기의 효율이 감소하므로 시스템의 성능열화의 요인이 된다[7,8]. 이를 개선하기 위해 신호의 최대크기를 특정레벨로 제한시키는 클리핑 기법이나, 윈도우를 적용하여 다른 신호에 대한 간섭을 줄이는 방식 등 PAPR을 감소시키기 위한 다양한 방법들이 제안되고 있다[9]. 본 절에서는 원형편파(CP: Circular Polarization)의 전파와 반송파 간섭신호(CI: Carrier Interferometry)가 페이딩에 강인한 특성을 이용하여, 이를 기존의 OFDM 시스템에 새롭게 적용하면 BER성능 및 PAPR특성이 훨씬 개선될 수 있음을 컴퓨터 모의실험을 통하여 소개한다.

(2) 원형편파와 다중경로파 간섭신호의 페이딩 경감특성

일반적으로 원형편파 전파는 장애물에 의해 반사가 되면, 그 수평편파 성분은 위상이 180°변하게 되지만 수직편파 성분의 위상은 거의 일정하게 유지되기 때문에 반사할 때마다 선회 방향이 바뀌는 특성이 있다. 실제 실내측정에 의하면, 원형편파로 송신하고 원형편파 안테나로 수신할 경우에는 기수회 반사파는 선회 방향이 반대가 되므로 수신할 수 없게 되어 결과적으로 페이딩을 경감시키는 효과를 가져 올 수 있게 된다[10,11]. 이와 같은 원형편파의 전파전파특성을 이용하여 기존의 OFDM시스템에 좌선회 원형편파 및 우선회 원형편파를 분리 송수신하는 시스템을 구성하면,

채널의 직교성이 보장되어 BER 성능 개선은 물론 대역폭 효율까지도 높일 수 있다[12]. 이와 같은 원형편파를 사용하는 경우에는 LOS 환경에서 더 좋은 페이딩 경감효과를 나타내지만, NLOS 환경에서는 큰 효과가 없다. 그러나 NLOS 환경의 경우에는 편파 다이버시티 방식에 의해 해결 할 수가 있다. 즉, 원형편파로 송신하고 수신측에서 수직 및 수평편파로 분리 수신하는 원형편파다이버시티를 적용하게 되면, 수직/수평 편파 조합에 의한 선형편파 다이버시티 보다 페이딩 특성을 효과적으로 경감시킬 수 있다[13].

한편, Carl R. Nassar 의해 제안된 CIMA(Carrier Interferometry Multiple Access) 신호를 적용한 OFDM 방식은[14], CDMA 방식과는 달리 부 반송파에 위상 오프셋을 적용하는 방식으로, 사용자간 간섭을 보다 효과적으로 줄일 수 있는 방식으로 알려져 있다[15]. 본 절에서는 상기의 두 신호 특성(CP신호의 편파 다이버시티 효과에 의한 페이딩 경감 특성과, CI신호에 의한 PAPR 개선특성)을 기존의 OFDM 시스템에 적용하여 시뮬레이터를 구성하였다.

(3) 반송파 간섭 신호만을 적용하는 시스템[16]

기존의 OFDM 송신기는 그림 2.21과 같고, 반송파 간섭신호를 적용한 OFDM 시스템(CI-OFDM)의 송신기를 그림 2.22에 각각 나타내었다. 그림 2.22에서 알 수 있듯이, 각 비트들이 자신의 반송파로 변조되는 그림 2.21의 OFDM 과는 달리, CI-OFDM은 각 비트들이 N개의 반송파로 전체가 변조된 후 반송파에 위상 오프셋을 적용한다. 모든 비트들이 동시에 동일 반송파가 부여되므로 전송 비트들의 직교성을 부여하는 위상 오프셋 $\Delta\theta_k$의 선택이 매우 중요하다.

전체 비트 k에 대한 n번째 반송파에 대한 위상 오프셋은 $n\Delta\theta_k$이고, 비트 k의 반송파에 적용될 위상 군은$(e^{j0}, e^{j\Delta\theta_k}, \ldots, e^{j(N-1)\Delta\theta_k})$이며 이를 비트 k에 대한 확산코드라 한다. 위상 오프셋은 $\Delta\theta_k = (2\pi/N)k$ 와 같이 표현되며, k 번째 비트에 대한 전송 신호는 다음 식 (2.39)과 같이 표현된다.

$$s_k(t) = \frac{1}{\sqrt{N}} \sum_{i=0}^{N-1} a_k \cos(2\pi f_c t + 2\pi f_i t + i\Delta\theta_k) \tag{2.39}$$

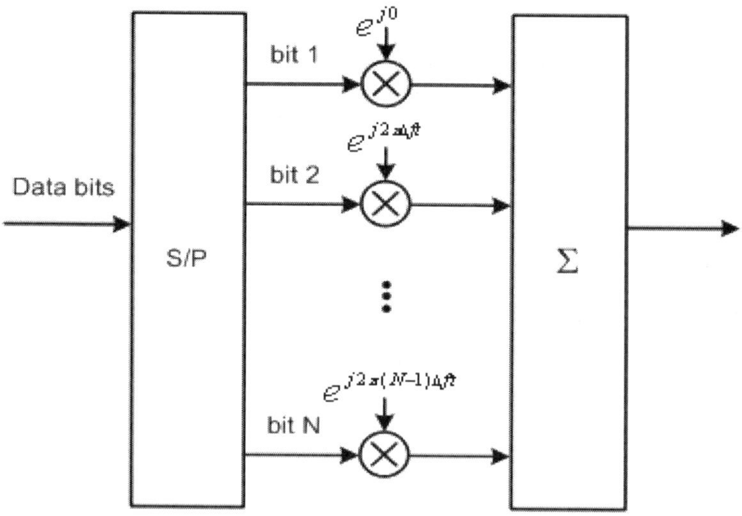

그림 2.21 OFDM 송신기

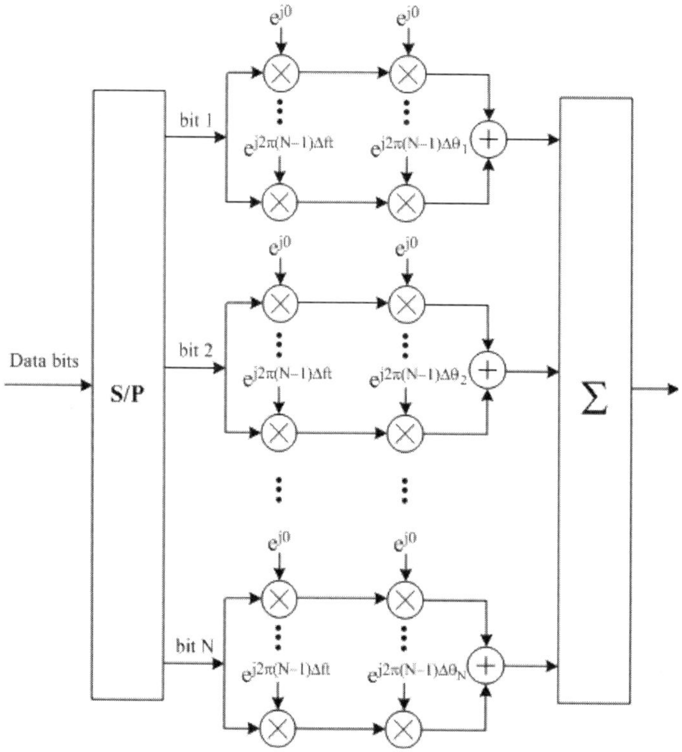

그림 2.22 CI-OFDM 송신기

여기서, a_k는 k 번째 비트이며 +1과 -1의 발생확률이 동일하다. $f_i = i\Delta f$ 이고 $\Delta f = 1/T_b$(T_b는 비트 율)로써 반송파간에 직교성을 부여한다. 위상 오프셋 선택방법은 N개의 반송파에 대하여 $\Delta\theta_k = (2\pi/\mathrm{N})k$가 되도록 하면, 비트 k의 확산코드를 발생하기 위한 위상 오프셋이 되어 N 개의 비트 간에 직교성을 부여하게 된다. 또한, 비트 k에 대한 i번째 반송파에 위상 오프셋 $i\Delta\theta_k$를 부가하는 것은 수신기가 각 반송파의 동일 위치에 배치된 N개의 비트들을 분리할 수 있도록 하기위한 것이다. $1/\sqrt{N}$은 정규화된 비트 에너지로 가정한다. CI-OFDM의 전체 전송 신호는 다음 식 (2.40)와 같다.

$$s(t) = \frac{1}{\sqrt{N}} \sum_{k=0}^{N-1} \sum_{i=0}^{N-1} a_k \cos(2\pi f_c t + 2\pi f_i t + i\Delta\theta_k) \tag{2.40}$$

그림 2.22의 CI-OFDM 시스템은 부호화를 적용한 형태로도 발전시킬 수가 있다. 일반적으로 부호화된 Coded-OFDM 시스템은 그림 2.22에서와 같이 직병렬 변환을 하기 전에, 각 i 입력 비트(예를 들어 $i=1$)들은 n 개의 출력 비트(예를 들어 $n=2$)로 부호화된다. 이 방식에서, 1 개의 정보비트는 실질적으로 n 개의 반송파로 전송되며, 처리량은 감소하지만 주파수 다이버시티 이득을 갖는다[17,18].

한편, 수신신호는 다음 식 (2.41)과 같다.

$$r(t) = \frac{1}{\sqrt{N}} \sum_{k=0}^{N-1} \sum_{i=0}^{N-1} \alpha_i a_k \cos(2\pi f_c t + 2\pi f_i t + i\Delta\theta_k + \phi_i) + n(t) \tag{2.41}$$

여기서, α_i와 ϕ_i는 주파수 선택적 Rayleigh 페이딩 채널에 의해 i 번째 반송파에 적용되는 페이드 파라미터와 위상 오프셋이다. 그리고 $n(t)$는 AWGN이다. 표현의 간략화를 위해 위상 동기가 완전히 이루어 진 것으로 가정한다. 그림 2.23에 k 번째 비트를 검출하기 위한 CI-OFDM 수신기를 나타낸다.

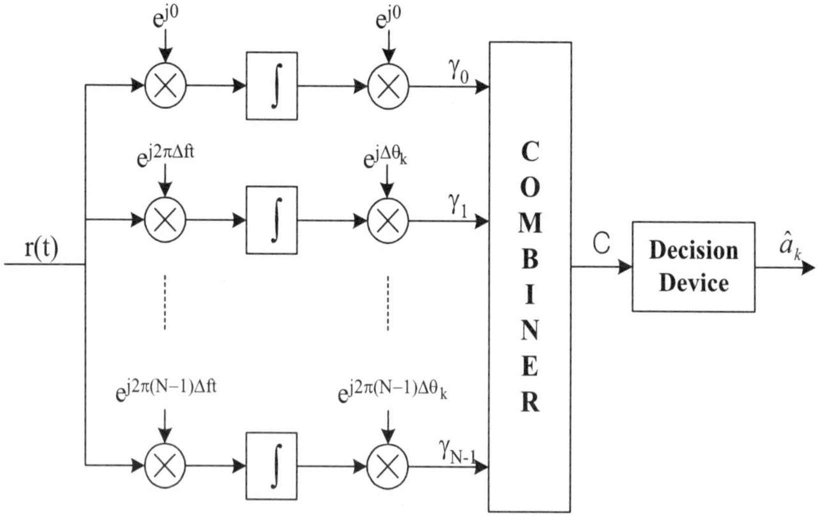

그림 2.23 k 번째 비트에 대한 CI-OFDM 수신기

그림 2.23에서, $r(t)$는 N 개의 직교 반송파로 분리된다. 각 반송파로부터 k 번째 비트의 위상 오프셋이 제거되어 $\bar{r}=(r_0, r_1, \dots, r_{N-1})$이 되고, r_i는 다음 식 (2.42)과 같이 표현된다. 식 (2.42)에서 두 번째 항은 k 번째 비트에 대한 나머지 비트들에 관한 항으로써 비트 간 간섭성분이다.

$$r_i = \frac{1}{\sqrt{N}}\alpha_i a_k + \sum_{j=0,\, j\neq k}^{N-1} \frac{1}{\sqrt{N}}\alpha_i a_j \cdot \cos\left(i(\Delta\theta_k - \Delta\theta_j)\right) + n_i \tag{2.42}$$

AWGN 채널에서, $\Delta\theta_k$를 적절하게 선택하여 비트 간 직교성이 유지되었다면 반송파들의 상호 결합 값($C=\sum_{i=0}^{N-1} r_i$)인 두 번째 항은 0이 된다. 그러나 주파수 선택성 채널에서 간단한 결합방식으로는 다른 비트로부터의 간섭 현상치를 추정해 낼 수 없다. 왜냐하면 반송파들은 페이드 α에 종속적이기 때문이다. 여러 가지 결합방식이 가능하지만, 일반적으로 MMSE 결합방식이 가장 우수한 성능을 나타낸다. 본 논문에서는 MMSE 방식을 적용하여 최대의 주파수 다이버시티 이득을 얻게 하여 비트 간 간섭과 잡음을 최소화하였다.

이러한 결합방식은 식 (2.43)과 같은 결정 변수(decision variable)로 나타낼 수 있다.

$$C = \sum_{i=0}^{N-1} r_i \cdot \left[\frac{\alpha_i}{N\alpha_i^2 + N_0/2} \right] \tag{2.43}$$

(4) 원형편파와 반송파 간섭신호를 함께 적용한 시스템

본 절 (3)소절에서 설명한 PAPR 특성이 대폭 개선되는 CI-OFDM 시스템에, 페이딩 특성에 강인한 원형편파 신호를 적용한 CPCI-OFDM 시스템을 그림 2.24에 나타낸다. 그림 2.24에서는, 원형편파 다이버시티를 적용한 형태로 우선회 원형편파와 좌선회 원형편파로 분리하여 송수신 하도록 구성하고(분리 송신시 송신전력이 1/2이 되도록 하였음), IFFT 수행 후 보호구간을 삽입하기 이전에 CI 신호를 적용하는 방식을 함께 구현하였다. 각각의 전송채널로 수신된 신호는 원형편파의 특성상 기수회 반사파가 거의 수신되지 않으므로 시스템의 성능은 크게 개선될 수 있다. 또한, 다이버시티를 적용하였기 때문에 각각의 전송채널로 수신된 신호의 비상관성으로 수신신호에 대한 신뢰성을 높일 수 있다. 수신된 신호는 부채널의 크기로 직병렬 변환 후 보호대역을 제거한다. 보호대역이 제거된 수신신호는 다시 CI 신호가 부여한 위상 오프셋을 이용하여 데이터를 분리한다. 이렇게 변환된 신호열은 역과정의 신호매핑과 채널상의 오류를 정정하고 최종 데이터를 판별하여 복원된 데이터를 출력해낸다.

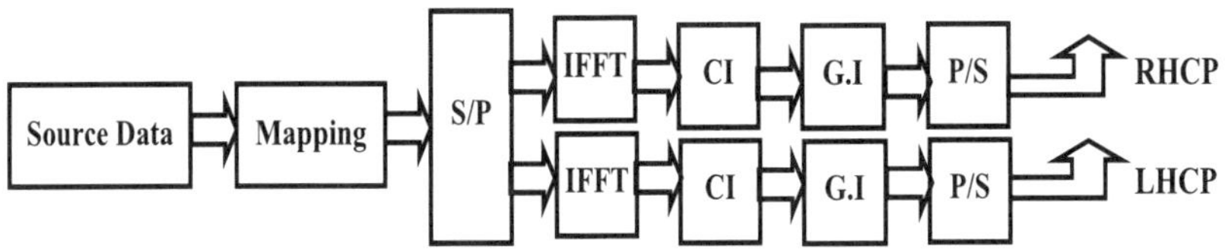

(a) CPCI-OFDM 송신단

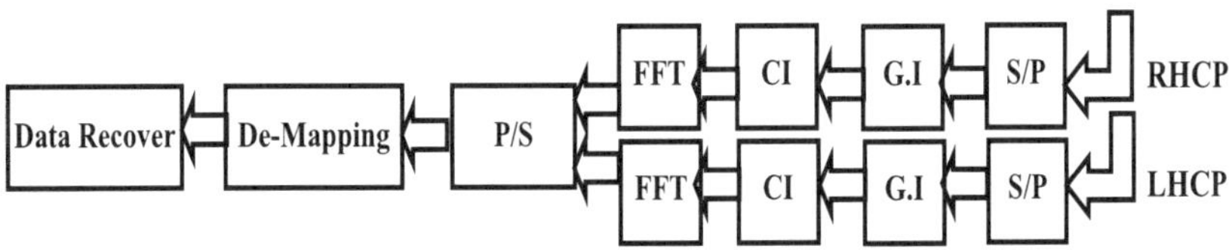

(b) CPCI-OFDM 수신단

그림 2.24 CPCI-OFDM 시스템의 블록도

일반적으로 부 반송파의 개수가 동일한 조건에서, 보호구간 길이를 작게 하면 할수록 대역폭 효율이 증가한다[12]. 보호구간은 수신단에서 프레임 동기를 마치고 난 후 제거되어 사용하지 못하는 부분으로 프레임 동기를 마치고 난 후 제거 된다. 따라서 원형편파를 이용하면 보호구간 길이를 작게 할 수 있다. 기존의 OFDM은 전체 프레임의 약 25%에 해당하며 순수 데이터 길이에 비교하면 33%에 해당한다. 본 CPCI-OFDM 시스템에서는 원형편파를 이용하므로 보호구간 길이를 최소화 하였다.

(5) 시스템의 PAPR 특성

일반적으로 OFDM 심볼에 대한 최대 전력 대 평균전력의 비, PAPR은 일반적으로 다음 (2.44)식 과 같이 나타낼 수 있다.

$$PAPR = \frac{\max_{0<t<T_s}|s(t)|^2}{mean_{0<t<T_s}|s(t)|^2} \tag{2.44}$$

N개의 반송파를 사용하는 경우 OFDM과 CPCI-OFDM의 평균 전력은 $P_{mean} = NP_0$ 이다. 여기서P_0는 하나의 반송파에 대한 실효전력으로써 $P_0 = \frac{1}{2}A_0^2$ 이다. 그리고 A_0는 주어진 반송파의 최대 진폭이다. OFDM은 입력 정보를 직병렬 변환하고 전송하는 각 비트들의 반송파들은 최대 전력으로 나타난다. 반송파의 위상과 동기가 정확할 경우 반송파의 수가 증가함에 따라 최대 전력의 크기도 증가하게 된다. OFDM의 모든 반송파가 동위상으로 겹쳐지는 경우의 최대 전력은 다음 식(2.45)과 같다.

$$P_{OFDM_{\max}} = \left(\sum_{i=1}^{N} A\right)^2 = (NA)^2 = \frac{1}{2}(NA_0)^2 = N^2 P_0 \tag{2.45}$$

여기서, A는 주어진 반송파의 실효진폭이고, N은 반송파의 수이다. CPCI-OFDM의 경우 모든 비트들은 모든 반송파로 동시에 전송되며, 고유의 위상 오프셋으로 수신기는 각 비트들을 분리해 낸다. 이 위상 오프셋은 최대 전력을 줄여주는 특성을 갖기 때문에 CPCI-OFDM 전체 전송신호의 최대전력은 k 번째 비트의 최대 반송파 전력의 합보다 작다. 즉, 사용자 k가 최대 전력으로 나타날 때 사용자 j(단, $k \neq j$)의 전력은 최소값이나 매우 작은 값으로 나타나기 때문이다. 따라서 OFDM의 최대 전력보다 CPCI-OFDM의 최대전력이 작게 나타나며 CPCI-OFDM의 PAPR은 다음 식 (2.46)과 같이 표현된다. 식 (2.46)에서 최대 전력이 작게 나타나는 이유는, CP신호와 CI신호가 합성되어 나타나는 결과가 아니라, 부반송파들이 동위상으로 겹쳐지는 현상이 줄어들어 시스템의 PAPR 특성이 개선되는 CI 신호의 고유 특성에 의한 결과이다.

$$PAPR_{CPCI-OFDM} = \frac{\left(\frac{1}{2} max_{0<t<T_s} |s(t)|^2\right)}{NP_0} \ll N \tag{2.46}$$

(6) 성능 시뮬레이션 결과

시뮬레이션 환경으로는 현재 OFDM 방식을 표준으로 하고 있는 고속 무선 LAN의 IEEE 802.11a 파라미터를 기준으로 하였다. 64-point IFFT를 사용하였고 보호구간은 16개의 샘플에 해당하는 $0.8\mu s$로 하였다. 본 CPCI-OFDM 시스템 모의실험에서는 원형편파를 이용하므로 보호구간 길이를 최소화 하는 프레임을 구성하였다. 샘플링 주기는 $50ns$, 매핑방식은 QPSK로 하였다. CI-OFDM 및 CPCI-OFDM에서의 직병렬 변환기의 부채널 수는 OFDM과 동일하게 64개로 하였고, CI-OFDM에서 사용한 CI 신호의 부반송파 수는 16개로 설정하였다. 무선채널은 Rayleigh fading 환경을 적용하였으며, 다중경로 환경으로는 직접파 외에 지연반사파를 5개까지 고려하였으며 반사파에 따른 손실은 3 dB, 반사파의 지연시간은 각 1개의 샘플링 시간 차이를 가지는 것으로 하였다. 모의실험은 OFDM과 CI-OFDM 방식을 동일한 조건에서, CI-OFDM과 CPCI-OFDM 방식을 동일한 조건에서 각각 수행하였다.

그림 2.25은 새로이 제안된 CPCI-OFDM의 성능을 확인하기 위하여 다중경로 환경에서 컴퓨터 모의실험에 의하여 얻어낸 신호점 성상도이다. 여기에서 그림 2.25(a)는 일반적인 QPSK 매핑을 적용한기존의 OFDM 시스템 성상도이다. 직접파 외에 첫 번째의 반사파가 6개의 샘플 시간 후에 도래하는 경우를 나타낸 것이다. 그림 2.25(a)에서 알 수 있듯이 반사파의 간섭이 크게 작용하기 때문에 성능이 그다지 좋지 않음을 알 수가 있다. 그림 2.25(b)는 그림 2.25(a)의 경우와 동일한 조건에서 첫 번째 반사파의 도래 시간이 1개 샘플 시간으로 단축되었을 경우의 성능을 나타내는 신호점 성상도이다. 그림 2.25(a)와 그림 2.25(b)로부터 반사파의 시간 지연이 짧은 경우에 신호점의 성상도가 보다 더 분산되지 않고 정확하게 나타나고 있어서 그 성능이 우수하게 됨을 알 수가 있다. 그림 2.25(c)는 그림 2.25(b)의 경우와 동일한 다중경로 조건에서 원형편파를 이용하는 CPCI-OFDM에서 기수회 반사파의 수신을 억제한 경우의 신호점 성상도이다. 그림 2.25(b)와 그림 2.25(c)의 비교에서 CPCI-OFDM

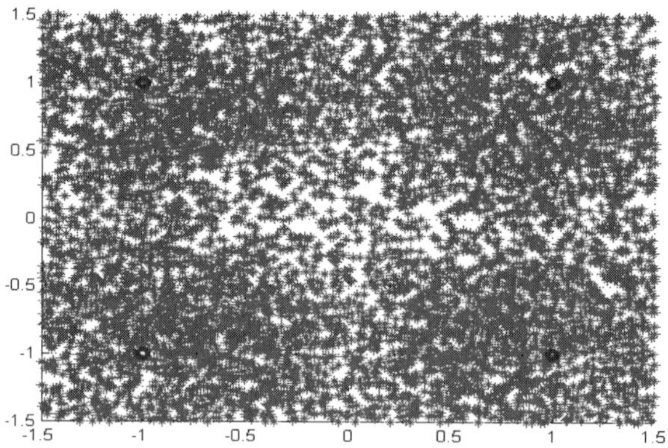

(a) 지연시간이 6 에서 10 샘플 시간인 경우(QPSK-OFDM)

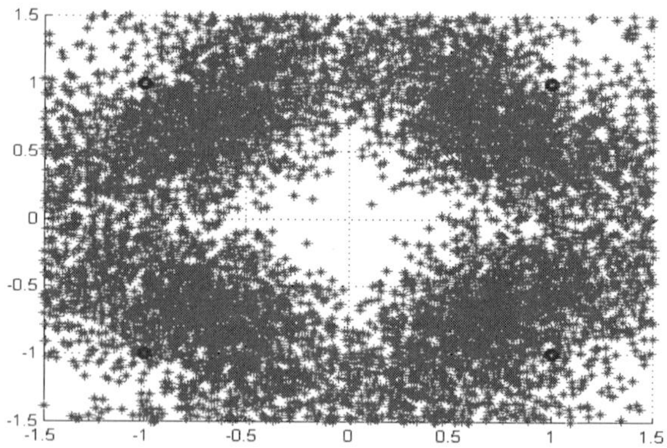

(b) 지연시간이 1 에서 5 샘플 시간인 경우 (QPSK-OFDM)

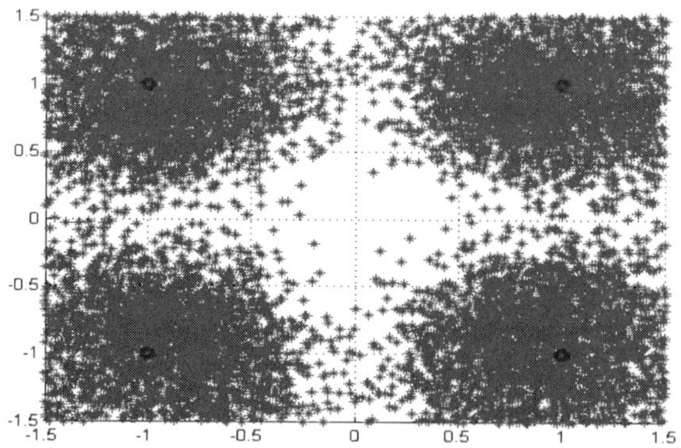

(c) 원형편파를 적용하여 반사파를 제거한 경우 (QPSK-CPCI-OFDM)

그림 2.25 성상도 비교

시스템에서는 기수회 반사파 수신을 억제하는 원형편파의 고유 특성으로 인하여 반사파 간섭을 억제하기 때문에 보다 더 좋은 성능을 나타낸다.

그림 2.26은 Rayleigh 채널환경에서 OFDM 시스템과 CI-OFDM 시스템의 BER 성능을 비교한 것이다. 그림 2.26에서 알 수 있듯이 기존의 OFDM 시스템은 직교성이 유지되기 어려운 채널환경이므로 시스템 성능이 열화 되지만, CI-OFDM 시스템의 경우 위상천이 특성이 개선되므로, 동일한 정보가 모든 반송파로 전송되고 수신기에서는 채널에 대한 최대 주파수 다이버시티 이득을 얻을 수 있으므로, 기존의 OFDM 시스템보다 성능이 대폭 개선됨을 알 수 있다.

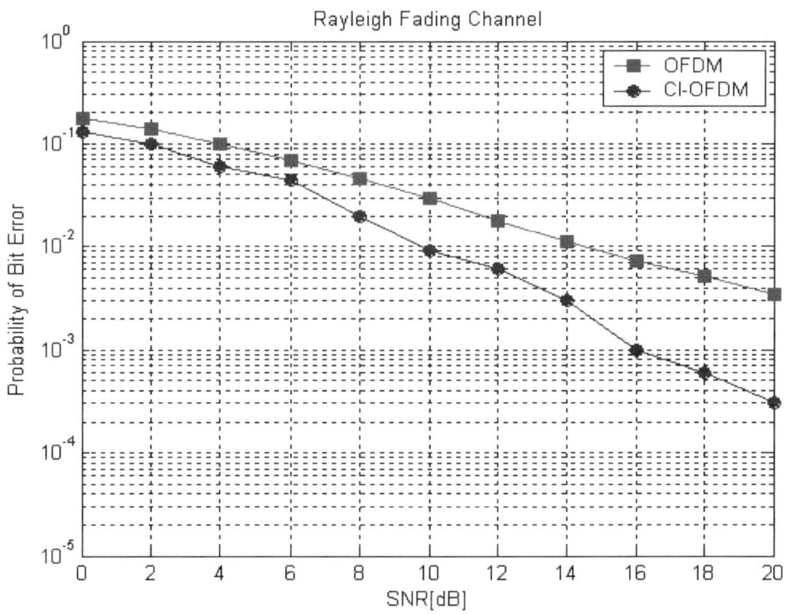

그림 2.26 Rayleigh 페이딩 채널에서 OFDM과 CI-OFDM 시스템 성능

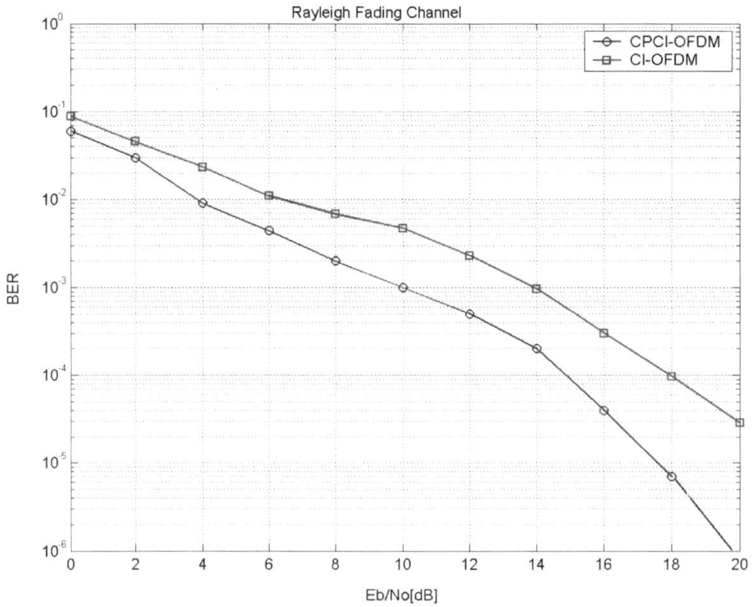

그림 2.27 Rayleigh 페이딩 채널에서 CPCI-OFDM 시스템의 성능

그림 2.27은 CI-OFDM 시스템과 CPCI-OFDM 시스템의 성능을 비교한 것이다. CPCI-OFDM 시스템은 기수회 반사파의 수신을 억제하는 원형편파의 특성으로 인하여 CI-OFDM 시스템 보다도 10-4 BER에서 약 3[dB],개선되고 있음을 알 수 있다. 이 결과는 송신전력이 1/2 로 분리 송수신되는 점도 고려하여 모의실험을 수행한 결과이다.

그림 2.28은 기존의 OFDM과 CPCI-OFDM의 PAPR을 비교한 그림이다. 가로 축은 전송데이터의 수(10000개)를 나타낸 것이고 세로축은 PAPR을 나타내고 있다. 기존의 OFDM의 경우 PAPR의 최대값은 23.55이고 평균값은 8.27이다. PAPR의 최대값과 평균값은 큰 차이를 보이고 있음을 알 수 있다. 반면에 CPCI-OFDM의 경우 PAPR의 최대값은 12이고 평균값은 6.38이다. 이는 앞서 기술한 바와 같이 원형편파의 특성과 CI신호를 적용하게 되면, OFDM의 부반송파들이 동위상으로 겹쳐지는 현상이 줄어들어 시스템의 PAPR 특성이 개선되는 것이다.

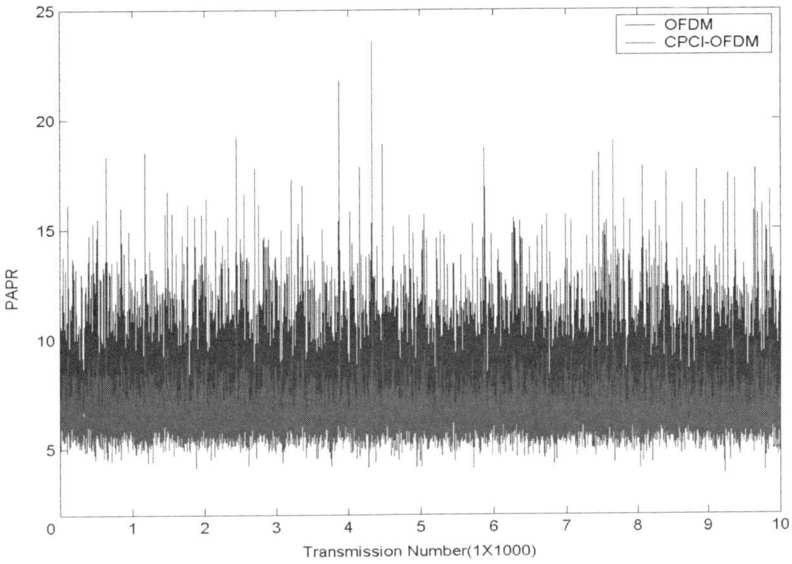

그림 2.28 OFDM과 CPCI-OFDM의 PAPR

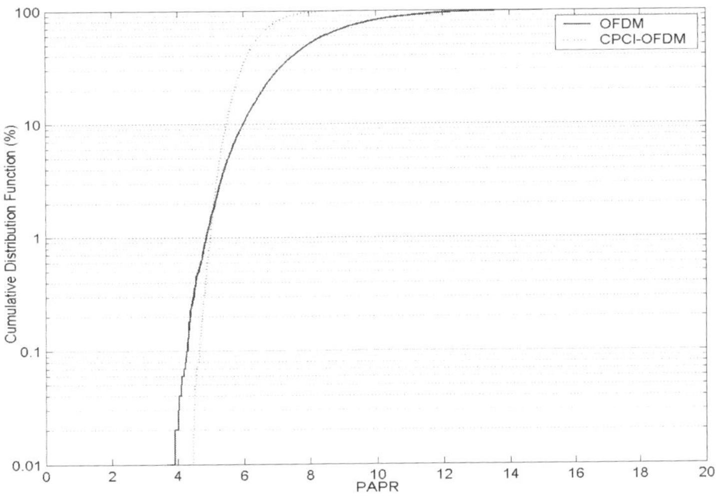

그림 2.29 기존의 OFDM과 CPCI-OFDM의 PAPR에 대한 CDF

그림 2.29는 OFDM과 CPCI-OFDM의 PAPR에 대한 확률 누적분포(CDF: Cumulative probability Density Function)를 나타낸 것이다. 그림에서 CPCI-OFDM은 전송의 약 90%이상이 PAPR 값이 8이하인 형태를 나타내고 있다. 반면에 OFDM은 약 50% 정도만이 PAPR 값이 8이하의 값을 나타내고 있다. 따라서 원형편파의 특성과 반송파 간섭신호를 적용한 CPCI-OFDM 시스템이 PAPR 특성을 크게 개선함으로써 시스템의 성능이 개선됨을 알 수 있다.

(7) 원형편파에 의한 스펙트럼이용효율 증대효과[12],[19~21]

본 절에서 새롭게 수정되는 채널모델의 특성이 기존의 채널모델에 비해 개선되었음을 확인하고, 통신상의 오류율이 얼마나 개선되는지 알아보기 위해 매트 랩으로 구현되는 간단한 무선채널 시뮬레이터를 이용하여 성능분석을 수행하였다. Monte Carlo 방법으로 각 편파에 따른 페이딩 환경과 가우시안 잡음환경을 고려하여 성능분석 시뮬레이션을 수행하며 수정된 무선채널 모델의 타당성을 검증한다.

또한, 간섭문제를 해결하기 위하여, 실내전파환경에서의 기존 및 차세대 이동통신 주파수 대역의 전파특성, 각종 편파의 페이딩 경감특성 그리고 편파 다이버시티에 의한 페이딩 경감효과 등을 이용한다. 즉, 그동안의 선행연구결과에 의해 밝혀진 내용을 이용하여, 기존의 무선전송방식 및 시스템 성능을 개선하는 일종의 새로운 무선전송시스템 시뮬레이터를 구현하고 그 성능을 분석하였다. 다시 말해, 무선채널 특성연구에서 얻어지는 편파의 물리적 반사특성과 이를 응용한 페이딩 경감대책 방안 등을 무선전송 시스템에 적용하였다, 기존의 무선전송표준방식(주파수 계획, 시스템 파라미터 등)을 충분히 고려하지만 그 전송특성을 개선함에 있어서 편파의 전파특성을 이용한 전송시스템 시뮬레이터를 구현하고 그 성능을 분석하는 것이다. 본 절에서는 시스템성능 개선효과와 더불어 기존의 OFDM시스템에서의 스펙트럼 이용효율 증대효과를 소개하였다.

본 절에서는 원형편파의 전파특성을 측정분석 파악하고, 아래 그림 2.30과 같이 서로 다른 편파 조합(예를 들면 실내 LOS 환경의 경우: 두 개의 서로 역선회 하는 원형편파(RHCP, LHCP)) 을 이용한 편파 다이버시티 모델(MIMO기법)을 적용하여 채널을 분리한다. OFDM의 기저대역 신호 $s(t)$는 다음 식과 같이 나타낼 수 있다.

$$s(t)=\sum_{n=-\infty}^{\infty}\sum_{k=0}^{N-1}\frac{C}{\sqrt{T_s}}d_{n,k}e^{j2\pi f_k t}p(t-nT_s) \tag{2.47}$$

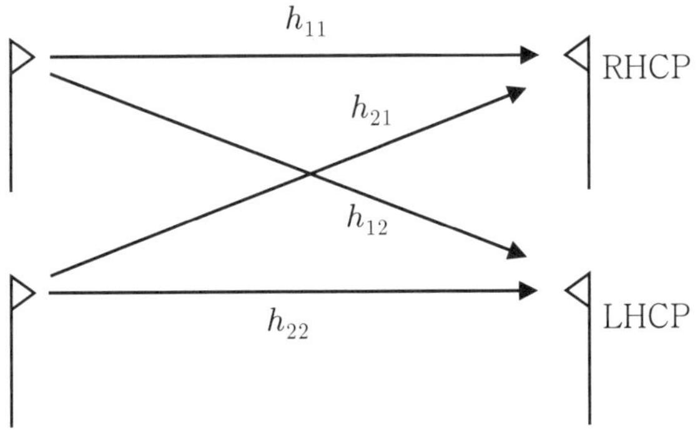

그림 2.30 다중편파 기법의 채널분리 모델

따라서 우선회 원형편파(RHCP)와 좌선회 원형편파(LHCP)의 송신신호를 각각 $s_R(t)$, $s_L(t)$라고 하면, 각 신호의 기저대역에서의 표현식은 상기 식 (2.47)으로부터 다음의 식 (2.48)과 같이 구할 수 있다.

$$s_R(t) = \sum_{n=-\infty}^{\infty} \sum_{k=0}^{(N-1)/2} \frac{C}{\sqrt{T_s}} d_{n,(2k)} e^{j2\pi f_{(2k)} t} p(t - nT_s)$$
$$s_L(t) = \sum_{n=-\infty}^{\infty} \sum_{k=0}^{(N-1)/2} \frac{C}{\sqrt{T_s}} d_{n,(2k+1)} e^{j2\pi f_{(2k+1)} t} p(t - nT_s) \qquad (2.48)$$

또한 두 개의 서로 역선회 하는 원형편파(RHCP, LHCP)로 채널을 분리함으로써, 부 반송파 스펙트럼이 분리되어 중첩이 제거되고 직교성을 강화시킬 수 있는데, 실제로 전송시스템의 대역폭 효율 η는 보호구간을 고려할 경우 다음 식과 같이 표현되어, 상기한 채널분리 효과를 가늠해 볼 수 있다.

$$\eta = \frac{R}{W} = \frac{\log_2 M}{(1-1/N)T_s + 2\delta T_s + GI} \qquad (2.49)$$

여기에서 δ는 부반송파의 단측 대역폭을 나타내는 것으로서 $\delta = (1+\alpha)/2NT_s$이고, α는 부반송파의 roll-off 인자이며, GI는 보호구간의 대역폭 크기를 나타낸다. 위의 식으로부터 보호구간의 길이를 작게 하면 할수록 실질적인 대역폭 효율은 증가함을 알 수 있다. 대부분의 무선전송시스템에서 보호구간의 길이는 전체 프레임의 약 25%까지 차지하게 된다. 이것은 수신단에서 프레임 동기를 맞추고 난 후 제거되어 사용되지 못하는 부분으로써 크면 클수록 비효율적이 된다. 따라서 원형편파를 이용하면 보호구간의 길이를 작게 할 수가 있어 대역폭 효율을 증가시킬 수 있게 된다. 이상의 내용은 아직까지 선행연구결과에 의한 편파다이버시티 개념의 새로운 무선전송방식의 원리이며, 이를 기존 및 차세대 이동통신 시스템에 적용하면 스펙트럼이용효율도 극대화할 수 있는 새로운 무선전송방식을 제안 할 수가 있다고 생각한다.

(8) 고찰

본 절에서는 원형편파의 반사파가 억제 수신되는 전파특성과 반송파 간섭신호(CI 신호)의 레일레이 페이딩환경에서의 강인한 직교특성을 이용하여, 기존의 OFDM 시스템 방식에 이들 두 신호를 적용하는 새로운 CPCI-OFDM 시스템 방식을 소개하였다. 본 방식은 Rayleigh 환경에서 기존의 OFDM 시스템보다 성능이 10^{-4} BER에서에서 2~3[dB] 정도의 개선을 얻을 수 있다. 또한, CPCI-OFDM의 PAPR은 기존의 OFDM의 PAPR의 평균값과 최대값을 크게 감소시킬 수 있었다는 것도 시스템 시뮬레이션을 통하여 확인할 수 있음을 소개하였다. 또한 원형편파 전파를 이동무선통신시스템에 이용하면 스펙트럼이용효율(대역폭 효율)도 증대시킬 수 있음을 소개하였다. 따라서, 원형편파 특성을 각종 통신시스템에 적극 응용되기를 기대한다.

참고문헌

[1] 정만영, 김덕진, "공중선과 전파전파,"문운당, 1986년 1월

[2] Samuel C. Yang, "CDMA RF System Engineering," Artech House, 1998

[3] 안재성, 하덕호, "위성 DMB용 2.65GHz 안테나 설계 및 제작," 한국해양정보통신학회논문지 제11권 12호, pp.2218-2226, 2007년 12월

[4] Je-Sung Ahn, Deock-Ho Ha, and Yeon-Wook Choe, "A Microstrip Antenna for S-DMB Mobile Phone Handsets and UHF/RFID Used in Moving Vehicles," The Journal of Korean Institute of Information Technology, Vol.8, No.3, pp.53-59, Mar. 2010.

[5] 안재성, 하덕호, "원형편파특성과 반송파 간섭신호특성을 적용한 OFDM 시스템 성능 개선," 한국통신학회 논문지, Vol.32, No.8, pp.794-801, Aug. 2007.

[6] IEEE Std802.11a-1999, "Wireless LAN medium access control(MAC) and physical layer(PHY) specifications : high-speed physical layer in the 5Ghz band," IEEE-SA standard board, pp.3-45, Sep. 1999.

[7] S. H. Muller and J. B. Huber, "OFDM with reduced peak-to-average power ration by optimum combination of partial transmit sequences," elec. Letts., Vol.33, No.5, pp. 368-369, Feb. 1997.

[8] E. Lawrey and C. J. Kikkert, "Peak to average power ratio reduction of OFDM signals using peak reduction carriers," Signal processing and its applications, 1999, ISSPA'99, Proceedings of the fifth international symposium on, Vol.2, pp. 737-740, 1999.

[9] Richard Van Nee, Ramjee Prasad, "OFDM for wireless multimedia communications," Artech House Publishers, pp.123-152, 2000.

[10] Jorgen Bach Andersen, Theodore S. Rappaport, and Susumu Yoshida, "Propagation Measurements and Models for Wireless Communications Channels," IEEE Comm. Mag., vol.33 no. 1, pp.42-49, Jan. 1995.

[11] Hee-Chang Jung, Jin-Dam Mock, Deock-Ho Ha, "Analysis of Wideband Propagation Characteristics for The High Transmission Rate in Indoor Radio Channels," IEEE Proceedings of The VTC '98, pp.298-302, Ottawa, Canada, May 1998.

[12] Byung-Ok Kim, Deock-Ho Ha, "OFDM System Using Cross-Handed Circular Polarization," 한국통신학회 논문지, 제26권 제12호, pp.1741 -

1746, 2001년 12월

[13] Jin-Dam Mok, Young-Hwan Lee, Sung-Woo Jeon, Deock-Ho Ha, "The Optimum Propagation Condition of Polarization Diversity Reception in Indoor Wireless Communications," 한국통신학회 논문지 제23권 제3호, pp.507-516, 1998년 3월

[14] Nassar, C.R. Natarajan, B. Shattil, "Introduction of carrier interference to spread spectrum multiple access," Wireless Communications and Systems, 1999 Emerging Technologies Symposium, pp4.1-4.5, 1999.

[15] Wiegandt, D.A. and Nassar, C.R, "High- performance 802.11a wireless LAN via carrier-interferometry orthogonal frequency division multiplexing at 5 GHz," Global Telecommunications Conference, 2001. GLOBECOM '01. IEEE, Vol.6, pp. 3579-3582, 2001.

[16] W. Zou, Yiyan Wu, "COFDM: an overview," IEEE Transactions on Broadcasting. Vol.41, Issue 1, pp1-8, Mar. 1995.

[17] L. Thibault, Minh Thien Le, "Performance evaluation of COFDM for digital audio broadcasting," IEEE Transaction on (I) Parametric study Broadcasting, Vol.43, Issue 1, pp.64-75, Mar. 1997.

[18] IEEE Std802.11a-1999, "Wireless LAN Medium Access Control (MAC) and Physical Layer (PHY) specifications: High-speed Physical Layer in the 5GHz Band," IEEE-SA Standard Board, pp. 3-45, Sep. 1999.

[19] Je-Sung Ahn, Deock-Ho Ha, and Pyung-Dong Cho, "The Circular Polarization Diversity Effect Considering XPD Factor in an Indoor Radio Propagation Environment," Journal of The Korea Electromagnetic Engineering Society, Vol.6, N0.1, pp.24-29, Mar. 2006.

[20] Byong-Ok Kim, Yeon-Hwa Ko, and Deock-Ho Ha, "Performance of a Novel XCP-OFDM System," International Conference VTC-2002 proceedings, Vancouver, Canada, pp38-41, Sep. 2002.

[21] Deock-Ho Ha and Byung-Ok Kim, "The Performance Analysis of A Novel XCP-OFDM System Using Cross-Handed Circular Polarization," Telecommunication review, SK Telecomm., Vol.13, N0.3, pp.439-450, June 2003.

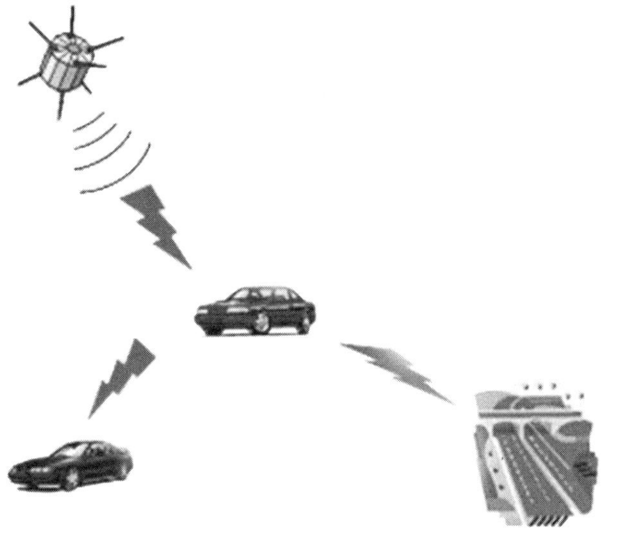

Chapter 3
영상처리기술과 수송기계

3.1 영상처리와 수송기계

3.2 디지털 영상의 표현

3.3 이진 영상의 해석

3.4 영상 분할

3.5 수송기계에의 응용

3.1 영상처리와 수송기계

3.1.1 영상처리

영상(Image)이란 2차원 혹은 3차원적으로 펼쳐지는 정보의 형태라고 할 수 있다. 따라서 그림, 초상화, 사진, 풍경, scene, 도형 등을 모두 영상이라고 부를 수 있다. 영상으로 표현된 정보, 혹은 영상이 담고 있는 정보를 영상정보라고 한다.

최근 영상정보의 중요성은 점점 증가해 정보사회의 키워드가 되어 중요한 역할을 담당하고 있다. 문서, 영화, TV영상, 일기도, 풍경사진, 위성탐사사진, 현미경사진 등 다양한 형태를 띠고 있다. 영상정보가 증가해 그의 유용성이 높아지는 이유는 다음과 같다.

- ▣ 영상정보는 인간의 시각 정보처리능력에 의해 직관적으로 이해된다. 인간에 의해 처리되는 정보의 85%이상이 시각정보에 의한다. 또, 백문이 불여일견(Seeing is believing)이라는 속담이 영상정보의 유용성을 잘 나타내고 있다.
- ▣ 반도체 기술, 통신기술, 컴퓨터 기술 등의 발전에 따라 다양하고 대량의 영상이 관측, 축적, 처리 및 생성되도록 되었다. 특히, 인공위성 혹은 항공기에 의한 리모트센싱(Remote sensing, 원격탐사) 영상과 X선 사진, 세포와 같은 현미경 사진 등은 잘 알려져 있다. 특히, MRI, PET를 포함한 많은 의용사진은 사회적 뉴스가 될 정도로 증가하고 있다.
- ▣ 영상은 농도 혹은 색채의 2차원 평면상의 분포로서 다음과 같은 정보를 나타낼수 있다.
  - 색채 등의 감각 정보
  - 형상 등의 기하학적 정보
  - 상대적인 크기, 위치 등의 관계정보

이 때문에 영상은 문자, 기호 등의 객관적인 정보에서부터 예술적인 그림과 같은 주관적인 정보까지 굉장히 광범위하다.

3.1.2 영상처리와 수송기계

인간의 정보처리능력은 주의력, 지속력에서 한계가 있다. 예를 들면, 운전자가 오랜 시간의 운전을 하면 피로 , 주의력 저하, 판단력의 저하가 동반된다. 이때 발생할 수 있는 차선 이탈이나, 앞차와이 거리가 좁혀졌을 때 경각심을 주는 기능등의 사고 예방을 위한 정보들을 영상처리기술로부터 받을 수 있다. 즉 수송기계의 운전자의 상태와 주변 환경을 자동으로 인식한 후 그 결과를 인간에게 알려줌으로써 인간의 판단에 도움을 준다. 영상정보처리의 결과를 인간에게 알려주는 시스템을 그림 3.1에 나타낸다.

3.1.3 영상정보시스템의 구성

영상정보시스템은 영상정보의 전송과 처리, 축적, 검색시스템으로 구성되고 사회적으로 광범위하게 이용되고 있다. 그림 3.2에서 영상정보시스템을 나타낸다.

영상정보시스템에서는 전송효율의 향상, 정보의 압축, 잡음의 제거 혹은 인간이 보기 쉬운 영상의 생성 등의 기술이 확립되어져야 한다.

3.1.4 영상정보의 인식과정

인간이 일상적으로 하고 있는 영상의 처리와 이해의 과정을 도식적으로 표시하면 그림 3.3과 같이 된다. 인간이 어떤 영상을 보았을 때 그 영상에서 반사된 빛이 안구의 망막에 상이 맺힌다. 망막에 있는 많은 시신경세포가 입력된 영상에 따라 자극을 받아 활성화되어 전기신호를 만들고, 다른 신경세포를 통해서 뇌에 전달된다. 그리고 뇌에서 정보처리 된 결과로서 보았던 영상이 무엇인가를 인지하게 된다. 이 과정은 아주 짧은 시간에 끝난다. 이 영상처리과정에서 시신경 세포에서의 출력값을 뇌 속에서 어떻게 정보를 처리하여 그 결과를 어떻게 평가하고 있는가는 현재 극히 일부분만이 알려져 있다.

이 때문에 같은 기능을 컴퓨터에서 실현하기 위해서는 인간의 두뇌 정보처리 메카니즘을 추측해 처리과정을 구축해야 한다. 영상의 인지과정의 모델은 지금껏 많은 연구자에 의해 연구되고 있으나 어떤 모델이 실제의 뇌에 좀더 가까운가를 판단하는 것은 어려운 일이다. 컴퓨터에 의한 영상의 처리와 인식과정을 영상처리적인 관점에서 간략하게 그림 3.3에 표현하고 있다.

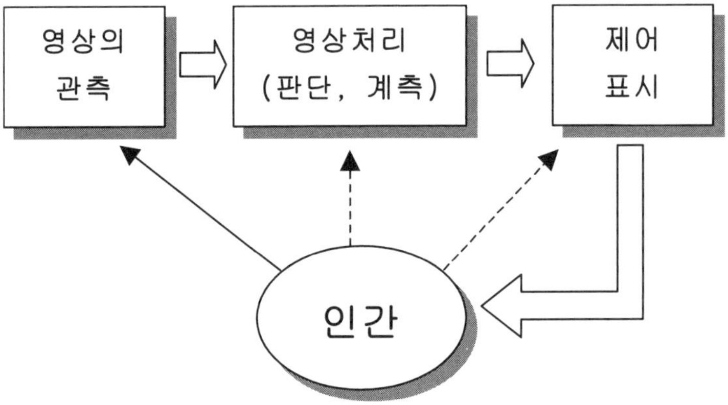

그림 3.1 인간의 정보처리를 지원하는 시스템

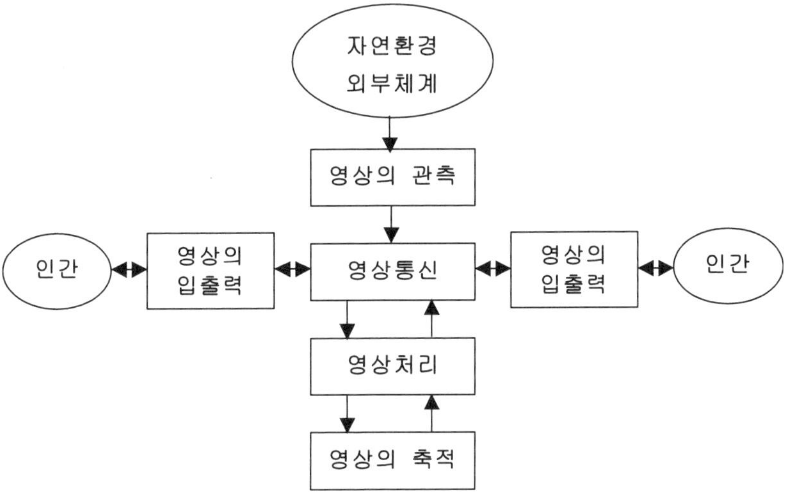

그림 3.2 영상정보시스템

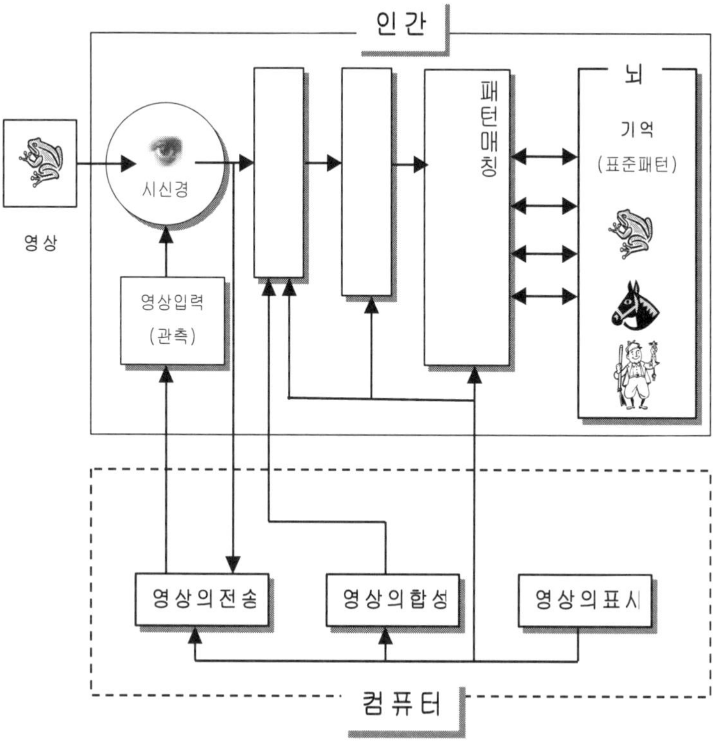

그림 3.3 영상의 처리와 인식과정의 모델

1) 영상의 획득

영상은 빛의 2차원 강도분포로서 주어진다. 디지털처리를 하기 위해서는 광전변환과 표본화, 양자화가 필요하다.

2) 영상의 전처리

영상의 변환은 관측된 영상을 각각 디지털처리를 한 후 영상을 결과로 출력하는 처리이다. 영상의 변환처리는 크게 영상의 복원(Image restoration)과 영상의 강조(Image enhancement)로 나눌 수 있다.

영상의 복원은 잡음이나 왜곡에 의해 둔화된 영상을 원래의 영상으로 복원시키는 처리이다. 잡음의 제거, 일그러짐의 복원, 기하학적 보정 등의 필터링 처리에 의해 이루어진다.

영상의 강조는 사람이 좀더 보기 쉬운 영상 혹은 다음 처리단계인 영상의 분할,

계측 등의 처리가 쉽게 이루어지도록 영상을 생성하는 처리이다. 이 처리에는 농도값 변환, 에지강조, 의사칼라표현 등이 있다.

3) 영상의 특징추출

영상의 분할·계측은 영상 중에 존재하는 대상물에 따라 영역으로 나눈 후 대상물의 개수, 면적, 색 등을 계측하는 처리이다. 대상물에 관한 계측은 그 자신이 영상처리의 목적이 되는 경우도 있으나 영상인식을 하기 위해 필요한 대상물의 특징을 추출하기 위한 처리로서 필요하다. 대상물을 계측하기 위해서는 영상을 대상물의 영역과 그 이외의 영역으로 나눌 필요가 있다. 이를 위한 처리가 영상의 영역분할처리이다.

4) 영상의 패턴매칭 및 영상인식 기술

영상 또는 그 가운데 있는 대상물이 무엇인가를 결정하는 처리가 영상의 인식(Identification)이고, 기호 혹은 언어 등으로 표현하는 것이 영상의 기술(Description)이다. 이러한 처리는 패턴인식(Pattern recognition)처리에서 중요한 부분이다. 유사한 종류별로 분리하는 분류기능(Classification), 각 종류에 대해 Category를 대응시키는 식별(Discrimination)기능 등이 필요하다. 또 풍경화와 같이 복잡한 영상의 식별을 위해서는 대상물 혹은 풍경에 관한 광범위한 지식이 필요하다. 이와 같은 고도의 인식처리는 영상이해(Image understanding) 또는 장면 해석(Scene Analysis)이라고 부른다.

5) 영상의 전송

영상의 전송은 영상통신을 하기 위한 신호처리이고, 영상의 대역압축, 영상의 부호화 등의 처리가 필요하다. 본 책에서는 영상의 계측과 인식에 목표를 두기 때문에 영상의 전송에 관한 사항은 언급하지 않는다.

6) 영상의 합성

영상의 합성에서는 복수개의 영상을 합성해서 새로운 영상을 생성하기 위한 것, 혹은 불가시 정보에서 영상을 생성하는 등의 처리를 한다. 예를 들면 리모트 센싱에서는 각종의 전자파의 주파수 대역에서 영상이 관측된다. 이들 복수개의 영상에 적당한 가중치를 주어 합성함으로써 자원분포, 토지이용상황 등을 표시하는 영상을 얻을 수 있다. 또한 컴퓨터단층촬영(CT)은 X선의 흡수계수 분포에서 대상물의 단층영상을 계산해 입체영상을 합성할 수 있다.

3.1.5 영상처리기술의 응용분야

영상처리기술이 응용되고 있는 분야를 그림 3.4에 나타낸다.

1) 의료, 복지

의료, 복지 분야에서 대표적인 것은 현미경 영상처리와 X선 영상처리이다. 현미경 영상처리는 디지털 영상처리의 응용으로써 오래 전부터 연구되어온 분야이다. 1960년대에 Prewitt와 Mendelsohn 등은 백혈구의 자동분류 및 Bostrom 등에 의한 세포들의 검사에 영상처리기술을 이용했다.

그 후 안구사진의 자동해석에도 이용되었다. 안구사진은 고혈압병, 당뇨병 등의 조기발견을 위해 집단검진에 이용된다. X선 사진은 흉부 X선, 소하기 X선, 순환기 X선, 머리 X선 등 다양하게 이용되고 이용빈도는 늘어나고 있다.

그 외 응용분야로서는 염색체 영상, 조직의 전자현미경사진, 방사선 물질영상, 초음파 영상, 내시경 영상 등이 있다.

2) 환경, 자원

환경, 자원 분야는 리모트센싱 영상으로 대표된다. 리모트센싱은 일반적으로 항공기, 인공위성에 의해 지상에서의 전자파의 방사 혹은 반사에너지를 주파수 대역에 따라 관측한 것이다.

농업,임업 - 작물의 육성조사, 병충해 조사, 식물분포조사

토지이용 - 토지이용분포도의 작성

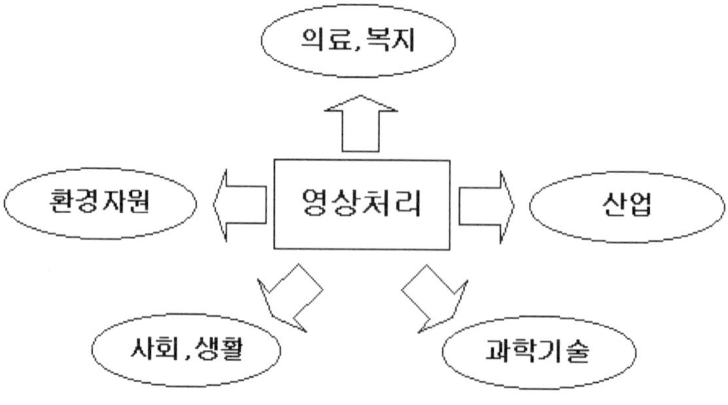

그림 3.4 영상처리의 응용분야

지질 - 지질, 광물탐사, 지형, 단층 등의 조사
공해 - 대기오염, 하천, 해양오염 조사
기상 - 구름의 조사, 태풍의 조사, 일기예보

영상처리기술은 영상의 관측, 관측영상의 농도보정, 잡음제거, 영상의 기하학적 왜곡의 보정, 영상의 강조, 대상물의 추출, 분류 등으로 다양하게 나누어진다.

3) 사회, 생활

여기에는 TV, 팩시밀리와 같이 영상통신, 전송으로의 응용이 있다. 영상처리기술로는 신호의 압축, 표본화, 양자화 및 농도변환, 잡음제거가 주요한 처리이다. 또 인쇄체/필기체 문자인식, 얼굴인식, 지문식별 등은 인간과 기계의 인터페이스로서 혹은 인간을 확인하기 위해 필요한 기술로 활발하게 연구되고 있다.

4) 과학기술

고에너지 물리학에 있어서의 고속입자의 궤적분석 또는 민족학에 있어서의 고문양의 해석과 분류 등이 있다.

5) 수송기계, 산업

자동차, 선박 항공기, 오토바이와 같은 수송기계에서 인간의 의사 결정 능력을 지원하기 위해 영상정보처리기술이 이용되고 있다. 또한 생산공정의 자동화, 에너지 절약을 위한 비전장치에도 영상처리기술이 이용되고 있다. 예로서 차선이탈경고시스템, 자동차 번호인식시스템, 프린터 기판의 불량검사, TR의 자동조립시스템 등이 있다. 또 로봇의 시각계에 있어서의 3차원 물체인식, 동영상의 처리기능 등이 필요한 기능이 되고 있다.

3.2 디지털 영상의 표현

3.2.1 디지털 영상의 생성

일반적으로 영상은 2, 3차원의 연속한 공간에서의 연속적인 농도값(gray value)으로 정의되는 아날로그 영상이다. 그러나 아날로그 영상 정보를 컴퓨터에서 처리하기 위해서는 영상 정보를 수치 데이터(디지털 영상)로 변환할 필요가 있다. 이 변환은 표본화(sampling)와 양자화(quantization)의 2단계 처리를 한다.

1) 표본화

공간적, 시간적으로 연속한 위치에서의 농도값으로 표현되는 영상을 공간적으로 설정한 이산적인 픽셀(pixel: picture element), 시간에서 설정한 특정 농도값으로 표현하는 조작을 표본화라고 한다. 즉 표본화는 다음과 같이 나누어진다.

(가) 위치의 표본화

공간 내에 설정된 픽셀 위치에서의 영상의 농도의 값을 추출하는 조작이다. 위치의 표본화를 위한 격자의 모양은 그림 3.5에서 나타내는 것처럼 여러 종류가 있다.

표본화 격자는 공간을 규칙적으로 틈새 없이 분할하는 것이면 어떠한 형태도 괜찮으나 컴퓨터 내에서의 영상처리는 통상 직교 좌표계에서 처리하므로 직교좌표계로의 변환도 용이한 정사각형 격자가 많이 이용된다.

(나) 시간의 표본화

시간적으로 변화하는 영상 중에 정해진 시각에서의 영상만을 추출하는 조작이다.

이 처리에 의해 움직이는 영상은 연속하는 지정된 복수의 시각에서의 정지 영상의 연속으로 표현된다. 영상의 표본화에서는 표본화 간격의 조밀함에 의해 표현 영상의 세밀함이 변화한다.

영상이 얼마나 많은 픽셀들에 의해 구성되는가를 영상의 해상도(resolution)라고 한다. 이것은 표본화의 종류에 따라 공간해상도(spatial resolution)와 시간해상도(time resolution)로 나눈다.

같은 영상에 대해 공간해상도가 다른 예를 그림 3.7에 나타낸다. 표본화의 간격이 클수록 영상의 화질이 떨어짐을 알 수 있다.

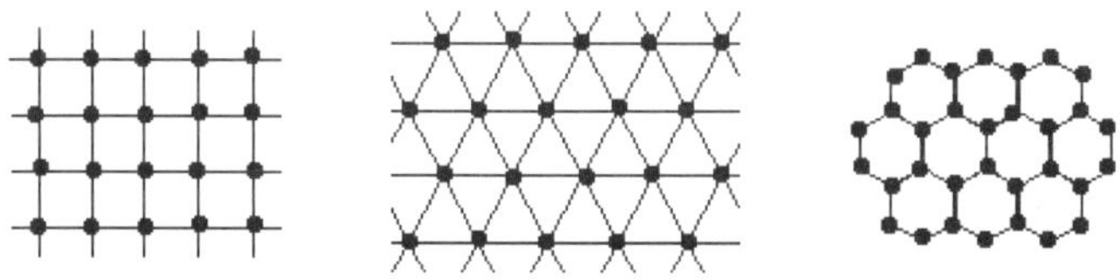

(a) 정사각형격자 (b) 정삼각형격자 (c) 정육각형격자

그림 3.5 픽셀의 배치

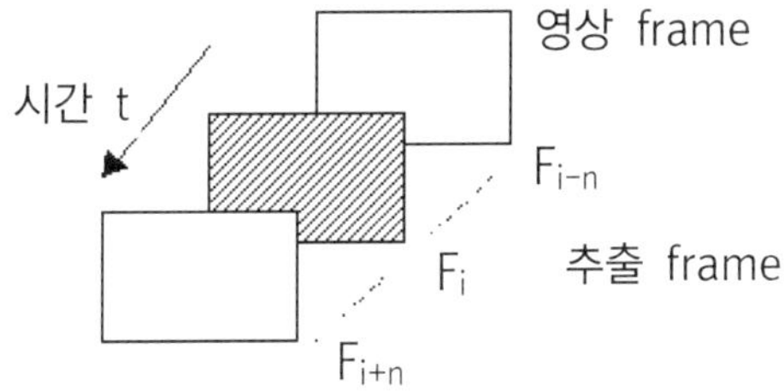

그림 3.6 시간의 표본화

(a) 256×256 공간해상도

(b) 128×128 공간해상도

(c) 64×64 공간해상도

(d) 32×32 공간해상도

그림 3.7 다양한 공간해상도의 영상

표 3.1 영상의 해상도

영상	공간해상도
보통 TV	500×700
HDTV	1200×2000
위성영상	2000×3000 ~ 8000×8000
의료영상	2000×2000 이상
현미경영상	256×256 ~ 512×512

그림 3.7(c)는 32×32픽셀의 적은 공간해상도를 가지는 영상을 나타내며 실제로 영상의 이해가 어렵다. 이것은 픽셀 blocking 효과로 영상 형태의 대부분을 보이지 않게 한다. 해상도가 증가하면 영상의 구조는 더욱 더 명확하게 된다. 그러나 해상도의 증가는 픽셀수를 지수적으로 증가시킨다. 따라서 주어진 응용에 필요한 최적의 공간해상도를 선택하여야 한다.

시간해상도의 차이는 영상을 재생했을 때 움직임의 자연스러움으로서 표현된다. 즉, 시간해상도가 넓을 경우 움직임이 끊어지는 느낌을 받는다. 해상도는 통상, 단위 공간 폭 안에 어느 정도의 픽셀 개수로 표본화를 취할 것인가에 따라 정해진다. 공간해상도는 n pixel/mm, 시간해상도는 m 매/초 등으로 표현된다. 영상 표현의 정밀도는 화면의 표본화에 이용되는 픽셀의 총 개수로 정해진다. 각종의 영상에 요구되는 공간해상도는 표 3.1과 같다.

2) 농도의 양자화

연속량으로 나타내고 있는 영상의 농도값을 정해진 몇 개의 이산적인 농도값에 가장 가까운 농도값을 이용해서 근사적으로 표현하는 조작을 농도의 양자화라고 한다. 이때 실제의 농도값과 그 양자화값과의 차를 양자화 오차라고 한다.

양자화 조작에 관련된 다음의 개념이 있다.

① 농도수: 농도의 이산 근사 표현을 위해 정해 놓은 이산적인 농도값의 수

② 양자화 간격: 설정해 놓은 이산적인 농도값의 간격

이 경우 농도값이 작으면 농도 변화가 충분히 표현되지 않고, 양자화 간격이 너무 넓으면 영상의 농도 표현이 거칠어진다. 또 양자화 간격이 넓을 때는 원래는 농도가

자연스럽고 끊김이 없이 변화하던 부분도 인접하는 픽셀간의 농도의 격차가 생겨 근사적으로 윤곽이 있는 것 같이 보인다. 이 현상을 의사 윤곽(false contour)리고 부르며 영상의 디지털화에 있어서 생기는 영상 열화의 원인이 되고 있다.

그림 3.9에서 다양한 밝기해상도로 양자화 된 영상을 나타낸다. 그림 3.9(a)와 같이 8bit를 사용해 양자화 된 영상은 매우 자연스럽고 끊김이 없다. 밝기해상도가 감소하면 영상은 거칠어진다. 이러한 효과를 birghtness contouring 또는 posterization 이라고 한다. 일반적인 영상의 응용에서는 8-bit를 사용하지만, 어떤 응용에서는 더 작은 bit 혹은 더 많은 bit가 필요할 때도 있다. 영상의 디지털화를 그림 3.10에 나타낸다.

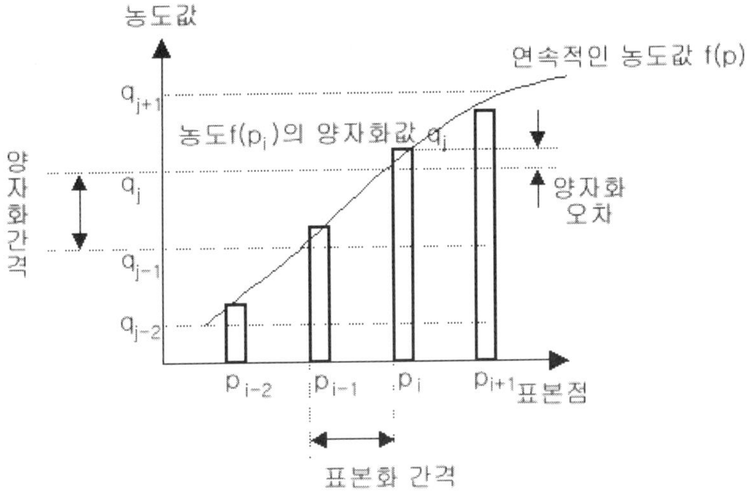

그림 3.8 농도의 양자화, 양자화 오차와 양자화 간격

(a) 8-bit, 256 gray-level

(b) 7-bit, 128 gray-level

(c) 6-bit, 64 gray-level

(d) 5-bit, 32 gray-level

(e) 4-bit, 16 gray-level

(f) 3-bit, 8 gray-level

(g) 2-bit, 4 gray-level (h) 1-bit, 2 gray-level

그림 3.9 다양한 밝기해상도로 양자화 된 영상

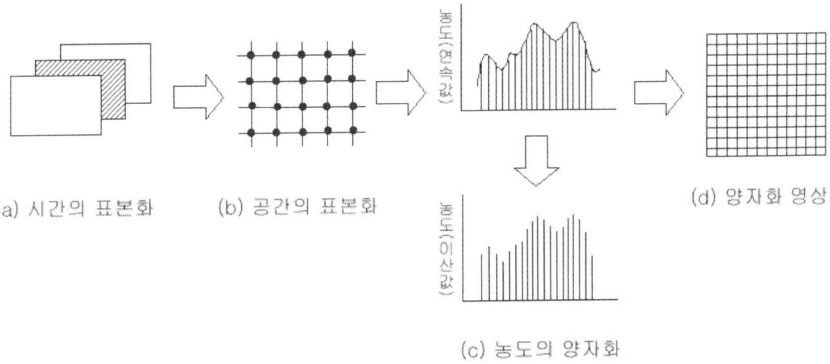

그림 3.10 영상의 디지털화

3.2.2 컬러 표현

컬러 공간은 어떤 컬러와 다른 컬러들과의 관계를 표현하는 방법이다. 서로 다른 영상처리시스템은 각각의 다른 용도로 인해 서로 다른 컬러 모형을 사용한다. 컬러로 된 그림을 출판하는 기업은 CMY 컬러 모형을 사용한다. 컬러 CRT 모니터와 컴퓨터 그래픽시스템들은 RGB 컬러 모형을 사용한다. 색상, 채도, 명도를 각각 다루어야 하는 시스템들은 HSI컬러 모형을 사용한다.

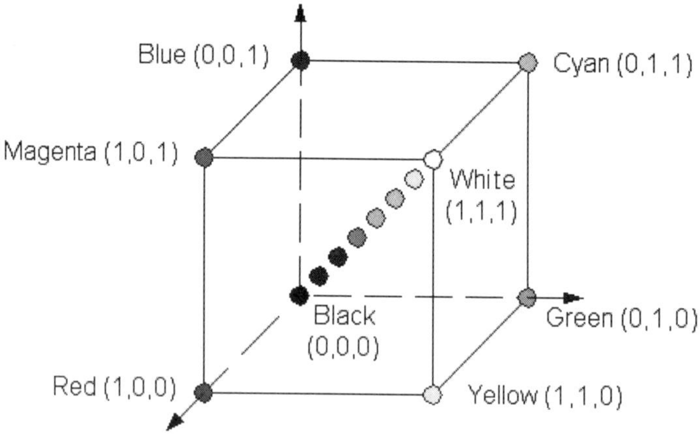

그림 3.11 RGB 컬러 공간

1) RGB 컬러 공간

RGB 컬러 공간은 서로 가산될 수 있는 삼원색인 빨강(red), 초록(green), 그리고 파랑(blue)으로 구성되며, 컬러의 분광 요소들이 부가적으로 복합되어 컬러를 나타낸다.

RGB 모형은 그림 3.11과 같이 각 꼭지점에 R, G, B가 있게 되는 정육면체로 표현되며 원점에서는 흑(Black)과 백(White)은 그 대각 꼭지점에 있게 된다. 명암도(Intensity)는 Black과 White의 꼭지점을 따라 그린 점선으로 표현된다. 보통 컬러 영상은 각 성분이 8bit로 전체 24 bit의 16만 픽셀성분을 가질 수 있는 트루컬러로 표현한다. 따라서 Red는 (255,0,0)으로 나타낼 수 있고 그림 3.11의 color cube에서는 (1,0,0)로 나타낸다.

RGB 컬러 모델은 일반적으로 컬러 CRT 컴퓨터 모니터와 같은 디스플레이 장치의 입력데이터 값은 표시하는데 많이 사용된다.

2) CMY/CMYK 컬러 공간

CMY 컬러 공간은 청록색(cyan), 자홍색(magenta), 노랑색(yallow)로 구성된다. 이것은 RGB 컬러 공간과 반대의 공간으로 청록색은 빨강의, 자홍색은 초록의, 노랑색은 파랑의 보색(complement)이다. 이들 색상들은 감할 수 있는 원색으로, 흰색으로부터 감산되어 원하는 색깔이 만들어진다. 그래서 영상에서 노랑색과 청록색을 증가시키거나 자홍색을 감소시켜 청록색을 증가시킨다.

RGB와 CMY가 보색의 관계에 있기 때문에 두 공간 사이의 변환은 쉽다. 24 비트 컬러시스템인 경우 RGB와 CMY로 변환하기 위하여 식 (3.1)과 같이 흰색에 대한 보수를 취한다.

$$\begin{aligned} C &= 255 - R \\ M &= 255 - G \\ Y &= 255 - B \end{aligned} \tag{3.1}$$

이를 다시 CMY에서 RGB로 변환하는 식은 (3.2)다음과 같다.

$$\begin{aligned} R &= 255 - C \\ G &= 255 - M \\ B &= 255 - Y \end{aligned} \tag{3.2}$$

이 모델에 프린트 업계에서 한가지 색상 특징을 더 추가하였다. 즉, 청록, 자홍, 노랑의 세 가지 컬러에 검정색을 더한 색깔이 처리될 수 있는 컬러 모델을 CMYK라 한다. 검정(K)은 다른 세가지 컬러들의 조합에 의해 만들어지는 것보다 순수한 검정색이 더 좋기 때문에 프린트 처리를 할 때 독자적으로 이용되며, 순수한 검정색은 뛰어난 대비를 제공한다. 변환식은 식 (3.3)과 같다.

$$\begin{aligned} K &= \min(C, M, Y) \\ C &= C - K \\ M &= M - K \\ Y &= Y - K \end{aligned} \tag{3.3}$$

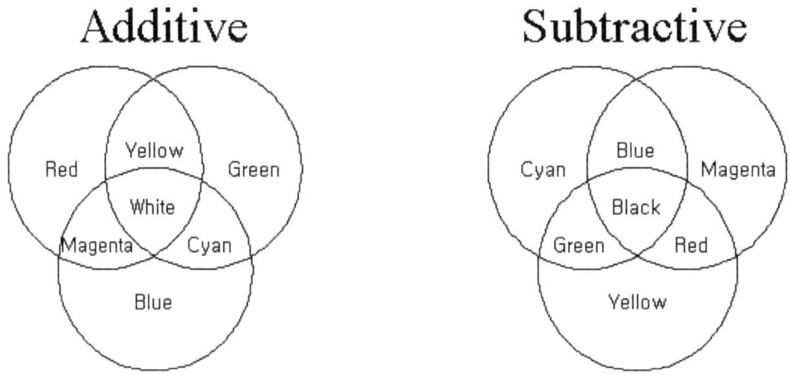

(a) additive color process (b) subtractive color process

그림 3.12 RGB 컬러공간과 CMY컬러공간의 색상도

그림 3.12는 RGB 컬러 공간인 가산 컬러 공간과 CMY 컬러 공간인 감산 컬러 공간의 색상 형성을 보인다.

3) HSI 컬러 공간

HSI(HSV) 컬러 모델은 컬러를 색상(hue), 채도(saturation), 명도(intensity/value)의 세 값으로 표현하는 시스템이다. 어떤 컬러를 만들어 내기 위해서 몇 퍼센트의 파랑색이나 녹색이 필요한지 알 필요가 없고, 진한 빨강색을 분홍색으로 바꾸기 위해 단순히 saturation을 조절하면 되며, 어두운 것을 밝게 하려면 intensity를 조절하면 된다.

HSI는 원통 좌표계에서 보통 원추를 두 개 붙여서 양끝이 뾰족하도록 한 모양으로 모델링 되는데 그림 3.13에서 이것을 보여준다.

색상은 H로 표현하고 각도값을 가진다. 각도값이므로 θ라고도 표현하는데 0°에서 360°사이의 값을 가진다. Hue를 조절함에 따라 red인 0°부터 시작하여 120°에 Green이, 240°에 Blue가 있고 360°돌아오면 다시 Red가 된다.

채도는 S로 표현하고, 단면원의 반지름에 해당하며 0에서 1사이의 값을 가진다. $S=0$인 경우 컬러는 그레이가 되고 $S=1$때는 컬러는 원추가 맞닿은 원의 가장자리가 된다. S가 커질수록 컬러는 White, Gray, Black으로부터 시작하여 변하게 된다.

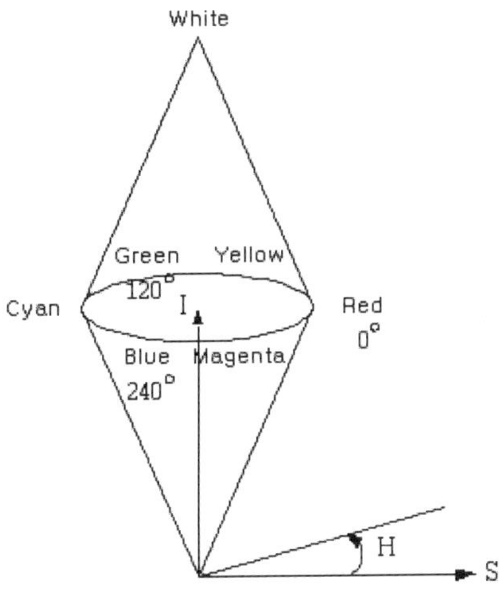

그림 3.13 HSI 컬러 공간의 이중 원뿔 모델

3.3 이진 영상의 해석(Binary Image Analysis)

이진영상의 해석은 문서의 해석이나 산업기계의 비젼 작업과 같은 많은 어플리케이션에서 사용된다. 이러한 어플리케이션에서 이진 영상은 유용한 작업을 수행하는 알고리즘의 입력이 된다.

3.3.1 픽셀과 이웃픽셀

1) 픽셀(Pixel)

디지털 영상은 픽셀(pixel, 요소 picture element)과 픽셀이 갖고 있는 농도값의 집합이다.

제 x행 y열 픽셀의 농도가 g인 영상을$F(x,y)=g$로 표시한다. 농도값이 0, 혹은 1만을 취하는 영상을 이진영상이라고 부른다. 이 장에서는 이진영상만을 취급한다. 값 1, 0의 픽셀을 1픽셀, 0픽셀로 부른다. 이하에서는 픽셀을 정사각형격자(정사각형격자 상에서 배치된 표본점에 의한 표본화)이라고 본다.

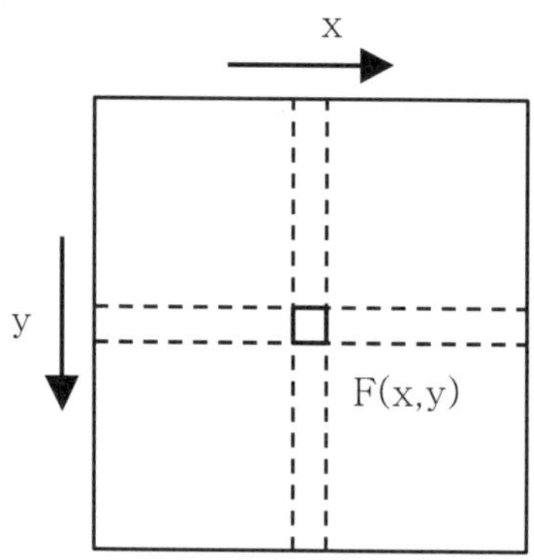

그림 3.14 픽셀

2) 주목픽셀과 이웃픽셀

디지털 영상에서 영상은 무수히 많은 픽셀들로 이루어지는데, 영상해석의 주 대상이 되는 픽셀을 주목픽셀(X_0)이라 한다. 주목픽셀의 주위 이웃하는 픽셀들을 이웃픽셀(neighborhoods)이라 한다. 점이란 면적을 갖지 않고 장소만을 표시하는 것이었으나, 디지털 도형에 있어서 점은 최저 1픽셀분의 면적을 가진 영역으로 정의된다. 또 동일하게 선이란, 면적을 갖지 않는 것이었으나, 디지털 도형에서의 선은 최저 1픽셀의 면적을 가진 점의 연속으로 표현된다. 그리고, 그 연속을 연결이라 하며, 디지털 도형에서는 연결 방법에 의해 4연결과 8연결의 두가지 방식이 있다.

3) 4근방 요소와 8근방 요소

연결성의 정의에 앞서, 근방이란 말을 정의한다. 먼저 서술한 것과 같이 도형을 배경이 백인 값을 0을 취하는 것으로 하고, 검은 부분의 픽셀의 값을 1로 해서 취급하기로 한다.

그림 3.15에 나타난 것처럼 흑픽셀 X_0를 생각하면 그 X_0를 둘러싸는 픽셀은 8개 있다. 그 8개의 픽셀을 X_0의 8근방이라 한다. 그리고, X_0의 상하, 좌우의 X_2, X_4, X_6, X_8의 4픽셀을 합쳐서 4근방이라 한다. 이 4근방, 8근방 픽셀은 X_0에 있어서 중요한 픽셀이라 할 수 있다. 그림 3.16(a)에 나타난 것처럼, X_0의 요소가 1이고, 4근방 또는 8근방의 픽셀이 0으로, 어떤 점과도 연속되어 있지 않으면, X_0를 고립점이라 한다. 또 이것과는 반대로, 그림 3.16(b)에 나타낸 것처럼 X_1으로부터 X_8의 모든 픽셀이 1이면, 그것을 도형의 내부점이라 한다. 한편, 그림 3.16(c)

X_3	X_2	X_1
X_4	X_0	X_8
X_5	X_6	X_7

그림 3.15 4근방과 8근방

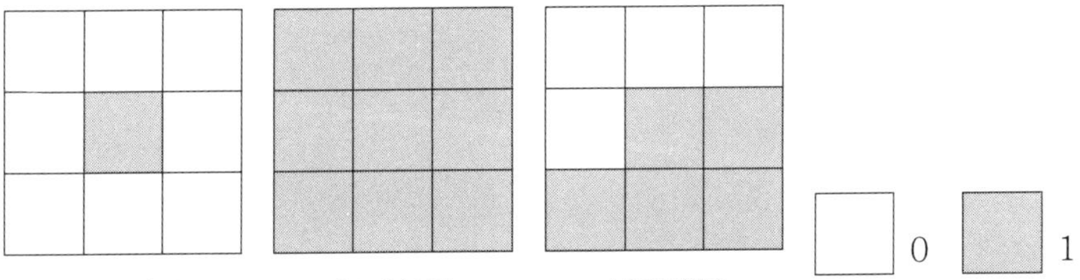

(a)고립점 (b)내부점 (c)경계점

그림 3.16 근방요소의 표현

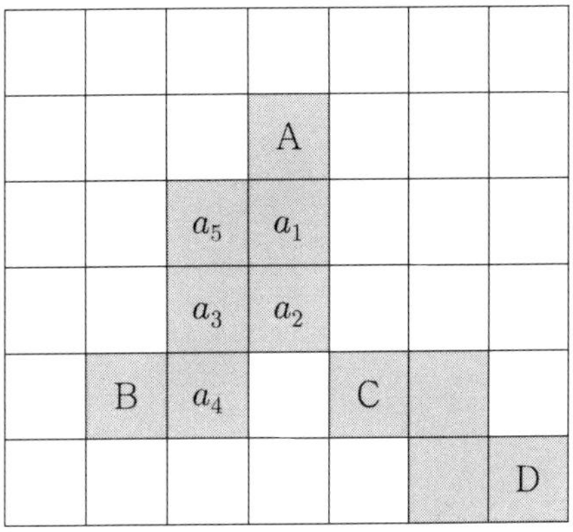

그림 3.17 4연결과 8연결

처럼 X_1으로부터 X_8중에서 일부가 1이고 나머지 픽셀이 0이면, 그 X_0를 경계점이라 한다.

4) 4연결과 8연결

연결성의 정의에는 4연결과 8연결의 2개가 있고, 다음과 같이 정의된다. 그림 3.17의 도형상 임의의 2점 점 A와 B가 4연결이라는 것은, 점 A로부터 B에 이르는

4근방의 점의 연속이 최저 하나는 반드시 존재하는 것을 의미한다. 점 C와 D는 4연결이지만 점 D와 A는 4연결이 아니다. 이것은 a_2와 점 C가 4근방이 아니므로, 여기서 절단되어 있기 때문이며, 이와 같은 점 A와 C의 상태를 분리되어 있다고 한다. 또, 점 A로부터 B로 가는 4근방의 연속 a_1, a_2, a_3, a_4 혹은 a_1, a_5, a_3, a_4를 4연결이라 하며 점 A로부터 4연결이 존재하는 픽셀 모두를 점A의 4연결성분이라 한다.

4연결과 마찬가지로 8연결도 다음과 같이 정의된다. 즉, 점 A와 B가 8연결이라는 것은, 점 A로부터 순차8근방의 요소를 따라가면 점 B에 도달할 수 있는 경우를 말한다.

5) 연결성분

서로 연결되어 있는 픽셀의 성분을 연결성분이라 한다. 그리고 분리되어 있는 연결성분의 수를 연결성분수 또는 연결도(connectivity)라고 말한다.

그림 3.18에서는 4연결의 경우는 연결성분수가 4이지만, 8연결의 경우는 2가 된다.

영상의 인식에서 연결성분수가 필요한 이유는 연결된 픽셀영역마다 어떤 의미를 갖는 경우가 많고 연결성분수가 인식의 최소단위가 되기 때문이다.

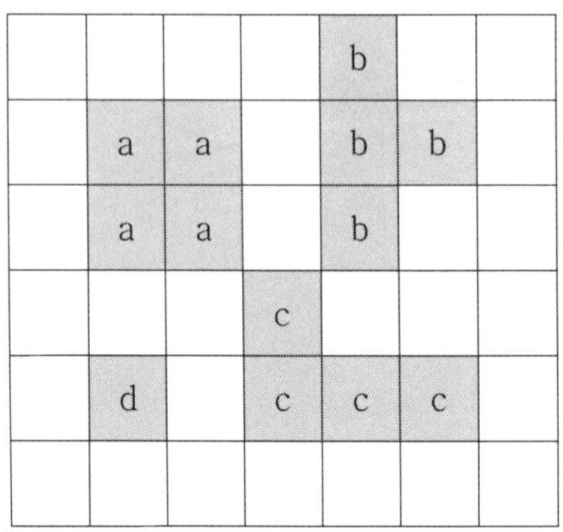

그림 3.18 연결성분수4의 픽셀(4연결)

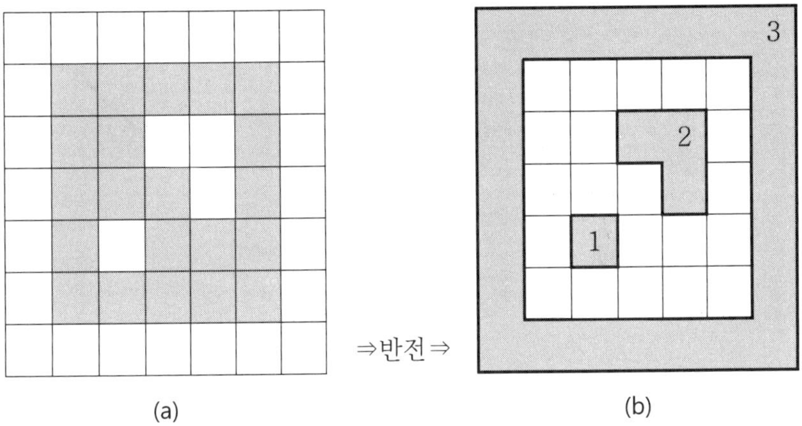

그림 3.19 위수

6) 위수

위수란 백영역의 연결성분수를 나타낸다. 일반적으로 앞에서의 정의들은 흑영역에 관한 것이였으나 위수는 백영역에서 파악된다.

위수를 구하는 방법은 반전 도형을 만들면 간단하게 구해진다. 즉 0과1, 1과0을 바꾼 도형의 연결성분수를 구하면 된다.

그림 3.19(a)를 반전시킨 도형은 그림 3.19(b)와 같이 된다. 여기서 백역이 반전된 흑영역의 위수는 3이 되는 것을 알 수 있다. 도형의 인식 및 식별을 하거나, 흑영역의 압축을 할때, 흑영역의 연결성분수를 변하지 않도록 하는 것도 중요하며, 위수도 똑같이 변하지 않도록 할 필요가 있다.

7) 픽셀간의 거리

2차원 평면상의 2점 P, Q에 대해서 벡터 $\overline{PQ}$의 길이를 두 점간의 거리라 하고 $\overline{PQ}$로 나타낸다.

거리$\overline{PQ}$는 다음 3개의 성질을 갖는다.

① $\overline{PQ} \geqq 0$

② $\overline{PQ} = 0 \Leftrightarrow P = Q$

③ $\overline{PQ} + \overline{QR} \geqq \overline{PR}$ (삼각부등식)

$\overline{PQ}$ 거리를 구하는 식은 다음과 같다.

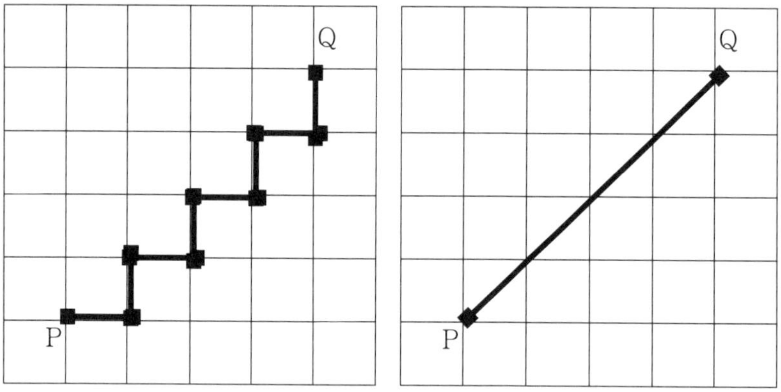

(a) 거리구획 거리　　　　(b) 체이스반 거리

그림 3.20 픽셀간의 거리

① 유클리드 거리:

$$\overline{PQ} = \sqrt{(x_p - x_q)^2 + (y_p - y_q)^2} \tag{3.4}$$

② 거리구획 거리:

$$\overline{PQ}_{(4연결)} = | x_p - x_q | + | y_p - y_q | \tag{3.5}$$

⇒ 점P로부터 점Q까지의 4연결 최단거리

③ 체이스반 거리:

$$\overline{PQ}_{(8연결)} = \max(| x_p - x_q |, | y_p - y_q |) \tag{3.6}$$

⇒ 점 P로부터 점Q까지의 8연결 최단거리

8) 특징량

영상처리의 목적이 계측, 인식에 있는 경우에는 입력영상의 특징을 나타내는 수치 또는 기호(문장을 포함)를 추출할 수 있다. 이들의 특징량 추출에는 목적에 따라 다양한 것들이 있을 수 있다. 그 주요한 특징량을 단일연결성분의 특징량과 연결성분 집합의 특징량으로 나누어 각각 그림 3.21에 나타낸다.

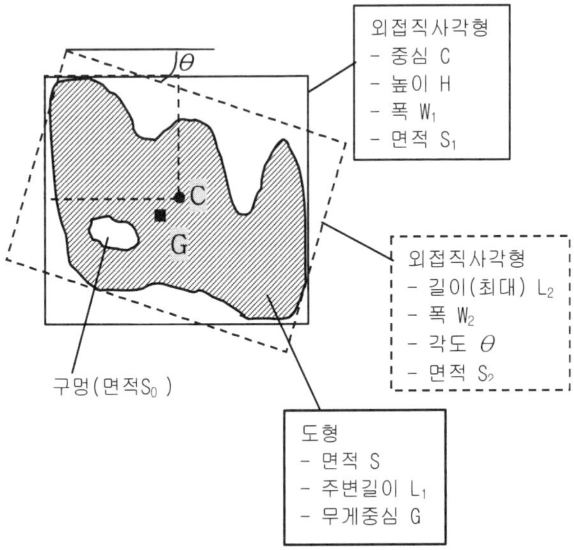

(a)

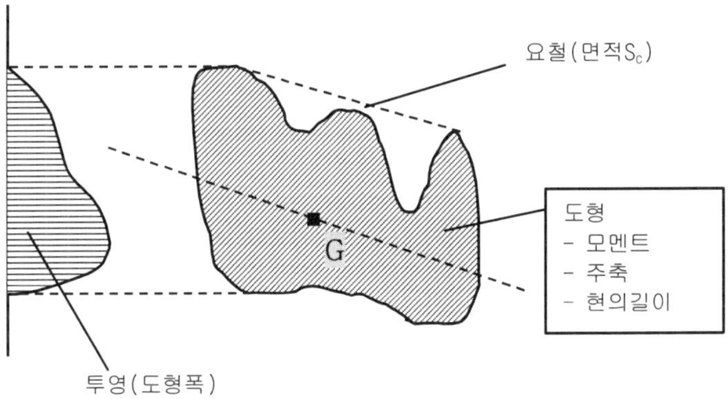

(b)

그림 3.21 도형의 특징량의 예

a. 단일 연결성분의 특징량

(i) 기하학적 특징(위치) : 연결성분의 무게 중심, 중심, 외접다각형의 무게 중심, 중심 및 그들의 차

(ii) 기하학적 특징(크기) : 면적(구멍을 포함하는 것, 제한 것, 구멍만 등) 주변길이, 수평방향의 폭, 수직방향의 높이, 최대방향의 폭(길이) 그들과 교차하는 방향 폭, 주축방향의 길이와 폭, 외접도형(요철,외접직사각형)의 면적 등

(iii) 형태인자(shape factor) : 높이/폭, $4\pi \times$면적/(주변길이)2, 주변길이/4·수평폭, 주변길이/2·길이, 면적/(외접직사각형적), 지정방향의 현(弦)의 길이의 평균 등 (그림 3.21(a) 참조)

(iv) 폐곡선 해석 : 폐곡선 퓨리에 전개, 모멘트와 그 외의 특징(교차부분등)도 연결성분의 주변을 더듬어 나가면서 계산할 수 있다.

(v) 모멘트(moment) : 점(x,y)의 농도값이 $f(x,y)$인 연결영상의 $p+q$차 모멘트 mpq는 식(3.7)에서 주어진다. 디지털 영상에서는 적분은 픽셀의 집합상에서의 총합이 된다. 특징량으로서는 $\{m_{pq}\ ;p,q=0,1,2,....\}$의 또는 무게중심의 주변의 모멘트(중심 모멘트(central moment)), 모멘트 불변식(moment invariant), 주축(principal axis) 등이 이용되어진다. 전 모멘트를 부여하면, 원도형은 그것에 의해 결정된다.

$$m_{pq} = \int_{-\infty}^{\infty}\int_{-\infty}^{\infty} x^p y^q f(x,y)dxdy \qquad p,q=0,1,2,.... \tag{3.7}$$

(vi) 투영(projection) : 도형을 특정방향으로 누적한 곡선. 투영방향의 도형폭을 가미하면 그 방향의 현(弦)의 길이, 가미하지 않으면 투영방향과 교차하는 방향의 도형폭과 같은 정보로 된다.(그림 3.21(b)참조)

(vii) 거리변환 : 거리값의 분포, 최대값, 스켈톤의 형태 등

(viii) 도형의 분해 : 성분도형(요철도형 등)으로의 분해

(ix) 템플릿 매칭 : 먼저 준비된 표준적 도형(템플릿)과의 어느 정도 닮아 있는가도 일종의 도형특징이 된다.

b. 연결성분집합의 특징량

(i) 특징량의 통계량 : 상기 특징량의 화면전체 혹은 그 일부에 미치는 통계량(최대, 최소, 단위, 평균, 분산, 도수분포 등)

(ii) 상호위치 관계 : 배치 형태, 상하좌우, 인접, 접촉, 교차, 포함 등 위치관계의 정의는 확립되어 있지 않다. 2개의 도형의 상호위치관계만이 아니고, 다수의 연결성분 혹은 점의 배치형태의 특징을 파악하는 것으로 공간주파수 스펙트럼(주기적 배치형태의 추출), 보로노이 선형,(Voronoi diagram, Thiesen polygon), 삼각형 분할(delauney triangulation)(이를테면 랜덤한 배치형태 및 셀에 따른 공간분할의 특징의 해석), 도형포함관계의 Tree 표현(그림 3.22), 투영에 따른 포함형태 등이 이용되고 있다.

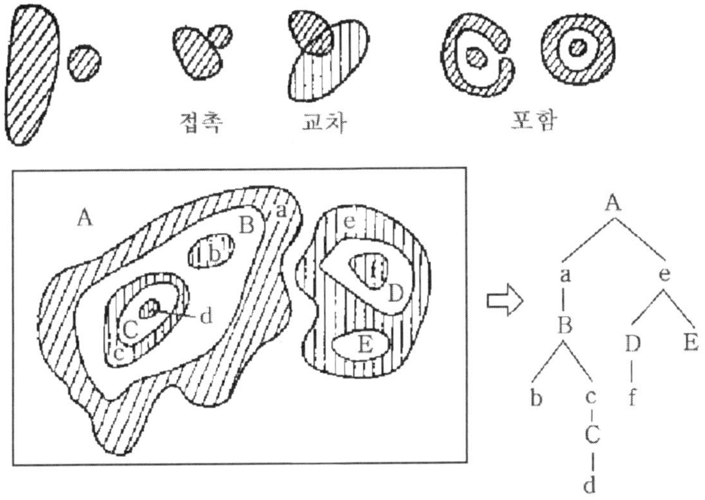

그림 3.22 도형의 위치관계, 포함관계의 Tree 표현의 예

3.3.2 이진화

그레이 영상, 칼라 영상의 다치영상으로부터 이진영상(흑백영상)을 얻기 위한 처리를 이진화라고 한다. 이진화는 영상내에 주목하는 대상물을 배경에서 분리하기 위한 대표적인 처리이고, 구체적으로는 threshold 처리가 이용된다. 이진화는 영상의 영역분할의 일종이기도하다.

1) 이진화를 위한 Threshold 처리

영상의 이진화를 목적으로 한 간단한 형식의 threshold 처리로 그레이 영상 $f(x,y)$, threshold 값 T에 관한

$$f_{T(x,y)} = \begin{cases} o & f(x,y) \; < \; t \text{ 일때} \\ 1 & f(x,y) \; \geq \; t \text{ 일때} \end{cases} \tag{3.8}$$

로하는 조작이다. 처리결과 $f_T(x,y)$는 명확히 그림 3.24와 같이 0,1만을 취하는 이진영상이 된다. 대상물을 나타내는 값 1의 픽셀의 집합을 도형이라 하고, 값0의 픽셀의 집합을 배경이라 한다.

그림 3.23 원영상

그림 3.24 결과영상(t:138)

Threshold 처리에 의해 대상물을 바르게 추출하기 위해서는 threshold 값 t의 선택이 중요하다. 그러나 일반영상에서 화면전체에 대한 적당한 t값이 존재하지 않는 경우가 많다. 이와 같은 경우, 위치에 의존하는 threshold 값 $t = t(x,y)$에 의한 동적 threshold 법이 이용된다.

이진화를 위한 threshold 처리의 변형으로 클리핑으로 불려지는 처리가 있다. 클리핑효과는

$$f_T(x,y) = \begin{cases} f(x,y) & f(x,y) \geq t \text{ 의경우} \\ 0 & f(x,y) < t \text{ 의경우} \end{cases} \tag{3.9}$$

로 하는 조작으로 대상물에 관해서는 농도값을 보존하고, 배경은 0으로 하는 처리이다.

3.3.3 선 대응의 영상해석

선도형의 엄밀한 정의는 없으나 직관적으로 거의 모든 곳이 선폭 1을 갖는 도형으로 생각할 수 있다. 여기서는 선도형 고유의 처리에 대해 설명한다. 물론 선도형도 이진영상의 일종이다.

영상의 해석처리의 방식은 크게 나누어, 농도값을 직접 이용해서 해석하는 방법과 주어진 영상을 이진의 도형으로 변환한 후에, 그 이진도형을 대상으로 해석을 하는 방법이 있다. 선 대응의 영상해석이란 이진으로 변환해서 도형정보로서 취급하는 방법이다.

1) 선 성분의 추출

실제로 영상으로부터 대상패턴의 특징을 추출한다든지, 인식한다든지 하는 경우, 반드시 모든 픽셀에서의 농도값을 필요로 하지는 않는 경우가 많다. 예를 들면, 추출하려는 대상물이 다른 물체보다 뚜렷하게 밝기가 다르다면, 다른 물체와 대상물을 분리하는 threshold를 설정해서 이진화하면, 그 후의 처리는 이진도형으로서 취급할 수 있는 것이다.

(가) Chain 코드(Chain code)

어떤 픽셀에서 그 8근방의 각 픽셀로 향하는 방향을 그림 3.25과 같이 표시하고 방향코드라고 부른다. 분기나 교차점이 없는 선도형(simple arc)은 적당한 단점에서 출발해 인접점이 존재하는 방향을 방향코드로 순차적으로 기술함으로써 방향코드의 계열로 표현할 수 있다. 이 표현을 chain 코드 혹은 freeman 코드라고 부른다. 분기, 교차점이 있을 때는 분기(교차)점 간의 선분마다 chain 코드화 한다.

선도형 처리에서는 chain 코드를 직접 이용하는 경우도 많다. 예로서 chain 코드의 변형에 의해 원영상의 평활화 효과를 볼 수도 있다. 또 선도형의 길이, 폐곡선 내의 면적 등을 chain 코드로부터 직접 얻을 수 있다.

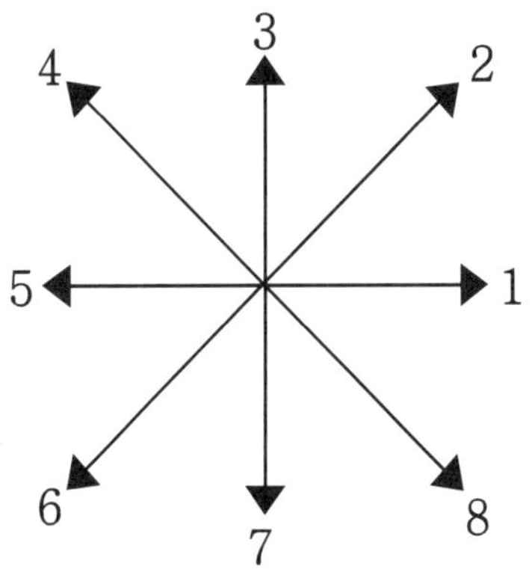

그림 3.25 방향코드

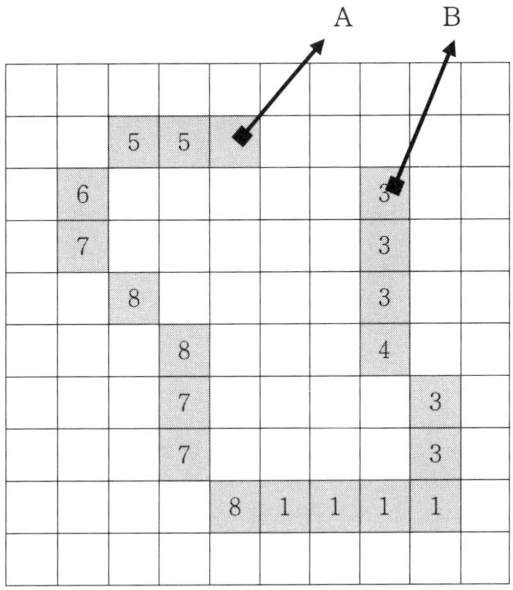

그림 3.26 Chain 코드

그림 3.26에서 chain 코드는 시점 A로부터 B에 이르는 순차 5567887781111334333의 코드열로 근사표현된다.

(나) 디지털화와 근사

선도형의 디지털화로 충분한 폭을 가진 도형을 포함해 선도형의 간단한 표현을 얻기 위해 해석적인 곡선이 필요하다.

다음은 근사 알고리즘의 대표적인 예인 직선근사에 대해서 설명한다. 직선근사화에서는 곡선을 충실하게 근사하는 절점을 결정하는 방법이 가장 중요하다. 절점을 선택하는 방법으로서는 곡률을 이용하는 방법과 거리를 이용하는 방법이 있다.

① 곡률을 이용하는 방법

디지털 곡선의 곡률은 곡률을 구하고 싶은 점을 중심으로 해서 곡선을 따라 전후 N픽셀 떨어진 점을 연결하는 2개의 벡터를 생각하고, 그 벡터 방향의 차 θ가 어떤 threshold 이상이면, 직선 근사점으로 하는 방법이 이용된다. 그림 3.27에서는 8픽셀 떨어진 점의 연결을 이용한 근사방법이다.

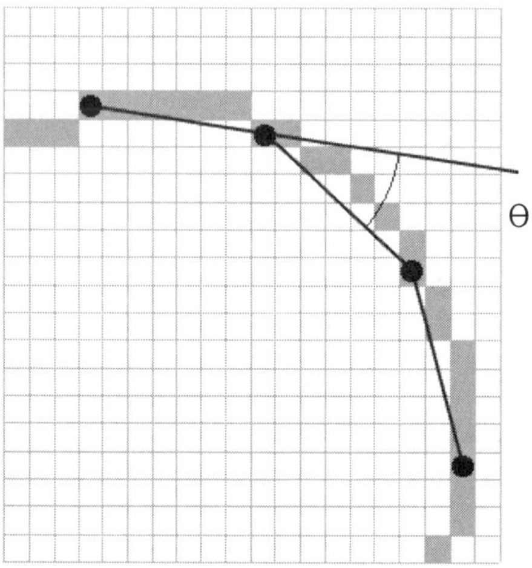

그림 3.27 Digital곡선에서의 곡률

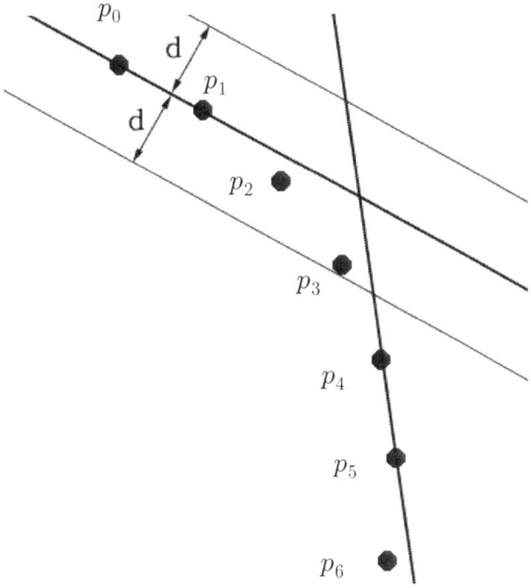

그림 3.28 Strip 알고리즘

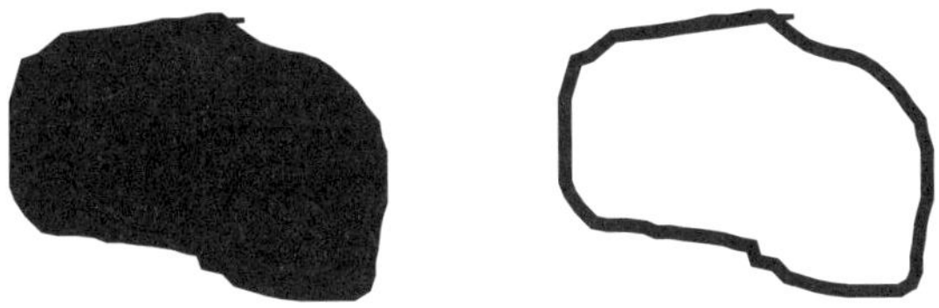

(a) 원도형　　(b) 윤곽선

그림 3.29 윤곽선의 추출

② 거리를 이용하는 방법

Strip 알고리즘은 최초의 2점 P_0, P_1을 연결하는 직선을 생각하고, 그 직선에 평행하고 또한 d만큼 떨어진 2개의 직선을 설정해서, 그 2개의 직선으로부터 벗어난 점을 다음의 직선 근사점으로 하는 방법이다.

(다) 윤곽선의 추출

그림 3.29의 이진도형에 대해서 흑영역인 1부분의 데이터 압축을 고려한다면, 1부분 영역의 외측부분이, 그 형태를 단적으로 나타내는 일이 있다. 이처럼, 흑 영역의

최외곽 부분만을 추출한 선을 디지털 윤곽선이라 한다.

윤곽선의 추출은 연결성을 잃지 않고 흑영역의 외부만을 추출하는 것이다. 다음은 3×3의 작은 픽셀영역으로 되어 있는 마스크(mask)를 사용하는 방법으로 그림 3.31(b)의 마스크의 중심을 윤곽선상에 계속해 나가면서, 순차 마스크를 이동해 가는 방식이다.

영상처리에 사용되는 마스크에 대해서 간략하게 알아보면, 기본적인 영상처리의 개념은 영상에 마스크를 적용하는 것이다. 이러한 개념은 영상처리의 컨벌루션으로부터 온 것이다. 일반적인 영상처리에서는 3×3마스크를 사용하며 마스크의 크기에 따라서 처리 연산속도의 차이가 난다. 또한 영상처리의 목적에 따라 비대칭 마스크를 사용하기도 한다. 주목픽셀(◉)은 영상 픽셀과 마스크의 이웃픽셀(●)과의 컨벌루션 연산에 의해서 값이 결정되며, 이웃픽셀에 지정될 값에 의해서 여러 가지 효과를 가지는 알고리즘을 적용시킬 수 있다.

우선, 8연결의 윤곽선을 구하기 위한 3×3의 마스크의 이동방법은 다음과 같다. 처음에 윤곽선의 한점을 추출하기 위해, 화면상을 그림 3.31(b)처럼 주사해서, 최초의 도형상의 점, 즉 도형상의 최상 행에서 최고 좌측의 흑영역의 점을 발견하고, 이것을 p_1으로 한다. 이 p_1을 지금부터 윤곽선을 추출할 때의 시점으로 한다.

점 p_n이 발견되었을 때, p_{n+1}을 찾아내는 방법은 다음과 같다. 점 p_n을 중심으로 3×3 마스크를 고려한다. 이때 반 시계방향으로 흑백의 여부를 조사해서 최초의 흑영역의 점을 p_{n+1}로 한다. 이 조작을 순차로 해서 p_{n+1}의 점과 시점 p_1 이 일치할 때 추적이 끝나게 된다.

이러한 탐색은 시계방향으로 적용하여도 동일한 결과를 얻을 수 있다.

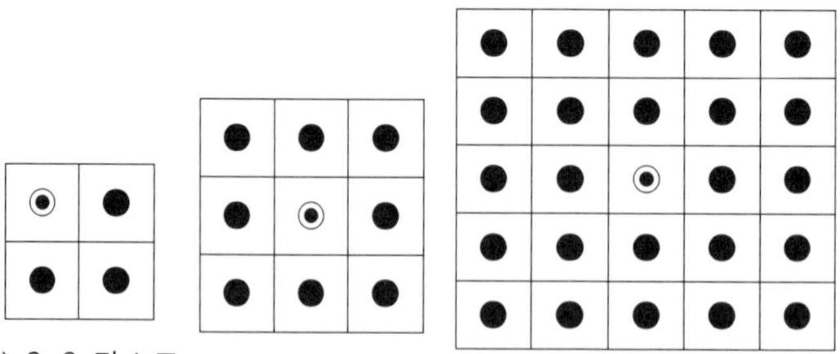

(a) 2×2 마스크 (b) 3×3 마스크 (c) 5×5 마스크

그림 3.30 여러 종류의 마스크

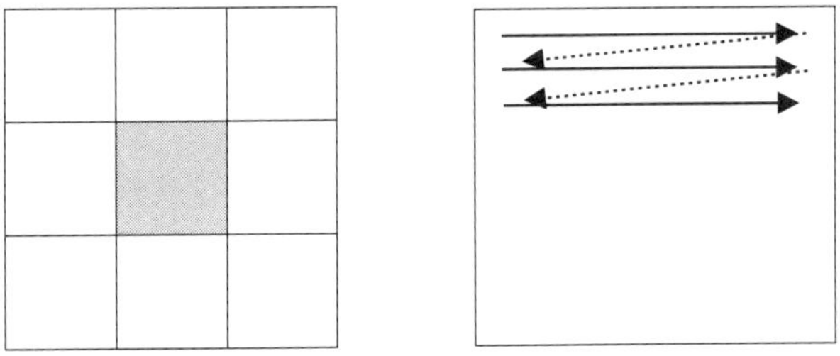

(a) 3×3 마스크　　　(b) 주사방식

그림 3.31 마스크와 주사방식

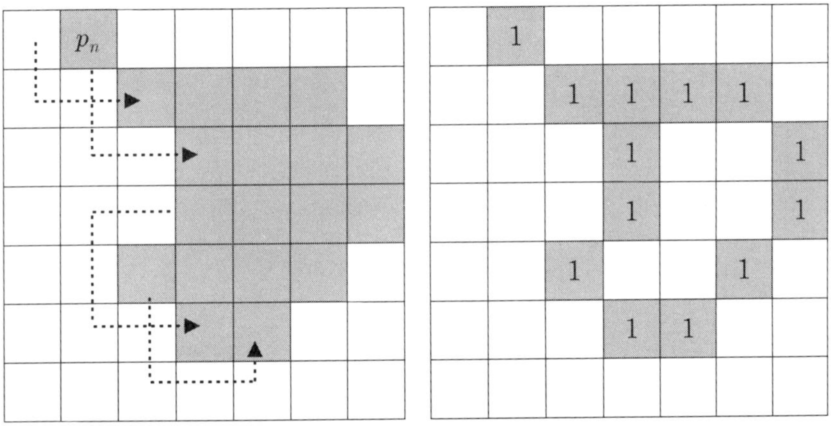

(a) 반시계방향 탐색　　　(b) 윤곽선 추출결과

그림 3.32 윤곽선의 추출과정

(라) Hough 변환

Hough 변환은 직선 뿐만 아니라 원, 타원 등의 도형을 위한 특징추출법으로 "점 ⇔ 직선변환"을 하는 방법이다. x-y 평면상에 직선이 있고, 수식에 의한 표현을 $y = ax + b$라고 하자. a,b는 파라미터이고, 이들 값이 설정되면 하나의 직선이 완전히 결정된다. 이번에는 a,b를 수평축, 수직축으로 하는 평면을 생각하면 $y = ax + b$의 직선을 (a,b)의 값에 의해 정해지는 하나의 좌표점에 의해 표현된다.

그림 3.33 은 직선의 Hough 변환을 나타낸다. 이 변환에 의해 파라미터 공간상의 표현은 추출된 직선의 집합에서 선분특징을 추출하려고 할 때 사용 가능하다. 어느 특징의 집합이 원래 1개의 직선을 구성하는 요소라고 하면 이들 특징은 선요소

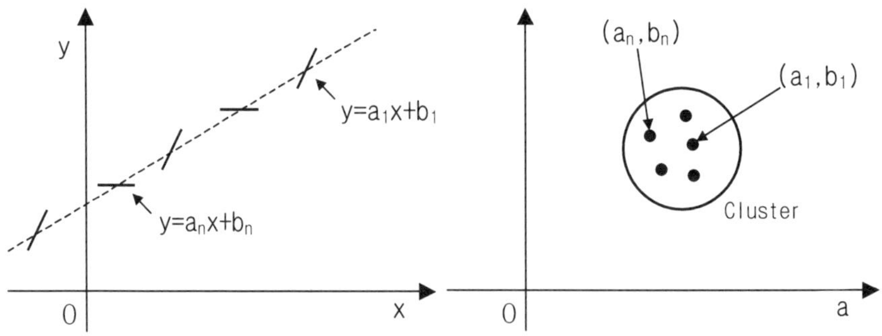

그림 3.33 직선의 Hough 변환

로서 본 경우와 같은 a와 b를 가지고 있을 것이다. 이들을 파라미터 공간에서 나타내면 결과는 하나의 클러스터(cluster)를 이루게 된다. 또한 역으로 이러한 사실을 이용하면 대상 에지, 선 성분의 특징을 $y = ax + b$ 식으로 표현하고 Hough 변환을 한 후 파라미터 공간에 투영한다. 그리고 적당한 클러스터법을 적용해 클러스터링 한 후 중심값을 이용해 a, b를 설정하면 추출하려는 직선이 구해진다. 직선을 나타내는 데는 x축과 이루는 각θ, 원점에서 직선까지 그은 수직선의 거리 ρ를 파라미터로 이용하는

$$x\cos\theta + y\sin\theta = \rho \tag{3.10}$$

식도 많이 사용된다. 이때의 파리미터 공간은 (θ, ρ)공간이 된다. 대상을 표현하는 수식 중 파리미터에 주목하고 이것을 극좌표로 한 새로운 공간에 매핑하는 Hough 변환법은 원, 타원, 곡선 등에도 적용할 수 있다.

(마) 세선화

문자나 이진도형에 대해서 일반적으로 의미있는 정보로서 중심선의 추출이 행해진다. 이것은 대상 패턴의 의미 있는 흑영역의 1중에서, 더욱 의미있는 부분으로서 중심선만을 1로 하고 배경부분을 0으로 변환하는 조작이다.

a. 세선화의 정의

세선화는 대상 물체의 표면을 조금씩 벗겨내어 최종적으로 두께 1을 가지도록 하는 것이다. 골격화는 대상 물체의 표면을 조금씩 벗겨내는 것 외에 여러 가지 다

른 수단을 말하며, 예를 들어 파장 전파법 등의 사용으로 보다 효과적으로 대상 물체를 두께 1을 가지도록 변형하는 것을 말하는 것이다.

그러나 일반적으로 세선화와 골격화를 크게 구분하지 않으며, 최종적인 목표는 같다고 할 수 있다. 다만 그 과정에 있어 조금씩 변형된 과정을 가질 수 있으므로 이에 따라 여러 가지 이름을 가지고 있으며, 이는 패턴인식 초기에 많은 연구자들이 물체를 골격선으로 표시하여 정보의 양을 최대한 압축한 다음 이를 인지하고자 했기 때문이다.

b. 세선화 처리의 요건

① 골격선 폭은 1이어야 한다.
② 골격선의 위치는 선도형의 중심에 위치해야 한다.
③ 골격선은 원래의 도형에 있어서의 연결성을 유지해야 한다.
④ 세선화 과정에서 골격선의 길이는 계속해서 줄어서는 안된다.
⑤ 패턴 윤곽선의 작은 요철로 인한 잡가지선의 모양이 골격선에 없어야 된다.

세선화는 대상 패턴의 모든 정보를 될 수 있는 대로 작게 1로 데이터를 압축한다는 대단히 중요한 작업이라 할 수 있다.

사람의 지문을 세선화한 결과 그림을 그림 3.34에 나타낸다.

(a)원영상 (b)세선화 결과

그림 3.34 세선화

1	1	0	1	1	1	0	1
1	1	0	1	0	1	0	1
1	1	1	1	0	0	0	1
0	0	0	0	0	0	0	1
1	1	1	1	0	1	0	1
0	0	0	1	0	1	0	1
1	1	0	1	0	0	0	1
1	1	0	1	0	1	1	1

(a) 이진영상

1	1	0	1	1	1	0	2
1	1	0	1	0	1	0	2
1	1	1	1	0	0	0	2
0	0	0	0	0	0	0	2
3	3	3	3	0	4	0	2
0	0	0	3	0	4	0	2
5	5	0	3	0	0	0	2
5	5	0	3	0	2	2	2

(b) 연결성분 라벨링

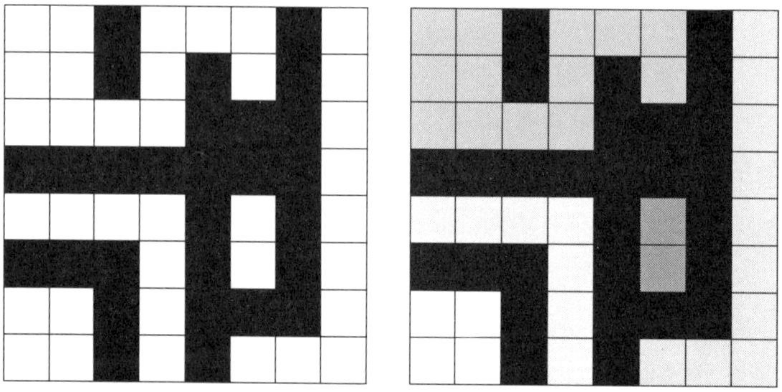

(c) 이진영상과 라벨링의 픽셀값의 표현

그림 3.35 이진영상의 라벨링

(바) 라벨링(Labeling)

B가 이진영상일 때, $B(r,c)=B(r',c')=v$이며 $v=0$ 또는 $v=1$이라고 가정한다. $i+1,...,n$에 대해 $B(r_i,c_i)=v$, (r_i,c_i)의 이웃은 (r_{i-1},c_{i-1})에서 픽셀의 시퀀스 $(r,c)=(r_0,c_0),(r_1,c_1),...,(r_v,c_n)=(r',c')$가 존재하면 픽셀 (r,c)와 (r',c')은 연결되어 있다. 이 시퀀스는 (r,c)에서(r',c')의 연결 형태를 나타낸다. 값 v의 연결 성분은 v값을 가지는 픽셀들의 집합 C이다. 그림 3.35는 다섯 개의 '1'의 연결 성분을 가지는 이진영상이다. 이 성분들은 8방향 이웃픽셀과 4방향 이웃픽셀의 정의에 의해 연결이 된다.

라벨은 Entity의 유일한 이름을 가지는 심볼이다. 문자 라벨도 가능하며, 양의 정수가 연결성분의 라벨로 흔히 사용된다. 그림 3.35(a)는 이진영상, 그림 3.35(b)의 연결 성분 라벨링을 나타낸다.

2) 특징필터에 의한 추출

(가) 선 추출 필터

필터를 통해서 어떤 방향의 직선부분을 추출할 수 있다. 종선, 횡선의 추출을 3×3 마스크 필터를 통해서 구성하면 그림 3.36과 같다.

추출하고 싶은 형상이나 직선에 맞추어 +1을, 그 이외는 -1로 필터를 적용함으로써 종, 횡선의 추출을 할 수 있다.

(나) 경계 추출 필터

일반적으로 선은 굵기가 일정하기 않기 때문에 선의 굵기에 의해 +1 영역의 크기를 변화시키지 않으면 안 된다.

그림 3.37은 수평과 수직 경계선을 추출하기 위한 필터이다.

-1	1	-1
-1	1	-1
-1	1	-1

종선추출

-1	-1	-1
1	1	1
-1	-1	-1

횡선추출

그림 3.36 선추출 필터

1	1	1
0	0	0
-1	-1	-1

-1	-1	-1
0	0	0
1	1	1

[수평방향의 경계추출 필터]

1	0	-1
1	0	-1
1	0	-1

-1	0	1
-1	0	1
-1	0	1

[수직방향의 경계추출 필터]

그림 3.37 경계 추출 필터

3.3.4 에지(Edge)에 의한 영상해석

에지 추출(Edge detection) 기법이란 영상 분석에서 가장 흔하게 사용되는 연산 중 하나이고 물체에 대하여 에지를 강화하거나 추출하는 알고리즘이다. 에지라는 것은 물체와 배경의 경계이고, 물체가 오버랩 되는 경계이기도 하다. 영상에서 색이나 농도의 급격한 변화가 있는 부분을 에지라고 한다.

기술적으로는 에지추출이란 에지픽셀들을 찾는 과정이며, 에지강조는 에지가 더 잘 보이도록 하기 위하여 에지들과 배경과의 contrast를 증가 시켜주는 것이다.

에지 탐색(edge linking)은 에지들을 따라가는 과정을 말한다.

1) 에지 추출 기법

에지 추출 기법은 분할(segmentation)이라 불리는 과정 중의 하나이다. 이는 영상 영역의 식별에 이용된다. 에지 추출에 의하여 특정한 물체를 추출하기도 하고, 그 면적이나 주위의 길이를 계측하기도 하며, 두 영상의 대응점을 구할 수도 있고, 더 나아가 복잡한 영상인식, 영상이해에도 이용한다.

에지란 농도값이 급격하게 변화하는 부분을 말하므로 함수의 변화량을 조사하는 미분연산을 윤곽 추출에 이용한다. 미분에는 1차미분(gradient)과 2차미분(Laplacian)이 있다. 또, template 매칭에 의한 에지 추출 방법도 있다.

(가) 1차미분(Gradient)에 의한 방법

크기와 방향을 가진 벡터량 $G(x,y)=(f_x,f_y)$로 표현된다. f_x는 x방향의 미분 f_y는 y방향의 미분에 해당한다. 디지털 영상에서는 데이터가 일정간격으로 흩어져 나열되어 있으므로 사실적인 의미의 미분 연산은 할 수 없게 된다. 이 때문에 1차미분식과 2차미분식 같이 인접 픽셀간의 차를 취하는 연산으로 미분을 근사한다. 이것을 차분이라 한다.

$$G(x)=f(x+1)-f(x), G(y)=f(y+1)-f(y) \tag{3.11}$$

이를 영상에 적용하기 쉽게 만들어 놓은 것이 마스크 혹은 행렬연산자이다. 각각의 행렬들은 같은 1차 미분 연산자일지라도 에지를 추출하는 정도나 방향 등의 특징을 가진다.

대표적인 1차 미분 연산자에는 다음과 같은 것들이 있다.

(a) Sobel : 잡음에 강하다. 그러나 에지를 너무 두껍게 잡는 단점이 있다.

x 방향

1	0	-1
2	0	-2
1	0	-1

y 방향

-1	-2	-1
0	0	0
1	2	1

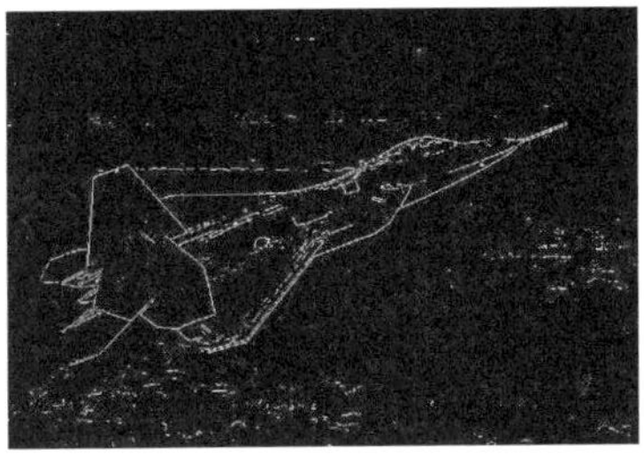

그림 3.38 Sobel 필터

(b) Prewitt : 잡음에 약하며 수직수평을 강조한다.

x 방향

1	0	-1
1	0	-1
1	0	-1

y 방향

-1	-1	-1
0	0	0
1	1	1

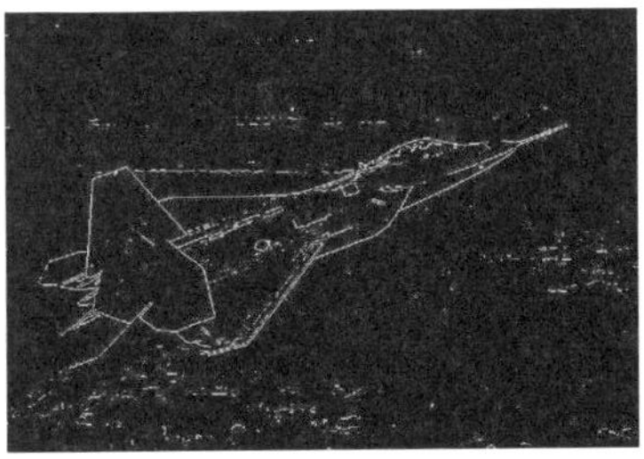

그림 3.39 Prewitt 필터

(c) Robert : 적용 반경이 좁아 잡음에 제일 약하다.

0	0	-1
0	1	0
0	0	0

x 방향

-1	0	0
0	1	0
0	0	0

y 방향

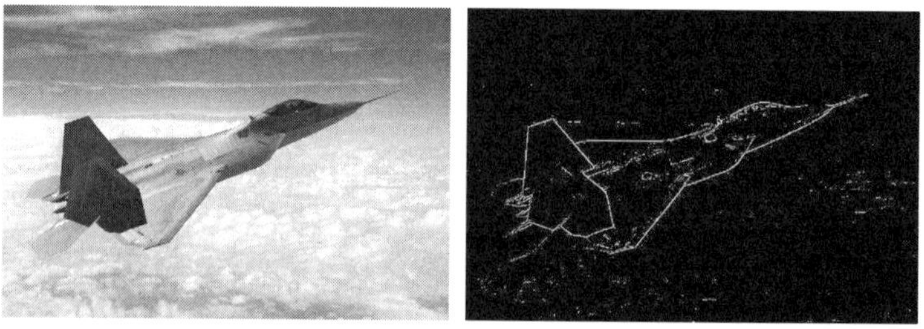

그림 3.40 Robert 필터

(나) 2차미분(Laplacian)에 의한 방법

2차미분은 1차미분을 다시 미분한 것으로, 윤곽의 강도만을 추출하는데 사용된다.

$$L(x,y) = 4*f(x,y) - (f(x,y-1) + f(x,y+1) + f(x-1,y) + f(x+1,y)) \quad (3.12)$$

2차미분 연산자를 사용한 후에 1차미분 연산자를 사용하면 더 정밀한 에지를 추출할 수 있다.

(a) Laplacian 마스크 : 방향에 관계없음

-1	-1	-1
-1	8	-1
-1	-1	-1

마스크1

0	-1	0
-1	4	-1
0	-1	0

마스크2

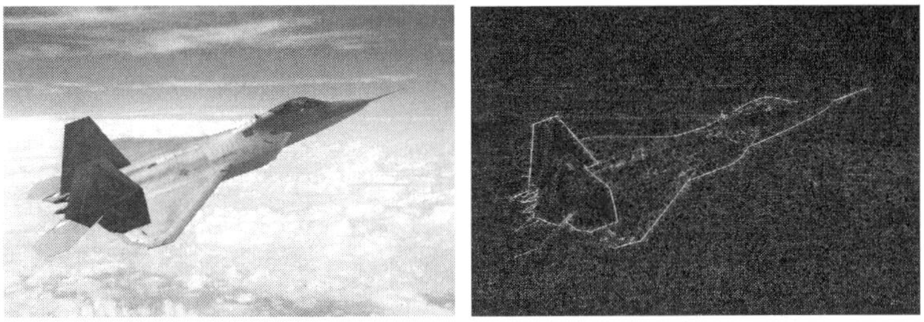

그림 3.41 Laplacian 필터

3.4 영상 분할(Image Segmentation)

3.4.1 영상 분할이란?

영상 분할은 영상을 임의의 특징 값들이 균일하게 나타나는 소영역들로 구분하는 것이다. 분할 연산은 영상내의 개별적인 물체들을 강조하거나 어떤 면에서는 고립시키는 연산으로 그 목표는 영상의 중요한 특징을 버리지 않고 영상 분석을 위해 원하는 만큼 간략화 하는데 있다. 영역(region)은 경계와 원이나 타원 또는 다각형 등의 특정 형태를 가지는 픽셀들의 집합으로 정의된다. 관심 있는 영역은 영상 전체를 포함하지 않으므로, 무시되어지는 배경 영역과 대상물 영역을 분할해야 한다. 그림 3.42와 같이 분할된 영상은 인간의 기준과는 큰 차이가 있으나, 높은 레벨의 자동화된 처리의 입력으로 유용하게 제공된다.

1) 영역 분할

인식을 목적으로 하는 영상처리는 영상 내에 있는 각 대상물을 검출하는 것이 중요하고, 이 문제를 영상의 분할이라고 한다. 분할에 대한 연구 중에서 영상을 특징의 균일한 부분 영상으로 분할하는 방법을 통틀어서 영역 분할이라고 한다.

영역 분할과 서로 상보적인 관계에 있는 연구로는 특징의 불연속성에 주목하는 에지(edge) 검출법이 있다. 이상적인 영상에 대해서는 두 방법은 동일한 결과를 얻는다. 그러나 잡음을 포함하는 실제의 영상에 대해서는 에지 검출법은 대상물의 경계를 닫혀진 선분으로 추출하는 것은 어려운 작업이다. 그에 반해 영역 분할법은 대상물 영역을 직관적으로 검출하기 때문에 대상물의 경계는 반드시 닫혀있고, 영상의 전반적인 구조를 기술하기가 쉬운 이점이 있다. 그러나 그림 3.43에서 crack 부분은 본질적으로 추출할 수 없다.

(a)원영상 (b)영역분할된 결과

그림 3.42 영역분할

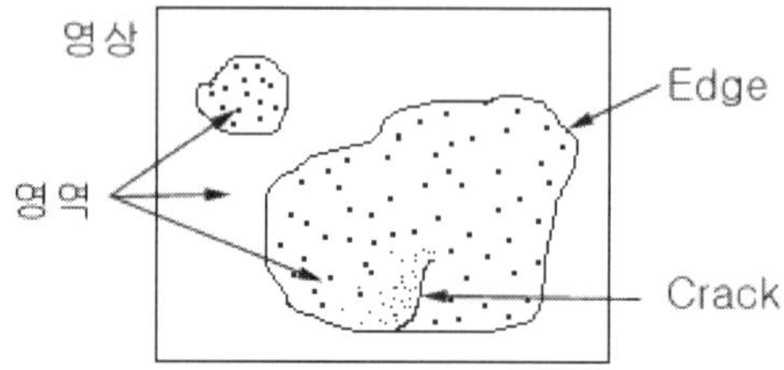

그림 3.43 영역 분할

(나) 영상의 영역 분할

영역 분할의 수학적인 정의는 Horowitz와 Pavlidis에 의해 제시되었다.

영상 X의 영역 x_1, x_2, …, x_n으로의 분할은 다음과 같이 정의된다.

(ⅰ) $\bigcup_{i=1}^{N} x_i = X$, $x_i \cap x_j = \varnothing$ for $i \neq j$ (분할의 완전성)

(ⅱ) x_i, $i=1,2,\ldots,N$ is connected (영역의 연결성)

(ⅲ) $P(x_i)=ture$ for $i=1,2,\ldots,N$ (분할의 결정조건)

P : 술어

(ⅳ) $P(x_i \cup x_j)=false$ for $i \neq j$ (영역의 최대성)

즉, 영역은 어떤 술어 P를 만족하는 최대의 연결 픽셀의 집합이다. 그러나 실제는 조건 (ⅱ), (ⅳ)를 만족하지 않는 경우도 영역으로 취급된다.

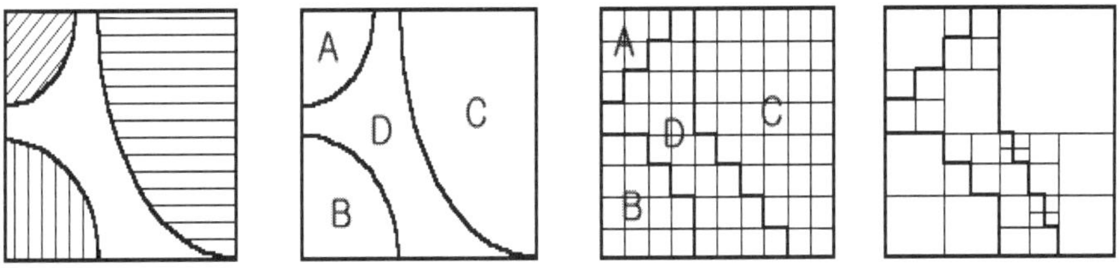

(a) (b) (c) (d)

그림 3.44 (a) 원영상 (b) 픽셀 단위 분할 (c) 블럭 단위 분할 (d)quad tree 분할

3.4.2 영역 분할의 원리

영역 분할을 하기 위해서는 다음의 사항을 결정해야 한다.

① 영역 분할의 단위

② 영역의 특징

③ 영역 분할의 방법

1) 영역 분할의 단위

영상을 분할할 때의 단위로 픽셀을 이용하는 경우는 어떤 일정한 특징을 갖는 픽셀들을 연결한 것으로 영역이 구성된다. 그러므로 그림 3.44(a)와 같은 원영상을 영역 분할 입력 그림 3.44(b)와 같이 각 영역의 경계선을 세밀하게 결정할 수가 있다. 그러나 영역의 경계부근에서는 처리에 시간을 많이 필요로 하는 경우가 많다. 또 영역 분할의 단위로서 그림 3.44(c)에서 나타내듯이 영상을 균등하게 소영역(block)으로 분할하는 경우도 있다. 이 경우는 각 블럭의 특징을 비교하므로 소영역을 구성하는 블럭군을 구할 수 있지만, 영역의 경계 부근의 블럭은 여러개의 영역 특징을 가지고 있기 때문에 동일 영역인지 아닌지의 판단이 쉽지 않다. 또 경계선도 블럭 크기보다 고해상도를 구할 수가 없는 단점이 있다. 그러나 일반적으로 픽셀 단위 처리보다는 고속 처리가 가능하다. 그리고 그림 3.44(d)에서 나타내듯이 영상을 quad tree로 분할할 수도 있다.

2) 영역의 특징

각 영역의 특징으로 무엇을 이용하는 것이 효율적이다라는 것은 정해져 있지 않고, 여러 가지의 특징이 제안되어 있다. 예를 들면 픽셀의 특징으로서는 픽셀의 농도값, RGB 값, 그리고 농도 기울기(gradient) 등이 있고, 블럭 영역의 특징으로는 블럭 영역내 픽셀의 평균 및 분산, 2차원 직교변환계수, 그리고 power spectrum 등을 들 수 있다. 이들 특징 중에 어느 것을 이용하느냐에 따라 영역 분할의 결과 및 다음 단계 처리에 커다란 영향을 미친다. 따라서 목적에 따라 경험적으로 서로 다른 방법이 알려져 있는 것이 현실이다.

그러나 영역 분할에 사용되는 기본 생각은 다음과 같다.

① 영상 분할에서 영역은 gray-level, 컬러, 또는 texture같은 어떤 특징들에 연관되어 균일하다.

② 영역 내부는 매우 간결하다.

③ 분할에서 근접한 영역들은 특성과 연관해서 현저히 다른 값을 가져야 한다.

④ 세그먼트(segment)의 경계들은 간결해야 하며, 공간적으로 정확해야 한다.

정확하게 균일한 영역들도 전형적으로 작은 구멍들로 채워져 있거나 거친 경계선을 가지고 있으므로 위의 요구되는 특성을 모두 만족하는 것은 어렵다.

3.4.3 영역 분할의 방법

영상의 영역 분할법은 다음과 같이 크게 나눌수 있다.

① 원영상의 clustering을 이용하는 방법
- 영역 분할법, 영역 성장법, 분할 병합법

② 특징공간상의 clustering을 이용하는 방법
- 히스토그램에 의한 영역 분할

③ 원영상 중의 에지를 이용하는 방법
- 윤곽선 추적에 의한 분할

1) 영상의 라벨링

영상 라벨링은 영역에 대한 좋은 중간 표현이며, 이후의 처리에도 사용된다. 각각의 검출된 영역에 단일한 식별자를 할당하고 영역의 모든 픽셀들이 그들의 픽셀값에 단일한 식별자를 가지게 영상을 만든다. 라벨된 영상은 어떤 연산에서는 영역의 식별된 픽셀을 마스크의 종류로 사용할 수 있다. 즉, 면적이나 타원의 최적 주요 축의 거리 등의 영역 특징을 계산하는데 이용한다.

2) 경계선 코딩

영역은 영상 대신 데이터 구조로 그들의 경계선을 이용하여 표현될 수 있다.

가장 간단한 형태는 단지 각 영역의 외곽의 픽셀들의 선형 리스트이다. 포인트의 리스트의 변화는 포인트의 정보를 부호화하여 원래 포인트 리스트보다 적은 공간을 차지하는 Freeman chain 코드이다. 부호화되는 경계선은 정사각형의 격자에 가로 놓여 있다. 곡선의 시작점에서 출발하며, 좌표 교차점은 이웃의 좌표점을 연결하는 작은 선 분할의 정의에 이용된다. 이 선 분할의 방향이 0에서 부호화에 사용되는 이웃의 수까지의 작은 정수로 부호화된다. 그림 3.45는 8방향의 이웃으로 부호화하는 chain 코드를 나타낸다. chain 코드는 공간을 절약할 뿐만 아니라, 곡선 자체에서의 부차적인 연산에서도 사용된다.

3.4.4 패턴인식시스템

패턴인식 기법은 영상뿐만 아니라 음성에서부터, 각종 사회 데이터에 대해서도 적용되고 있다. 패턴인식이란 미지의 패턴을 닮은 패턴별로 몇 개의 그룹으로 나누고

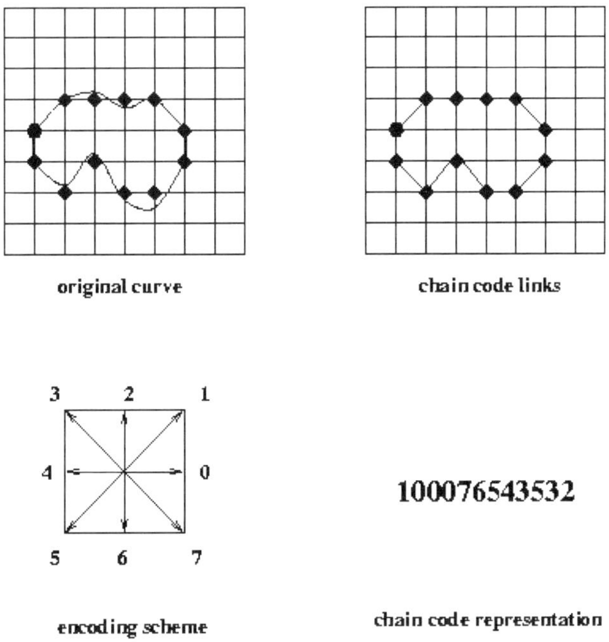

그림 3.45 chain 코드 경계선 부호와

각 그룹별로 각각의 개념을 대응시킨 후, 미지의 패턴이 어느 그룹에 속하는가를 결정하는 것이다. 인식시스템은 그림 3.46에 나타낸 것과 같이 입력 데이터로부터 그 데이터에 관한 특징을 추출하여, 그 특징을 미리 설정한 특징과 대조하고, 매칭 되는지를 판정하는 순서로 구성되어 있다. 이중 중요한 것은, 특징 추출 단계로서, 인식 목적에 맞는 좋은 특징 파라미터를 선정함으로써 정밀도가 높은 인식시스템이 실현된다.

1) 패턴 매칭

입력 패턴에서 구한 특징과 준비되어 있는 표준 패턴의 특징을 비교한다. 입력 패턴이 표준 패턴의 특징 공간 중에서 어느 그룹과 가장 가까운가를 결정한다. 그림 3.47에 그 예를 나타낸다. 그림과 같이 입력 패턴과 표준 패턴간의 비교는 특징 공간에 각각의 패턴을 투영한 점간의 거리를 구하는 처리이다.

입력 패턴과 기존의 각 그룹의 표준 패턴간의 거리가 너무 커서 입력 패턴이 기존의 어느 그룹에도 속하지 않는다고 생각되는 경우는 그 입력 패턴만의 새로운 그룹을 만들 필요가 있기 때문에, 다시 분류하는 처리가 필요하다.

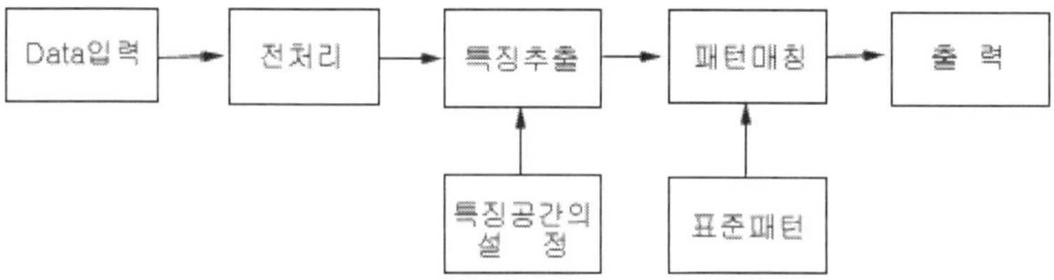

그림 3.46 패턴인식시스템의 구성

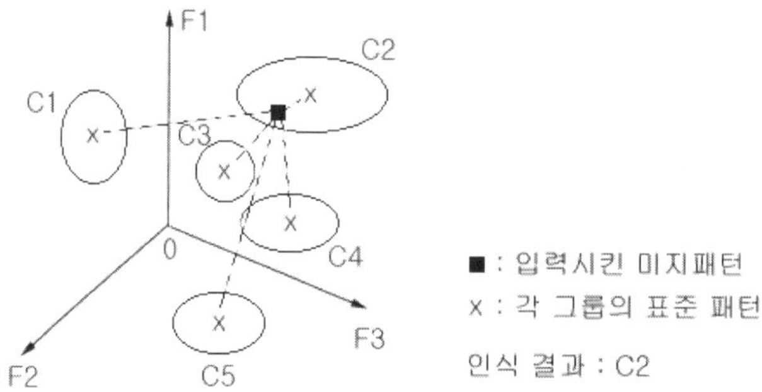

그림 3.47 패턴 매칭

대상물이 정확히 측정치 d로 표현된다면, 특징 벡터의 i번째 좌표는 대상물 A와 같은 평균을 가진다. 예를 들면 처음 좌표는 대상물의 면적, 두 번째는 연장선의 좌표 등으로 표현된다. 두 대상물을 표현하는 특징 벡터간의 유사도, 또는 근사도는 벡터간의 Euclidean 거리를 구하여 표현한다.

$$||x_i - x_2|| = \sqrt{\sum_{i=1,d} (x_1[i] - x_2[i])^2} \tag{3.13}$$

3.5 수송기계에의 응용

3.5.1 자동차 번호의 자동 영상인식 시스템

자동차 번호의 자동 영상인식 시스템은 출입구에 설치된 영상 획득용 카메라를 사용해 영상을 촬영한 후, 영상처리기술을 이용하여 영상으로부터 차량의 번호를 자동으로 인식하는 시스템이다. 차량의 번호를 자동으로 인식하므로 차량의 출입관리를 자동으로 할 수 있다.

추출된 차량 번호, 영상, 출입 정보는 데이터베이스에 저장되어 언제든지 검색, 관리가 가능하고, 각종 보고서로 출력하여 다양한 관리 자료로 활용할 수 있다.

보통은 이러한 시스템은 영상검색시스템과 출입통제시스템이 결합된 형태의 시스템으로 설치된 발권기와 차단기 등 주변기기와 연결되어, 내/외부 차량을 구분 통제하고, 주차 요금 정산을 신속하게 할 수 있도록 설계되어 있다. 시스템의 전체 구성도를 그림 3.48 에 나타낸다.

1) 차량 번호 인식 시스템(main control system)

영상처리기술을 이용해 카메라에 촬영된 영상을 인식하고 분석 관리하는 기능을 가지고 있다. 메인 서버와 연결되어 있으며 인식된 차량의 영상과 번호 등의 데이터를 메인서버로 전송하고 여러 게이트에서 서로 공유하는 기능도 가지고 있다. 보통 이러한 시스템은 서버와 통신 장애가 발생할 때를 대비해 Stand Alone 기능을 가지고 있어서 독자적으로 정상 운영 가능하다. 국내에는 여러 종류의 차량 번호판이 이용되고 있기 때문에 모든 차량에 대한 인식이 가능하도록 해야하고 악천후나 차량 불빛에 의한 오인식이 없도록 설계되어 있어야 한다.

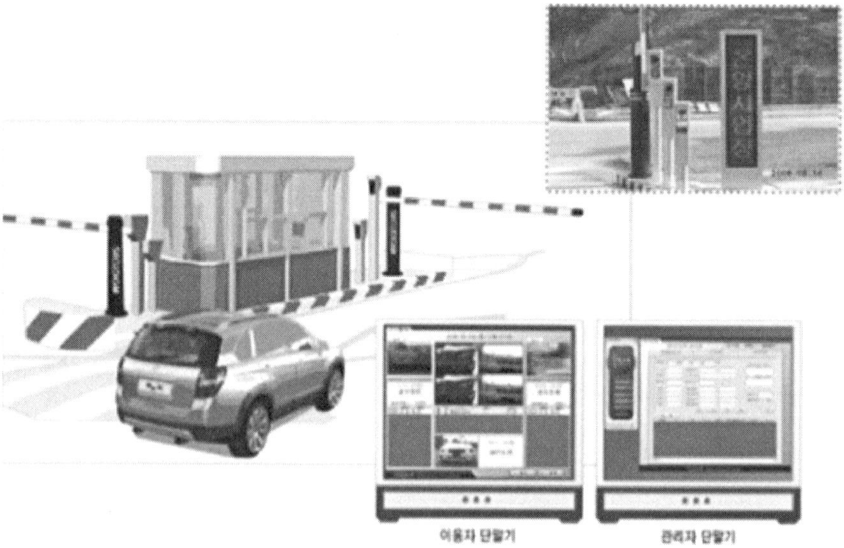

그림 3.48 차량 번호의 자동 영상인식 시스템의 구성도

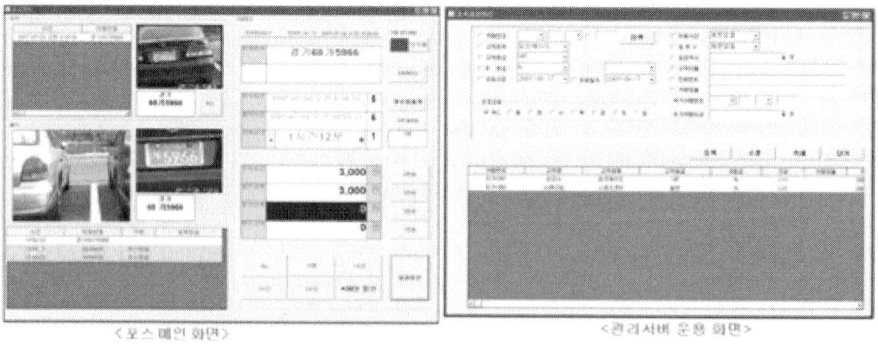

그림 3.49 관리 시스템의 GUI화면

2) 관리 시스템(management system)

차량관리 시스템에는 모든 출입 차량의 차량 번호, 영상, 출입 시간의 저장되어야 하고 출입 기록이 서버와 컨트롤러의 데이터베이스를 통해 공유하도록 해야 한다. 또한 출입 승인 차량의 등록 및 허용 기간의 추가, 변경, 삭제 기능을 가지고 있고, 전광판, 차단기의 자동 및 수동 통제가 가능하도록 해야 한다. 뿐만 아니라 모든 시스템의 제어, 검색, 원격 관리가 가능하도록 해야 한다. 차량관리 시스템의 GUI화면을 그림 3.49 에 나타낸다.

3.5.2 자동차의 주변을 실시간으로 표시하는 영상처리 기술

운전자의 안전 운전을 지원하기 위해 자동차의 전체 주변을 잘 볼 수 있도록 실시간으로 표시하는 영상처리 기술이다. 운전자가 운전 상황에 따라 차량의 전체 주위에 대해 보고 싶은 곳을 보기 쉬운 시점이나 시야로 표시한 영상으로 확인하는 것이 가능한 기술이다. 차량의 전체 주위를 표시한 예를 그림 3.50에 나타낸다.

차량의 전체 주변을 실시간으로 표시하는 영상처리 기술은 차량 주위에 4개의 카메라를 설치하고, 차량 주위의 카메라 영상을 가상적 3차원 입체 곡면에 투영하여 그 영상을 자유로운 시점에서의 영상으로 변환하는 3차원 가상투영시점변환 기술이다. 이 기술을 이용하면 보고 싶은 곳을 보고 싶은 시점에서 영상으로 확인할 수 있어 운전자의 시계 확인에 대한 부담을 크게 줄일 수 있다. 또한 운전 상황별로 서로 다른 표시 영상의 전환이 자연스럽게 이루어질 수 있도록 영상이 바뀔 마다 전후의 시점, 시선, 시계를 바꾸어준다.

이에 따라 운전자는 어떤 장소를 어디에서 보고 있는지를 순간적으로 인식하여 안전 확인을 수행할 수 있다. 가령, 주차 시에는 노면뿐만 아니라, 주위 사람이나 차량의 상황도 함께 확인할 수 있다. 또한 고속도로 등의 합류 지점에서는 후방, 좌우를 동시에 볼 수 있어 차량의 합류 지점을 확인하는 것이 용이해진다. 차량의 전체 주위를 3차원으로 표시한 예를 그림 3.51 에 나타낸다.

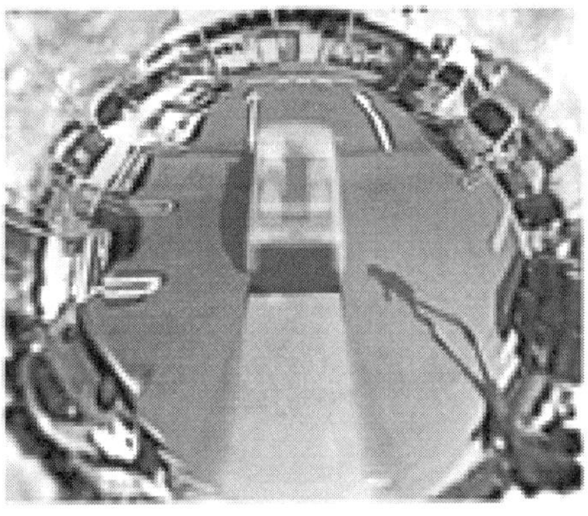

그림 3.50 차량의 전체 주위를 표시한 예

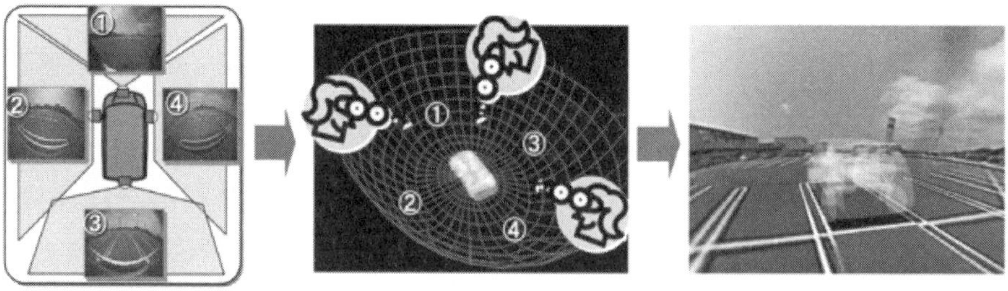

(A) 4가지의 다른 전망을 4개의 카메라로 영상 캡쳐

(B) 비디오 영상의 투영을 위한 3-D 모델은 합성된다.(장면은 가상의 3차원 곡선 비행기로 예상된다.) 이미지가 원하는 시점으로 변경된다.

(C) 원하는 보기가 표시가 된다.

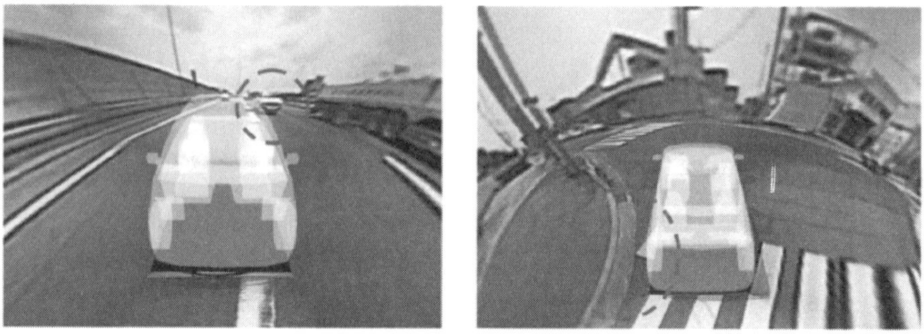

(A) 고속도로에서 병합된 지점을 샘플 보기 :차량을 정면으로 마주보고, 사람을 마주보는 시각 (명확하게 이용 가능한 공간 및 접근 차량을 보여준다.)

(B) 좌회전 시 샘플보기 : 위쪽 후방에서의 관점 (명백하게 왼쪽 뒷부분의 curb clearance를 보여준다.

그림 3.51 3차원 투영 기술

3.5.3 졸음운전 방지용 영상처리 시스템

통상 교통사고는 운전자의 실수와 환경적 위험요인이 겹칠 때 주로 발생한다. 특히 장거리 운전 시 운전자의 피로 등에 의한 각성수준의 저하는 운전자의 실수를 유발하며 치명적인 사고로 직결되기 쉽다. 최근 외국은 물론 국내에서도 운전자의 각성 상태를 인식하여 사고가 발생하기 전에 운전자에게 경고함으로써, 사고를 미연에 방지할 수 있도록 하는 운전자 지원시스템이 개발되고 있다.

운전 중의 눈 깜박임 및 눈의 움직임을 추적하는 방법으로서는 크게 다음의 3가지를 들 수 있다.

① 생리학적 방법
- 뇌파, 안구운동, 피부전위, 혈압, 심박 수, 체온 등 생리 데이터 분석

② 행동에 의한 방법
- 하품, 눈의 움직임, 핸들조작, 핸들의 악력 등의 행동의 분석

③ 운전자에 질문하는 방법

자동차에 탑재를 목적으로 하는 실용화를 고려하면 상기 ①, ②번의 방법이 유효하다. 일반으로 생리학적 방법은 높은 정도와 빠른 응답성을 얻을 수 있으나 전극센서 등을 운전자에 부착해야 하기 때문에 위화감이나 운전행동을 구속하는 등 통상의 운전 상태를 계측하기 곤란한 우려가 있다. 한편 행동에 의한 방법은 행동과 각성도와의 상관에 의해 각성도를 추정하기 때문에 정도와 응답성이 문제가 된다. 때문에 생리학적 방법과 행동특성에 의한 방법을 통합하여 사용하는 시스템이 개발되고 있다.

자동차에 부착된 소형카메라로부터 운전 중 운전자 눈의 움직임을 분석하여 각성상태를 인식한다. 눈 깜박임에 의한 각성도의 인식 및 분석을 위해서는, 운전자의 각성도와 눈 깜박임의 스피드, 횟수, 눈동자의 움직임 등 눈의 움직임의 특성과의 상관관계에 대한 지표가 얻어져야 한다. 따라서 각성도와 눈의 움직임과의 상관관계를 얻기 위한 기본단계로서 운전자의 얼굴영상으로부터 눈의 움직임의 변화량을 자동으로 인식하고 이를 통해 눈 깜박임의 횟수, 속도를 검출한다. 졸음으로 인해 운전자의 눈꺼풀에 변화가 생길 경우 매우 큰 경고음을 발생시켜 운전자가 놀라서 깨어나게 하며, 충돌상황 등 비상시 브레이크를 자동으로 작동시키거나 속도를 자동으로 감소시켜준다.

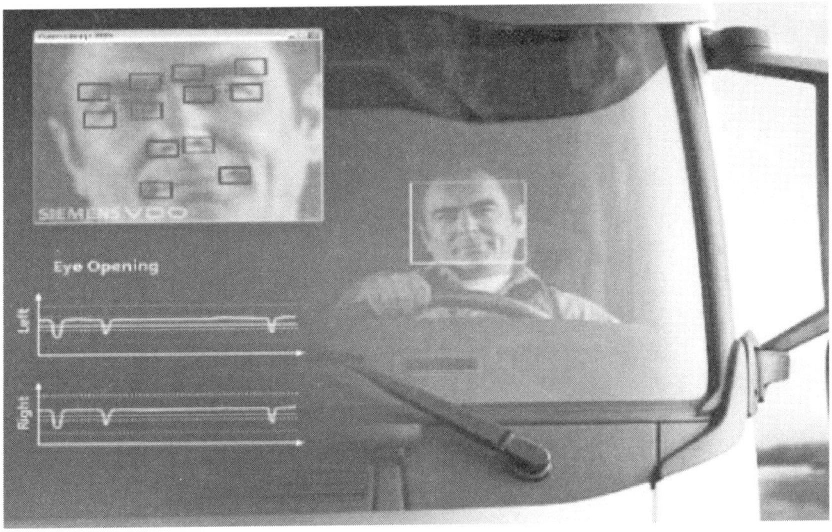

그림 3.52 졸음방지 시스템

3.5.4 차선 이탈 경고시스템

차선이탈 경고시스템은 차량에 부착된 센서로 도로의 라인을 검출하여 차량이 라인을 이탈하면 운전자에게 경고를 해줌으로써 사고를 미연에 방지하는 시스템이다. 카메라를 이용하여 전방의 도로 상항을 찍은 그 영상을 처리하여 라인을 감지하고 나아가 차간 거리 속력 등을 계산하여 다른 시스템과 연동이 가능하다.

라인을 감지하여 운전자에게 신호를 보낼 때는 대부분 소리를 이용한다. 또한 운전자 시트 밑 부분에 진동 장치를 장착하여 라인을 벗어났는지 진동으로 알려줌과 동시에 어느 쪽으로 벗어났는지를 동시에 알려준다. 영상처리 알고리즘의 예를 그림 3.53 나타낸다.

영상처리에서는 먼저 카메라에서 찍은 영상에서 농도값을 이용하여 이진화한다. 카메라가 도로 상황을 촬영할 때에 도로의 온도나 차량의 움직임 또는 전자기 간섭에 의해 그대로 처리할 수가 없다. 화면 상황을 보다 좋게 처리하기위해서는 필터링 처리 작업이 필요하다. 이러한 단계가 없다면 프로세서가 라인을 판단 할 때 도로에 비친 가로등불빛이나 마주 오는 차량의 라이트 불빛까지 라인으로 인식할 수 있게 된다.

에지검출은 필터링된 영상에서 차량의 진행 방향의 위치를 계산하여 인지한 후 영상에서 물체나 도로, 라인의 가장자리(외곽선)을 탐지한다. 영상의 처리와 차량 위치 진행방향 데이터가 확실하다면 탐지한 도로라인과 일치해야 한다. 모든 영상처리 단계가 완료되면 라인 추적과 판단으로 운전자에게 경고 한다. 영상처리 흐름도를 그림 3.54에 나타낸다.

그림 3.53 카메라영상기반 차선이탈 경고시스템

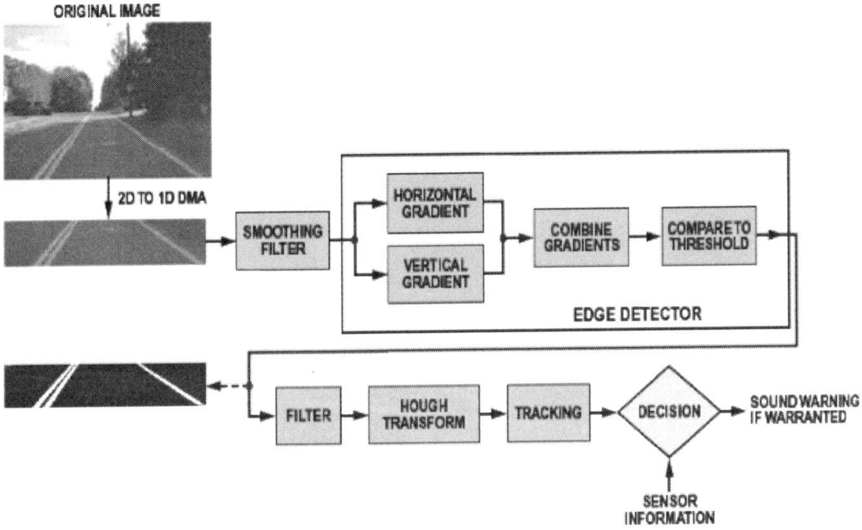

그림 3.54 영상처리 흐름도

3.5.5 선박관련 영상처리 시스템

부두에서는 CCTV 카메라를 이용하여 항구에 입출항하는 선박이 항만관제수역에 진입하는 시점부터 부두에 접안이 종료될 때까지의 모든 통항상황과 부두로부터 이안하는 선박의 모든 통항상황과 동적거동을 실시간으로 모니터링하고 있다. 대부분의 부두에서는 선박 자동 추적 시스템이 운용되고 있고 선박내에서는 네비게이션 시스템, 자동도어시스템, 해도시스템 등에 영상정보처리 기술이 이용되고 있다.

1) 선박 자동 추적 시스템

CCTV영상 데이터와 위치정보를 기반으로 입출입 선박에게 종합적인 정보를 제공하는 서비스이다. CCTV로 촬영된 영상내에 존재하는 여러 가지 물체중 선박을 인식하고 그 선박의 수를 계산하고 이동경로, 선박정보를 알아내 부두 사용의 효율을 높여준다. 위험선박 및 특별 관리선박 입항여부를 알려주고 관심선박의 실시간 위치파악을 할 수 있다. 위험상황 발생시 신속하고 정확하게 대응할 수 있는 모니터링 서비스를 제공하는 시스템이다.

2) 선박용 네비게이션 시스템

선박용 네비게이션 시스템은 선박의 출항부터 입항지까지 전 과정의 안전과 보안을 위한 관련서비스 및 해양관련 정보를 수집하고 분석하는 시스템이다.

그림 3.55 선박 자동 추적 시스템

그림 3.56 선박 네비게이션 시스템

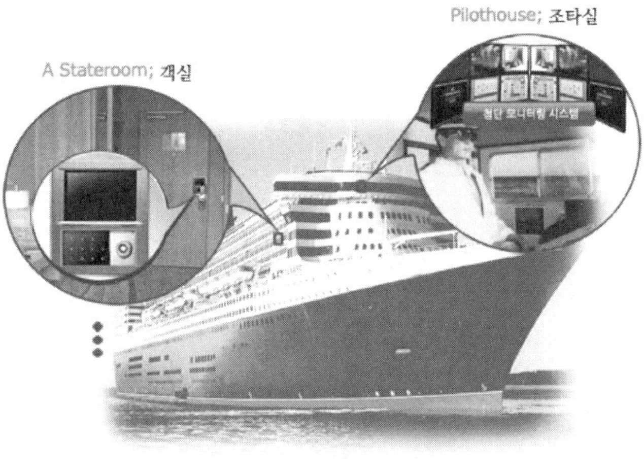

그림 3.57 선박 자동도어시스템

3) 선박용 자동 도어시스템

선박(콘테이너선, 유조선, 유람선 등)에는 많은 문들이 있지만 모두가 선박내 주요 관리 대상이거나 위험한 곳이다. 기존의 단순 개폐기능 만이 아니고 각종 선박내의 도어들을 선박용도에 맞게 영상처리기술과 USN기술을 도입하여 부가적인 기능(온도, 습도, 방범 등)을 할 수 있는 도어관제 시스템이다. (그림 3.57 참조)

기존 제품에는 없는 실시간 영상 모니터링이 가능하여 일부 사용자 및 주요 시설 내의 안전한 출입을 위해 입실전 암호키를 입력함과 동시에 내부 상황을 모니터링 할 수 있는 시스템이다.

3.5.6 항공기관련 산업에의 이용

1)항공기용 영상융합 입체화 기술

지형정보에 바탕을 둔 대용량 비실시간 영상정보에 해당하는 위성영상, 항공영상, 수치고도자료와 항공기 센서를 통해 획득한 실시간 영상정보인 레이다, 적외선 카메라, 고도계의 정보를 융합하여 입체적인 영상정보를 만들어 조종사에게 제공하는 기술이다.

항공기 조종사는 기체정보, 항법정보, 임무정보, 전술상황 정보, 위협정보와 같은 많은 비행정보를 신속하고 정확하게 인지하여 어떠한 상황에서도 안전하게 비행하여 임무를 완수해야 하기 때문에 많은 어려움이 있다. 특히 야간 및 악천후(안개, 구름,

우천) 상황에서 저고도로 비행할 경우(이착륙, 저고도 침투)에 임무포기 또는 회항을 해야 하는 상황에 처하게 된다. 또한 항공교통이 혼잡한 공항 근처에서나 전투상황에서 대공, 대지의 항공기, 지형과 지물을 식별하고 이동경로를 입체적으로 인식하는 것은 상당한 숙련이 요구된다.

최근 선진국의 항공기 개발 추세를 조사하여 보면 조종사의 임무 성공률과 생존성을 높이기 위해 항공기 기체성능의 향상보다는 정보처리기술 및 통신 능력을 제고하는데 역량을 집중하고 있다.

이러한 기술이 항공기에 적용되면 야간 및 악천후에서도 보다 안전하고 정확하게 임무수행 및 비행을 할 수 있을 것이다. 이러한 기술의 구성요소는 크게 아래와 같이 두 가지로 분류된다.

- 대용량 비실시간성 영상정보와 실시간성 영상정보를 실시간으로 융합하는 기술
- 융합된 영상을 조종사의 헬멧 시현기를 통해 입체적으로 시현하는 기술

그림 3.58는 조종사 헬멧에 융합영상을 투영하는 것을 나타내고 있다. 또한 융합영상위에 다양한 비행정보가 증강현실(Augmented Reality)로 중첩되어 시현된다.

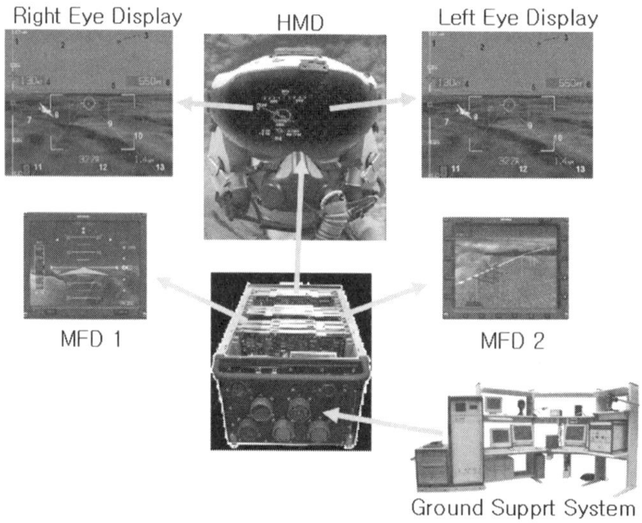

그림 3.58 헬멧 디스플레이를 통해 융합된 정보를 입체적으로 시현

※ HMD : Helmet Mounted Display
MFD : Multi-Function Display

2) 항공사진 및 위성영상처리

항공사진측량은 공간상에 존재하는 모든 물체의 위치와 크기 및 형태를 매우 경제적이고 효율적으로 결정하는 데이터 취득수단이다. 위성사진 처리는 일반적으로 가시화를 증가시키기 위해 영상복원기술을 많이 이용한다. 최근에는 군사용 또는 기후조사 등의 목적으로 위성사진에서 지형의 3차원형상을 자동으로 추출하거나 특정위치를 자동으로 발견하기 위한 연구를 진행하고 있다. 또한 자원, 기상정보, 농업, 어업, 환경오염 등 상업용으로 많이 사용하고 있다.

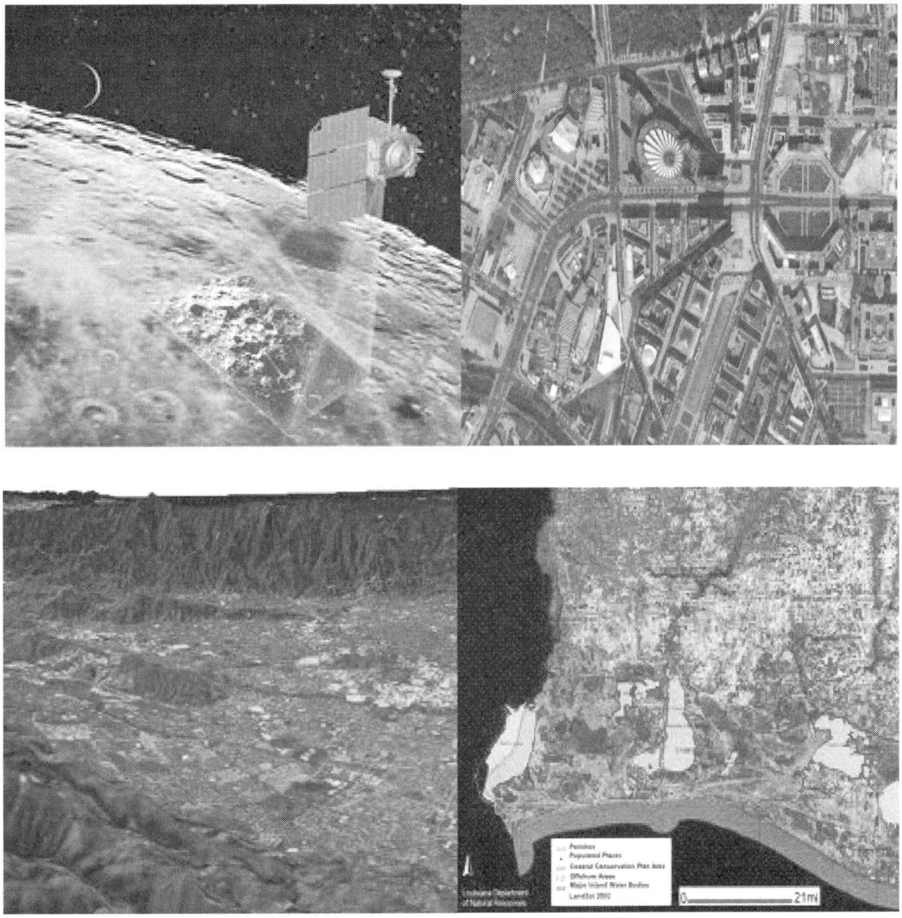

그림 3.59 항공 및 리모트센싱 영상

3)무인항공기에서의 영상처리

최근 무인항공기(Unmanned Aerial Vehicle)에 대한 관심이 국내와 국외에서 빠르게 증대되고 있으며 무인항공기의 다양한 응용과 IT 기술과의 접목은 세계적인 추세로 볼 수 있다. 무인항공기는 조종사가 탑승하지 않고 탑재 컴퓨터와 비행 소프트웨어에 의해 자동으로 비행하는 항공기를 의미한다. 이미 미국에서는 무인 항공기를 이용하여 미사일을 발사하는 무인전투기(Unmanned Combat Aerial Vehicle, UCAV)가 실전 배치되고 있다.

무인항공기에는 지상의 이동 및 고정 물체를 자동으로 추적하기 위한 영상처리 알고리즘과, 무인항공기의 유도제어 기법이 필요하다. 영상처리 알고리즘은 수직이착륙이 가능한 무인항공기에 탑재된 카메라를 이용하여 원거리에 위치한 지상 물체를 영상정보 기반으로 추적하기 위한 것이다. 배경영상에 크게 좌우되지 않는 효율적인 영상 추적 알고리즘이 필요하다.

영상처리에는 목표물 인식에 대한 기본적인 영상처리 기법이 필요하고, 나아가서 실시간 영상처리 능력이 뒷받침되어야 한다. 또한 무인항공기의 유도는 지상 물체의 영상 정보를 이용하여 인식하고 인식된 물체를 항공기에 탑재된 카메라의 시야각(Field of View) 내에 머물도록 해야 한다.

또 항공기의 속도 및 자세를 컴퓨터와 구동기를 이용하여 연속적으로 자동제어하기 위한 유도제어기법도 필요하다. 유도제어 알고리즘은 돌풍과 같은 다양한 외부 환경에서 실제 비행시험을 통해 검증되어야한다. 이때 항공기의 유도 명령에 필요한 정보를 추정하기 위해 기본적으로 GPS와 관성센서가 이용되지만 핵심 유도 명령은 탑재된 카메라를 이용한 영상정보를 기반으로 한다.

국방 분야에서 이와 같은 연구가 많이 시행되고 있다. 현재 세계적으로 많은 선진 항공우주기술 보유국들이 고도의 자동화 기능을 구비한 무인항공기 개발에 막대한 연구개발비를 투자하고 있는 상황이다.

그림 3.60 무인 항공기

참고문헌

[1] S. Theodoridis and K. Koutroumbas, “Pattern Recognition (Fourth Edition),” Academic Press, 2009.

[2] Geoff Dougherty, “Digital Image Processing for Medical Applications,” Cambridge, 2009.

[3] Erik Reinhard, Greg Ward and Karol Myszkowski, “High Dynamic Range Imaging,” Morgan Kaufmann, 2010.

[4] A. McAndrew, J.H. Wang and C.S. Tseng, “Introduction to Digital Image Processing with MATLAB,” Cengage Learning, 2010.

[5] S. Theodoridis, A. Pikrakis, K. Koutroumbas and D.Cavouras, “Introduction to Pattern Recognition,” Academic Press, 2010.

[6] Douglas R. Stinson, “Cryptography Theory and Practice,” Chapman & Hall/CRC, 2006.

[7] William K. Pratt, “Digital Image Processing, WILEY,” 2007.

[8] M. Petrou and P. Garcia Sevilla, “Image Processing Dealing with Texture,” WILEY, 2006.

[9] R. Ohlander, K. Price, and D. R. Reddy, "Picture Segmentation Using a Recursive Region Splitting Method," Computer Graphics and Image Processing, Vol. 8, pp. 313-333, 1978,

[10] J. R. Quinlan, "Induction of Decision Trees," Machine Leanrning, Vol. 1, No. 1, pp. 81-106, 1986,

[11] 정성환, 이문호, "오픈소스 CxImage를 이용한 Visual C++ 디지털 영상처리," 홍릉과학출판사, 2007.

[12] 황선규, "영상처리 프로그래밍 by Visual C++," 한빛미디어, 2009.

[13] 서지환 외 "무선 영상처리 기반의 차량 운전자 관리 시스템," 한국해양정보통신학회 논문지 제13권 11호, pp. 2350-2354, 2009,

[14] 서지원, 곽노준, “사각 지역 차량 감지 영상처리 알고리즘,” 한국방송공학회 추계학술대회, pp. 67-69, 2010,

[15] P.viola and M.J. Jones, “Robust real-time face detection,” International Journal of Computer Vision, 2004.

[16] 이완규, 고한우, 김창호, “졸음운전 방지를 위한 각성도 측정 및 분석시스템(II),” 한국자동차공학회 추계학술대회, pp. 481-486,1995,

[17] Tatsuru Daimon et. al, "Automatic detection of driver's eye motion using video image sequence analysis," 일본 인간공학회지, Vol. 31, No.4, pp. 39-50,1995.

[18] World Congress on Intelligent Transport System & ITS America's 2008 Annual Meeting and Exposition, 15th.

[19] 오원석, 국중희, 최호기, 송정영, "차선 검출에 의한 자동 주행로 판단 알고리즘," 한국정보과학회 학술발표논문집 Vol. 26, No.1, pp. 570-572, 1999,

[20] (주)잉카시스템스, "차선이탈 경보 시스템," 우수신기술 지정·지원사업 최종보고서, 정보통신부, 2004.

[21] M. Aoki, "Image Processing in ITS", Proc. IEEE Intelligent Vehicles '98, pp. 1-4, 1998,

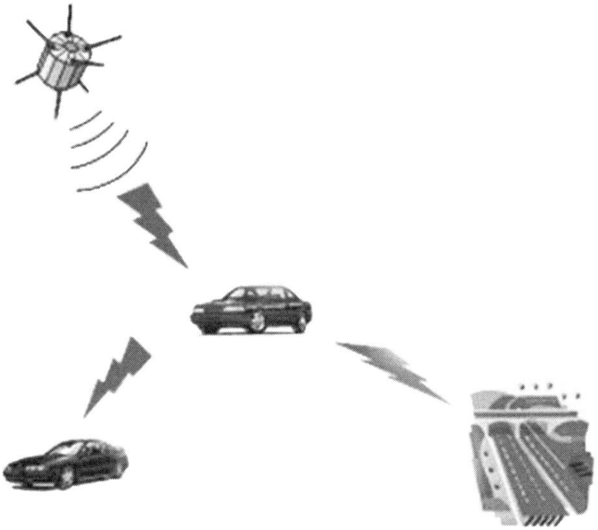

Chapter 4
음향신호처리와 수송기계

4.1 음과 음파

4.1.1 음과 음파의 기본 성질

일반적으로 음(sound, 소리)이라 하면, 우리 인간의 귀로 느낄 수 있는 충격이나 자극을 지칭하는 것이며, 물리학적으로는 물체의 진동에 의해 공기 중에 전파되는 파동을 일컫는다. 물리학적인 측면에서 음을 다루는 일이 많으므로 통상 음의 파동이라는 의미로 음파(sound wave, acoustic wave) 또는 탄성파동(elastic wave)이라고 부른다. 이러한 음파는 공기와 같은 기체 매체에서만 전파되는 것이 아니라 물, 수중과 같은 액체, 세라믹이나 철과 같은 고체에서도 전파가 되며 이와 관련된 여러 응용 연구가 행해져 오고 있다. 또한, 우리의 귀가 들을 수 없는 영역도 음파의 범위에 포함시켜 관련 연구가 진행되고 있으며, 이 기술을 바탕으로 개발된 응용 제품은 우리들의 일상생활에 널리 사용되고 있다.

일반적으로 인간이 들을 수 있는 음의 범위인 20 Hz ~ 20 kHz 대역을 가청 주파수 대역이라 하고, 20 kHz보다 높은 주파수 대역의 음을 초음파(ultrasound), 20 Hz이하의 음은 초저주파음(infrasound)로 구분한다. 또한 음파는 음의 성분에 따라 분류하면 순음(pure tone)과 복합음(complex tone)으로, 음파의 파면에 따라 구면파(spherical wave)와 평면파(plane wave), 주관적인 분류에 따라 신호(signal)와 잡음(noise)으로, 매질의 진동 방향과 음파의 운동 방향과 에너지의 전파 방향에 따라 종파(longitudinal wave)와 횡파(transverse wave)로 구별하기도 한다.

순음은 하나의 주파수 성분을 가진 정현파를 의미하며, 복합음은 이러한 정현파의 배수 성분 또는 전혀 다른 여러 주파수 성분이 포함된 음파를 의미한다. 예를 들어 f_0성분만 포함된 진폭이 A인 순음, 정현파의 경우 다음과 같이 나타낼 수 있다.

$$x(t) = A\cos(w_0 t + \theta) = A\cos(2\pi f_0 t + \theta) \tag{4.1}$$

여기서, w_0는 각속도, θ는 초기위상을 나타낸다. f_0의 배수의 성분들로 구성된 복합음 및 전혀 다른 주파수 성분을 가진 신호로 구성된 복합음의 경우 다음과 같이 나타낼 수 있다.

$$x_1(t) = \sum_{k=0}^{\infty} A_k \cos(kw_0 t + \theta_k) = \sum_{k=0}^{\infty} A_k \cos(2\pi k f_0 t + \theta_k)$$
$$x_2(t) = A_0 \cos(2\pi f_0 t + \theta_0) + A_1 \cos(2\pi f_1 t + \theta_1) + \ldots \tag{4.2}$$

또한 음파가 한 점에서 다른 점으로 전파할 때 어느 일정한 시각에 음파의 변동 상태가 같은 점을 연결한 것을 파면(wave front)라고 하는 데, 이 파면이 동심원의 형태인 경우 구면파, 직선과 같은 경우 평면파라라고 한다. 그림 4.1과 같이 호수에 돌을 던지면 처음에는 파면이 동심원 형태로 퍼져나가게 되고, 거리가 점점 멀어지게 되면 직선처럼 퍼져나가는 것으로부터 구면파와 평면파를 유추해 볼 수 있는 부분이다.

주관적 분류에서 어떤 음이 사용자에게 필요한 어떤 정보를 포함하고 있으면 신호로 분류가 되고, 공사장의 소음, 교통량이 많은 도로의 소음, 공항에서 비행기의 이착륙시 발생하는 소음 등과 같이 일반적으로 사용자가 원치 않는 음인 경우 잡음으로 분류된다. 물론 이러한 잡음을 연구 대상으로 하는 연구자의 입장에서는 또 다른 분류가 가능할 수도 있으므로 주관적 분류라 볼 수 있다.

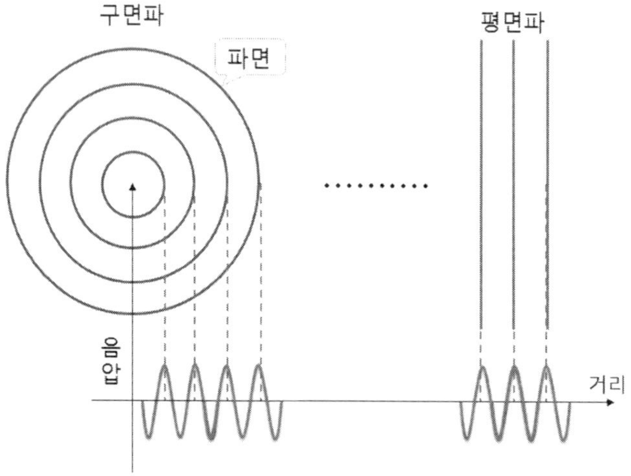

그림 4.1 구면파와 평면파

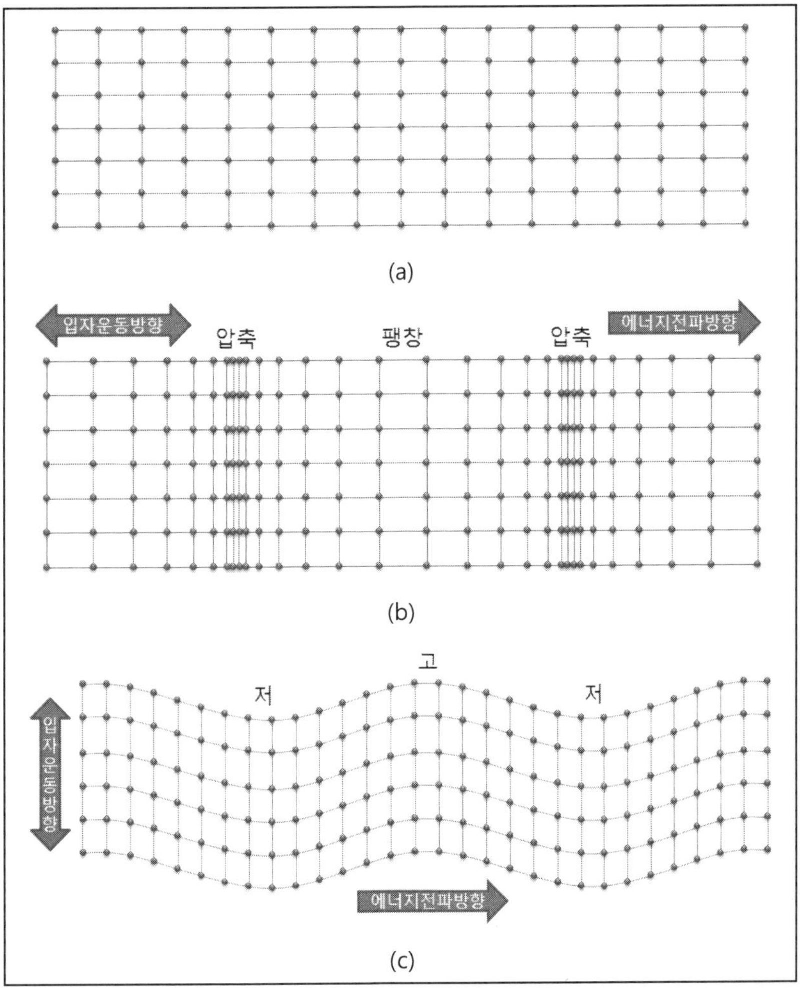

그림 4.2 종파와 횡파

마지막으로 입자의 운동 방향과 에너지의 전파 방향에 의한 분류인데, 종파는 입자의 운동 방향과 에너지의 전파 방향이 같은 경우를 나타내며, 횡파는 입자의 운동 방향과 에너지의 전파 방향이 수직(3차원 공간이므로 입자의 운동 방향이 세로인 경우와 가로인 경우 두 가지가 있음)을 이루는 경우를 의미한다. 그림 4.2(a)의 경우는 평형 상태의 입자 분포를 나타내고 있다. 여기서 왼쪽에서 오른쪽 방향으로 힘이 가해지면(바람이나 북의 소리) 그림 4.2(b)와 같은 입자의 운동이 발생하게 되고 평형 상태로 되돌아 가고자하는 힘과 입자의 운동이 반복적으로 일어나 에너지는 오른쪽으로 전파하게 되며, 이러한 파를 종파라고 한다. 입자의 분포가 듬성듬성한 부분과

빽빽한 부분이 존재한다고 하여 소밀파(疏密波)라고 부르기도 한다. 대표적인 것이 북이나 박쥐나 차량의 후방 감지기에 사용되는 초음파 탐지기 등이 있다. 또한 지진파로 가정하면 지진이 발생하고 난 뒤 최단 거리로 직접적으로 처음 도달하는 파라고 하여 P파(primary wave)라고도 한다. 그림4.2(c)의 경우는 왼쪽에서 아래위(수직)로 힘이 가해진 상태이며 이 경우 입자의 운동 방향과 에너지의 전파 방향은 90도 각도를 이루게 되며, 이러한 파를 횡파라고 한다. 기타의 현의 진동이나 호수에서 퍼져나가는 물결 등이 여기에 해당된다. 지진파의 경우 P파 다음에 도달하는 파로 S파(secondary wave)라고 부르기도 한다.

그림 4.3은 종파와 그에 따른 음압을 다시 한 번 나타낸 것이다. 음파는 시간에 따라 공간적으로 전파를 하므로 시간과 공간의 함수로 나타낼 수 있다. 어떤 특정한 시각에 음의 공간적 분포를 음압으로 나타내어 보자. 매질이 압축되어 있는 부분을 평형 상태에 비해 음압이 높다고 +로 두면 매질이 팽창되어 있는 부분은 평형 상태보다 음압이 낮으므로 -로 둘 수 있다. 이때의 음압 분포는 그림 4.3(b)와 같이 나타낼 수 있다. 또한, 그림 4.3(a)의 한 점 S에서 시간에 경과에 따라 음압을 측정해 보면, 마찬가지로 그림 4.3(b)와 같은 음압을 얻을 수 있으므로 그림 4.3(b)와 같이 축을 2개로 하여 나타내었다.

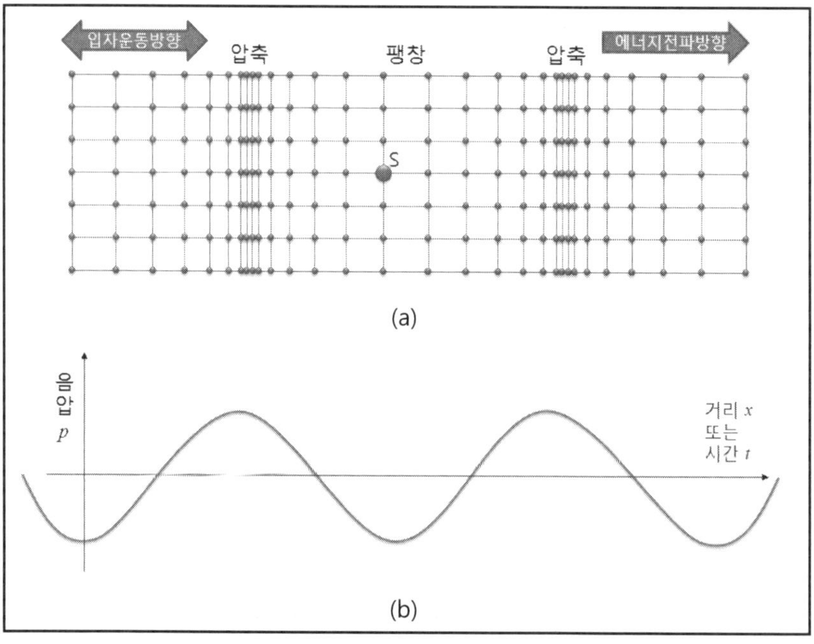

그림 4.3 매질의 입자 분포 및 음압

이에 관한 방정식을 살펴보면, 3차원 공간에서의 파동 방정식은 시간과 공간의 함수이므로 다음과 같이 주어진다.

$$\frac{\partial^2\phi}{\partial t^2} = c^2\left(\frac{\partial^2\phi}{\partial x^2} + \frac{\partial^2\phi}{\partial y^2} + \frac{\partial^2\phi}{\partial z^2}\right) = c^2\nabla^2\phi \tag{4.3}$$

여기서 ϕ는 속도 포텐셜, ∇^2은 라플라시안을 나타내며, c는 매질의 전파속도로 $\sqrt{\kappa/\rho}$로 파수(wave number)와 밀도의 함수로 주어진다. 여기서 x축 방향만으로 전파하는 평면파만 고려하면 파동 방정식은 다음과 같이 주어진다.

$$\frac{\partial^2\phi}{\partial t^2} = c^2\frac{\partial^2\phi}{\partial x^2} \tag{4.3)'$$

이 방정식의 해는 다음과 같이 주어진다.

$$\phi = Ae^{-j(\kappa x - \omega t)} + Be^{j(\kappa x + \omega t)} \tag{4.4}$$

여기서 A, B는 경계조건으로부터 정해지는 복소정수를 나타낸다. 우변의 제 1항은 정방향(오른쪽)으로 전파하는 진행파를 나타내고, 제 2항은 역방향(왼쪽)으로 전파하는 반사파를 나타낸다.

식 (4.4)의 우측 제 1항은 복소수이므로 여기에 실수 성분만을 취하면 다음과 같이 주어진다.

$$\begin{aligned}\phi(t) &= Re\left\{Ae^{-j(\kappa x - \omega t)}\big|_{x=0}\right\} = A\cos(\omega t)\\ \phi(x) &= Re\left\{Ae^{-j(\kappa x - \omega t)}\big|_{t=0}\right\} = A\cos(\kappa x)\end{aligned} \tag{4.4)'$$

식 (4.4)'은 그림 4.3(b)의 음압 파형을 나타내는 수식에 해당된다. 또한 구면파나 원통파의 경우도 식 (4.4)와 같이 나타내면 다음과 같다.

$$\phi_{spherical} = \frac{A}{r}e^{-j(\kappa x - \omega t)} + \frac{B}{r}e^{j(\kappa x + \omega t)}$$
$$\phi_{cylinderical} = \frac{A}{\sqrt{r}}e^{-j(\kappa x - \omega t)} + \frac{B}{\sqrt{r}}e^{j(\kappa x + \omega t)} \quad (4.4)''$$

그림 4.3(b)의 음압 그림에서 파형은 음의 세기(intensity)에 비례하는 부분으로 파형의 진폭의 절댓값이 크면 음의 세기가 크다는 것을 의미한다. 일반적으로 음압(sound pressure)은 $1Pa = 1N/m^2 = 10\mu bar$의 물리량으로 정의되는 데, 이는 음이 없는 경우의 대기압과의 변화량을 나타내며, 값이 너무 크게 표시되므로 음압 레벨(sound pressure level)이라는 단위를 주로 사용한다.

$$L_p = 20\log\frac{p}{p_0}\ [\text{dB}] \quad (4.5)$$

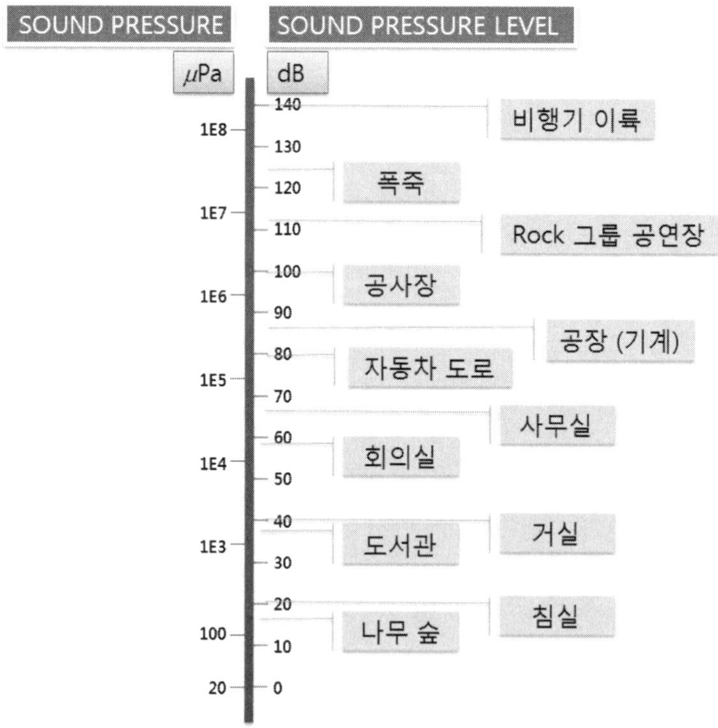

그림 4.4 음압 및 음압 레벨

여기서 p는 측정된 음압을 나타내고, p_0는 기준 레벨로 20 μPa의 값으로 주어진다. 그러므로 20μPa이라는 음압은 음압 레벨(SPL)에서는 0[dB, decibel]이 된다. 그림 4.4는 대표적인 음의 음압 및 음압 레벨을 나타낸 것이다.

다음으로 매질의 속도에 대해 알아보자. 공기 중에서의 음의 전파속도인 음속은 온도가 높아지면 빨라지는 경향이 있는 데 다음과 같은 식으로 주어진다.

$$\begin{aligned} c &= 331.5\sqrt{\frac{T}{273}}\,[m/s] \\ &\simeq 331.5 + 0.607\theta\,[m/s] \end{aligned} \tag{4.6}$$

여기서 T는 절대온도 [K]를 나타내고, θ는 섭씨온도[℃]를 나타낸다. 우리가 잘 알고 있는 340 m/s는 섭씨온도 약 15℃일 때의 음속에 해당된다.

4.1.2 음파의 전파에 관한 성질

앞 절에서는 동일 매질을 전파하는 음파에 관해서 기본적으로 검토하였지만, 이 절에서는 음파의 전파에서 자주 일어나는 현상인 음의 감쇠, 반사, 투과, 회절 등의 성질에 대해 알아보고자 한다.

먼저 음의 감쇠에 대해 알아보기 위해 먼저 음원의 파워에 대해 알아보자. 그림 4.1에서 호수에 돌이 떨어진 부분은 하나의 점으로 생각하여 점음원(point source)으로 볼 수 있다. 이 점음원에서 출발한 파는 동심원 형태의 구형파를 거쳐 평면파로 전파되어 가는 데 이 때 일정 시각에서 구면파나 평면파의 에너지, 즉 파워는 에너지 보존 법칙에 의해 같아야 한다. 여기서 구면파나 평면파와 같이 선모양으로 생긴 음원을 선음원(line source)이라 하며, Huygens의 원리에 의해 이 선음원은 점음원을 원천(source)로 하여 생긴 음원에 해당된다. 그러므로 3차원 공간의 점음원에서 발생한 음은 거리에 따라 다음과 같이 그 에너지가 감소함을 알 수 있다.

$$I = \frac{P}{4\pi r^2}\,[W/m^2] \tag{4.7}$$

즉, 점음원에서의 에너지는 거리 r만큼 떨어진 구의 표면적에서의 미소 표면에 대한 에너지의 합에 해당되므로 거리의 제곱에 반비례하여 감쇠한다고 볼 수 있다. 점음원으로부터 거리가 2배 멀어지면 4배 감소하는 것으로 볼 수 있고, SPL로 나타내면 $I \approx 10 \log_{10}(1/r^2) = -10 \log_{10} r$의 형태가 되므로 -6 dB 감소함을 알 수 있다. 또한 선음원의 경우는 거리에 반비례하여 감소하므로 -3 dB 씩 감소한다.

다음으로 파의 반사 및 투과에 대해 알아보자. 동일 매질을 파가 전파할 경우 경계조건에 변화(벽, 음향 임피던스 부정합)가 생기지 않는 이상 파는 진행을 계속한다. 만일 서로 다른 매질을 거쳐 전파하는 경우 매질의 경계면에서는 반사, 투과, 굴절 현상이 일어나게 된다.

그림 4.5에서 매질 1에서 매질 2로 파가 전파하는 경우 $x=0$의 경계면에서 음향 임피던스 부정합에 의해 반사가 발생 및 투과가 발생하게 된다. 매질 1, 2의 음향 임피던스는 각각 다음 식과 같이 주어진다.

$$z_1 = \rho_1 c_1,\ \ z_2 = \rho_2 c_2 \tag{4.8}$$

만일 매질 1이 기체인 공기라면 $z_1 = 1.2 \times 340 = 408$이 되고, 매질 2가 액체인 수중이라면 $z_2 = 1000 \times 1500 = 1.5 \times 10^6$이 되어 약 3,750배의 음향 임피던스 차이를 보이게 된다. 매질이 고체가 되면 더 큰 음향 임피던스를 가지게 된다.

매질 1 및 매질 2내에서 속도 포텐셜은 각각 다음과 같이 주어진다.

$$\begin{aligned} \phi_1 &= \phi_i + \phi_r = A_1 e^{j(\omega t - \kappa_1 x)} + B_1 e^{j(\omega t + \kappa_1 x)} \\ \phi_2 &= \phi_t = A_2 e^{j(\omega t - \kappa_2 x)} \end{aligned} \tag{4.9}$$

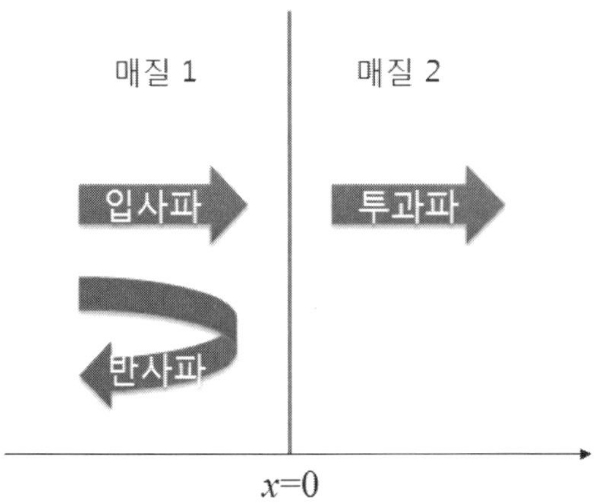

그림 4.5 서로 다른 매질에서의 투과와 반사

여기서 ϕ_i, ϕ_r, ϕ_t는 각각 입사파, 반사파, 투과파의 속도 포텐셜을 나타낸다. 지수함수의 지수중 x 앞의 부호가 -인 파가 오른쪽으로 진행하는 파를 나타내고, +인 파는 왼쪽으로 진행하는 파를 나타낸다. 음압 p 및 입자속도 v는 각각 다음과 같이 주어진다.

$$p_1 = \rho\frac{\partial\phi}{\partial t} = j\omega\rho_1\{A_1 e^{j(\omega t - \kappa_1 x)} + B_1 e^{j(\omega t + \kappa_1 x)}\}$$
$$p_2 = j\omega\rho_2 A_2 e^{j(\omega t - \kappa_2 x)} \qquad (4.10)$$

$$v_1 = -\rho\frac{\partial\phi}{\partial x} = j\kappa_1\rho_1\{A_1 e^{j(\omega t - \kappa_1 x)} - B_1 e^{j(\omega t + \kappa_1 x)}\}$$
$$v_2 = j\kappa_2 A_2 e^{j(\omega t - \kappa_2 x)} \qquad (4.11)$$

여기서 경계면 $x = 0$에서 식은 다음과 같이 주어진다.

$$p_1(x=0) = \rho\frac{\partial\phi}{\partial t} = j\omega\rho_1\{A_1 e^{j\omega t} + B_1 e^{j\omega t}\}$$
$$p_2(x=0) = j\omega\rho_2 A_2 e^{j\omega t} \qquad (4.12)$$

$$v_1(x=0) = -\rho\frac{\partial\phi}{\partial x} = j\kappa_1\{A_1 e^{j\omega t} - B_1 e^{j\omega t}\}$$
$$v_2(x=0) = j\kappa_2 A_2 e^{j\omega t} \qquad (4.13)$$

음압 $p_1 = p_2$및 입자 속도 $v_1 = v_2$는 연속이어야 하므로 결국 다음과 같은 식이 구해진다.

$$\rho_1(A_1 + B_1) = \rho_2 A_2$$
$$\kappa_1(A_1 - B_1) = \kappa_2 A_2 \qquad (4.14)$$

또한, 경계면 $x = 0$에서 음향 임피던스 밀도도 같아야 하므로 다음과 같은 식이 성립한다.

$$\frac{p_1}{v_1} = \rho_1 c_1 \frac{A_1 + B_1}{A_1 - B_1} = \rho_2 c_2 = \frac{p_2}{v_2} \qquad (4.15)$$

그러므로 매질 1에서 매질 2로의 반사계수 및 투과계수는 각각 다음과 같이 구해진다.

$$R_{21} = \frac{j\omega\rho_1 B_1}{j\omega\rho_1 A_1} = \frac{B_1}{A_1} = \frac{\rho_2 c_2 - \rho_1 c_1}{\rho_2 c_2 + \rho_1 c_1} = \frac{z_2 - z_1}{z_2 + z_1} = -R_{12} \qquad (4.16)$$

$$T_{21} = \frac{j\omega\rho_2 A_2}{j\omega\rho_1 A_1} = \frac{2\rho_2 c_2}{\rho_2 c_2 + \rho_1 c_1} = \frac{2z_2}{z_2 + z_1} = 1 + R_{21} \qquad (4.17)$$

$$T_{12} = \frac{j\omega\rho_1 A_1}{j\omega\rho_2 A_2} = \frac{2\rho_2 c_2}{\rho_1 c_1 + \rho_1 c_1} = \frac{2z_1}{z_2 + z_1} = 1 + R_{12} \qquad (4.18)$$

간단한 예로, 매질 1과 매질 2가 모두 공기 중인 경우 식 (4.16)의 분자가 0이 되어 반사는 없고 전부 투과됨을 알 수 있다. 매질 1이 공기 중이고, 매질 2가 수중이라면 반사계수는 다음과 같이 주어진다.

$$R_{수중:공기중} = \frac{1.5 \times 10^6 - 0.4 \times 10^3}{1.5 \times 10^6 + 0.4 \times 10^3} = 0.999456$$

즉, 경계면에서 전부 반사된다는 것을 의미한다. 역으로 수중에서 공기 중으로 전파하는 경우 반사계수는 $R_{공기중:수중} = -0.999$이 되어 위상만 바뀔 뿐 전부 반사된다는 것을 의미한다. 또한 에너지 측면에서 반사율을 계산할 때는 식 (4.16)의 반사계수를 제곱하여 사용하면 된다.

그림 4.5의 경우, 음파가 매질에 수직으로 입사할 경우의 투과, 반사를 나타낸 것이고, 실제 환경에서는 매질에 수직으로 뿐만 아니라 여러 각도로 입사하는 것을 고려해야 한다. 그림 4.6과 같이 임의의 각도를 가지는 입사 및 반사에 대해서는 굴절과 같은 현상을 고려하여야 한다.

이 경우 식 (4.9)를 변형하여 속도 포텐셜은 다음과 같이 나타낼 수 있다.

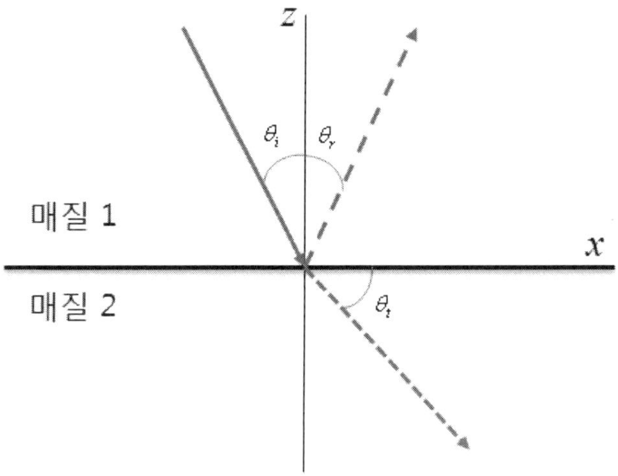

그림 4.6 반사와 굴절

$$\begin{aligned}\phi_1 &= \phi_i + \phi_r = A_1 e^{j(\omega t - \kappa_1 x \sin\theta_i)} + B_1 e^{j(\omega t + \kappa_1 x \sin\theta_r)} \\ \phi_2 &= \phi_t = A_2 e^{j(\omega t - \kappa_2 x \sin\theta_t)}\end{aligned} \tag{4.19}$$

여기에 필요한 또 하나의 식은 snell의 법칙이며 다음과 같다.

$$\frac{\sin\theta_i}{c_1} = \frac{\sin\theta_r}{c_1} = \frac{\sin\theta_t}{c_2} \tag{4.20}$$

식 (4,19)와 식(4.20)을 사용하고, 수직입사의 경우와 같이 경계면에서 음압의 연속성 및 입자 속도의 법선 성분의 연속성을 고려하면 다음과 같은 식이 주어진다.

$$\begin{aligned} p_i + p_r &= p_t \\ v_i \cos\theta_i + v_r \cos\theta_r &= v_t \cos\theta_t \end{aligned} \tag{4.21}$$

여기서 p_i, p_r, p_t은 각각 입사파, 반사파, 투과파의 음압의 법선 성분에 해당한다. v_i, v_r, v_t은 각각 입사파, 반사파, 투과파의 경계면에서의 입자 속도의 법선 성분에 해당한다. 매질의 음향 임피던스 $z_1 = \rho_1 c_1$, $z_2 = \rho_2 c_2$를 각각 고려하면 식 (4.21)의 입자 속도에 관한 식은 다음과 같이 나타낼 수 있다.

$$\frac{p_i}{z_1}\cos\theta_i - \frac{p_r}{z_1}\cos\theta_r = \frac{p_t}{z_2}\cos\theta_t \tag{4.22}$$

여기에 식 (4.21)의 음압식을 대입하면 다음과 같이 주어진다.

$$\frac{p_i}{z_1}\cos\theta_i - \frac{p_r}{z_1}\cos\theta_r = \frac{p_i + p_r}{z_2}\cos\theta_t \tag{4.23}$$

일반적으로 표면이 울퉁불퉁하여 난반사가 일어나는 경우를 제외하면 $\theta_i = \theta_r$이므로 최종식은 다음과 같이 주어진다.

$$R_{21} = \frac{p_r}{p_i} = \frac{z_2\cos\theta_i - z_1\cos\theta_t}{z_2\cos\theta_i + z_1\cos\theta_t} = -R_{12} \tag{4.24}$$

$$T_{21} = \frac{p_t}{p_i} = \frac{2z_2\cos\theta_i}{z_2\cos\theta_i + z_1\cos\theta_t} = 1 + R_{21} \tag{4.25}$$

$$T_{12} = \frac{2z_1\cos\theta_t}{z_2\cos\theta_i + z_1\cos\theta_t} = 1 + R_{12} \tag{4.26}$$

스넬의 법칙을 살펴볼 수 있는 또 다른 예로 그림 4.7과 같은 것을 들 수 있다. 지표면과 상공의 온도차에 의해 발생하는 현상으로 음파의 굴절이 생기는 것이다. (a)의 경우는 지표면이 상공보다 온도가 높아지는 낮에 일어나는 현상이며, (b)는 반대로 지표면이 상공보다 온도가 낮아지는 밤에 일어나는 현상이다. 공기 중의 온도차로 인해 음속의 차이가 생기게 되며 snell의 법칙에 의해 음파의 진행방향이 조금씩 바뀌어 나타나는 현상이다. 그림 4.8(a)의 검정색으로 표시된 음영구역(shadow zone)은 온도차의 의한 굴절로 인해 음파가 도달하지 않는 영역을 의미한다.

표 1.1에 스넬의 법칙에 의한 음파의 굴절 예를 나타내었다. 지표면에서 상공으로 갈수록 속도가 340 m/s에서 640 m/s로 등간격으로 변한다고 가정하였고, 최초의 입사각도는 30도로 하였다.

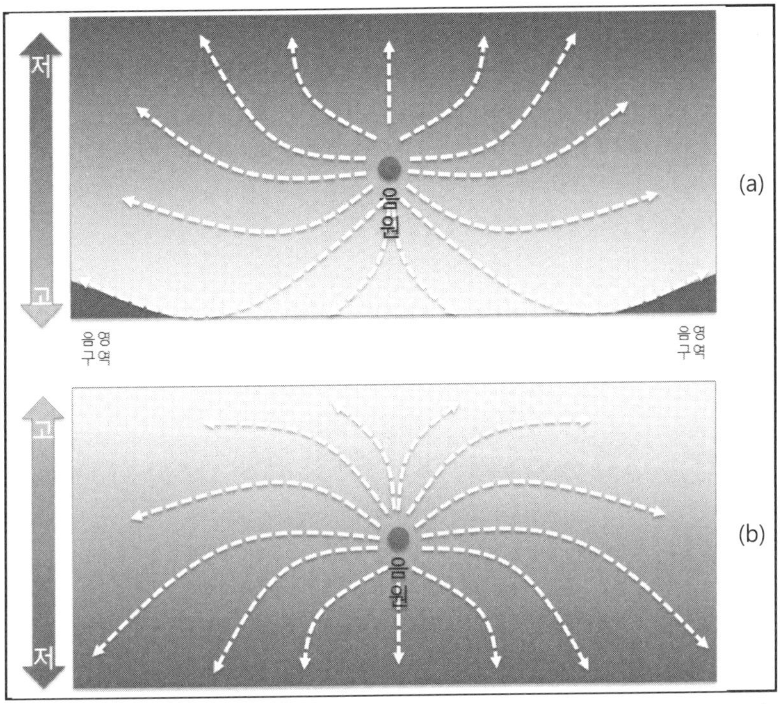

그림 4.8 온도에 의한 음파의 굴절[1]

표 4.1 스넬의 법칙에 의한 음파의 굴절

속도 분포(m/s)	각도(도)
640	70.3
610	63.8
580	58.5
550	54.0
520	49.9
490	46.1
460	42.6
430	39.2
400	36.0
370	33.0
340	30.0

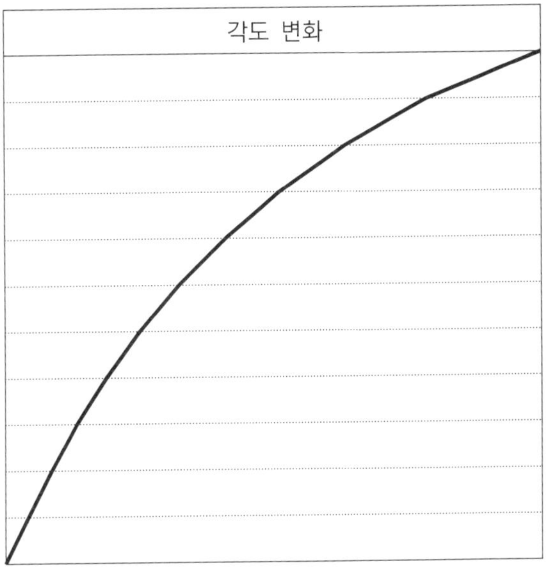

식 (4.24)를 이용하여 공기 중에서 수중으로 음파가 10도의 입사각도로 입사하면 스넬의 법칙에 의해 투과각은 약 50도가 되며 반사계수는 다음과 같다.

$$R_{21} = \frac{1500 \times 1000 \times \cos 10^{\circ} - 340 \times 1.2 \times \cos 50^{\circ}}{1500 \times 1000 \times \cos 10^{\circ} + 340 \times 1.2 \times \cos 50^{\circ}} = 0.999645$$

수직으로 입사할 경우 0.999456에 비해 18.9×10^{-3}만큼 조금 더 반사되는 것을 알 수 있다. 이 경우 입사각도가 13.1도를 넘어서면 투과각이 90도에 가까워져 투과가 되지 않고 표면을 따라 음파가 전파되고 반사계수가 거의 1에 가까워진다.

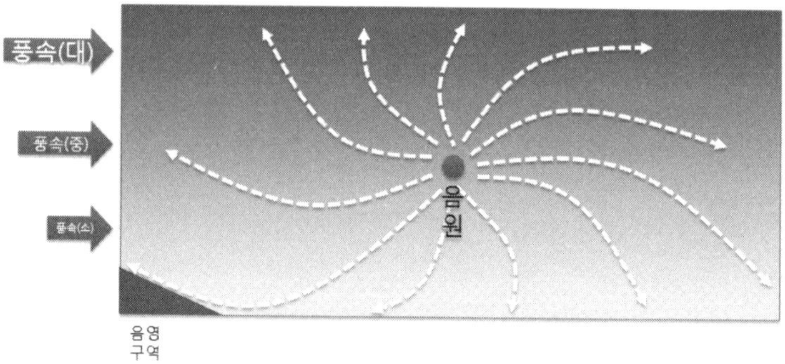

그림 4.9 바람에 의한 음파의 굴절[1]

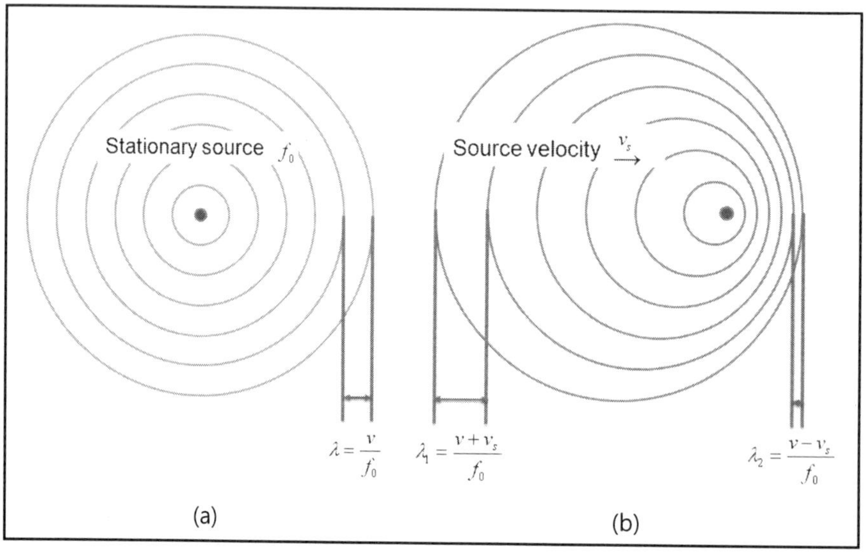

그림 4.10 도플러 효과

음파의 굴절을 관찰할 수 있는 또 하나의 예는 그림 4.9와 같이 지표면에서 상공으로 갈수록 바람의 세기가 세어지는 경우이다.

다음으로 음파의 전파에 관련된 현상으로 도플러 효과가 있다. 도플러 효과는 음원의 발생기(장소, 사람)와 수신기가 고정되어 있지 않고 이동하는 경우에 발생하는데 음원이 수신기로부터 멀어질 경우 음파의 파장이 길어져 원래 신호보다 낮은 주파수의 음으로 들리게 되고, 반대로 음원이 수신기로부터 가까워지는 경우 높은 주파수의 음으로 들리는 현상이다. 그림 4.10에 그 원리를 나타내었다. 그림에서 동심원은 파면을 나타낸 것이므로, (a)의 경우 좌우로 전파되는 음의 주파수는 같으나, (b)의 경우 좌측으로 전파되는 음파는 원래 음파의 주파수 보다 낮고 우측으로 전파되는 음파는 높다. 이때의 주파수 편이는 음원이 이동 속도 또는 수신기의 이동 속도에 영향을 받게 되며 다음과 같은 식으로 주어진다.

$$\lambda_{신호} = \frac{v}{f_0}$$
$$\lambda_{좌측} = \frac{v+v_s}{f_0}, \quad \lambda_{우측} = \frac{v-v_s}{f_0} \tag{4.27}$$

여기서 f_0는 음파의 주파수, v_s는 음원의 이동 속도를 나타낸다. 예를 들어 음원의 주파수 f_0가 1 kHz이고, 음원의 이동 속도 v_s가 오른쪽으로 10 m/s이라면

$$\lambda_{좌측} = \frac{340+10}{1000} = 0.35m \quad \Rightarrow \quad f = 971.4Hz$$
$$\lambda_{우측} = \frac{340-10}{1000} = 0.33m \quad \Rightarrow \quad f = 1030.3.Hz$$

로 구해진다.

마지막으로 회절에 대한 현상을 알아보자. 회절은 소리가 장애물(모서리)을 넘어 상대편에 까지 들리는 현상으로 그림 4.11과 같은 경우 (a)는 틈의 간격 d가 음파의 파장 λ에 비해 넓어 음파가 틈의 지나 그대로 직진하지만 (b)의 경우, 파장이 틈의 간격보다 넓어 벽 뒷면 까지 음이 도달하는 것을 알 수 있다. 일반적으로 초음파의 경우 가청 주파수 대역의 음파보다 파장이 짧으므로 그림 4.11(a)과 같은 현상이 잘 일어날 수 있다고 볼 수 있다. 그림 4.12에 나타낸 것도 대표적인 회절의 현상의 예이다. 그림 4.12에서 (a)의 경우 파장이 짧아 직진하는 성질에 의한 벽 뒤의 낮은

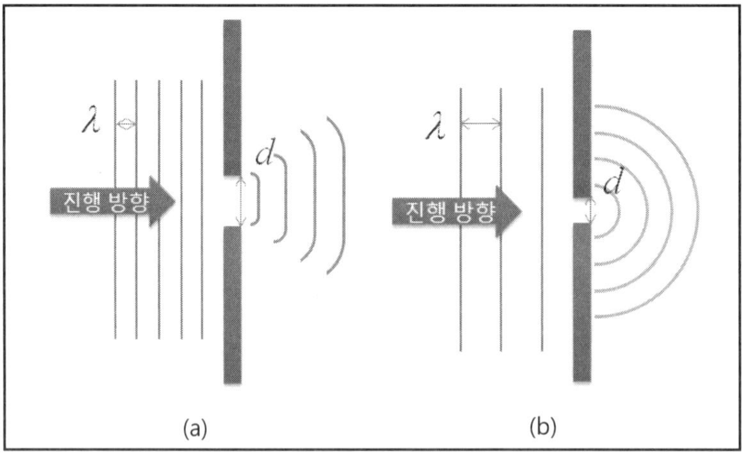

그림 4.11 회절 현상

그림 4.12 회절 현상의 예

층에는 자동차 소음이 전달되지 않지만 (b)의 경우 파장이 낮아 벽 뒤에도 회절이 되어 낮은 층에도 자동차 소음이 전달되는 것을 나타낸 것이다.

4.1.3 음과 청각

여기서 귀의 구조에 대해 알아보자. 그림 4.13에 일반적인 귀의 구조를 나타내었는데, 크게 외이(귓바퀴, 귓구슬, 귓불, 외이도), 중이(고막, 고실, 정원창, 유시타키오관), 내이(전정기관, 달팽이관), 신경계의 네 부분으로 구분한다. 외이도는 귓구멍 입

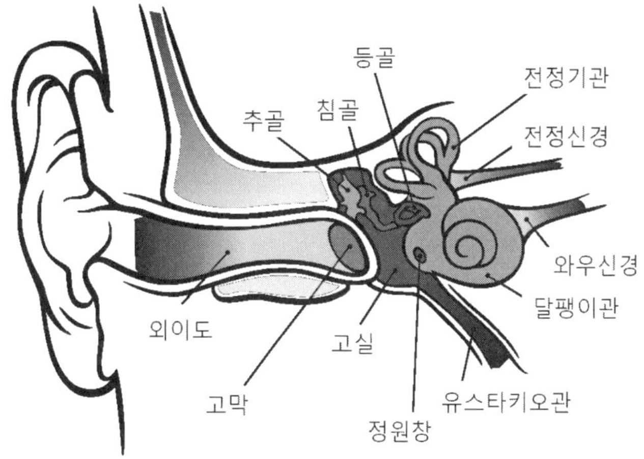

그림 4.13 귀의 구조[2]

구에서 고막까지를 말하는 데, 그 길이가 약 3.0~3.5 cm 정도이고, 직경은 약 7~9 mm 정도이다. 이 외이도를 한쪽 끝이 막힌 관으로 생각하면 그 공진 주파수를 계산할 수 있다. 한 쪽 끝이 막힌 관의 공진 주파수는 $\lambda/4$이므로 다음과 같은 계산이 가능하다.

$$\frac{\lambda}{4} = 0.03 \sim 0.035$$

$$\lambda = 0.12 \sim 0.14$$

$$f = \frac{v}{\lambda} = \frac{340}{0.12 \sim 0.14} = 2.43\text{kHz} \sim 2.83\text{kHz}$$

그러므로 약 2.5 kHz 부근의 소리가 잘 들리게 됨을 알 수 있다. 외이도를 통과한 소리는 고막에 도달하게 되며 추골, 침골, 등골이라는 작은 뼈에 의해 고막의 진동은 증폭되어 내이로 전달되게 된다. 내이에 도달한 소리는 달팽이관에서 전기적 신호로 바뀌어 신경을 통해 뇌로 전달되게 되고 이 과정을 통해 우리는 소리를 인식하게 된다. 달팽이관의 내부를 펼쳐 살펴보면 그림 4.14(a)와 같다. 중간에 빗금 쳐진 부분은 기저막이라 불리는 것으로 소리가 달팽이관에 도달하면 그 소리에 의해 그림 4.14(b)와 같이 진동한다. 그림 4.14(b)에서 저주파수의 경우 왼쪽 부분에서 진동하고 고주파수의 경우 오른쪽 부분에서 진동하는 것을 볼 수 있다. 이 진동이 유모 세포(hair cell)라고 불리는 수만 개의 미세한 세포에 의해 물리적 진동이 전기

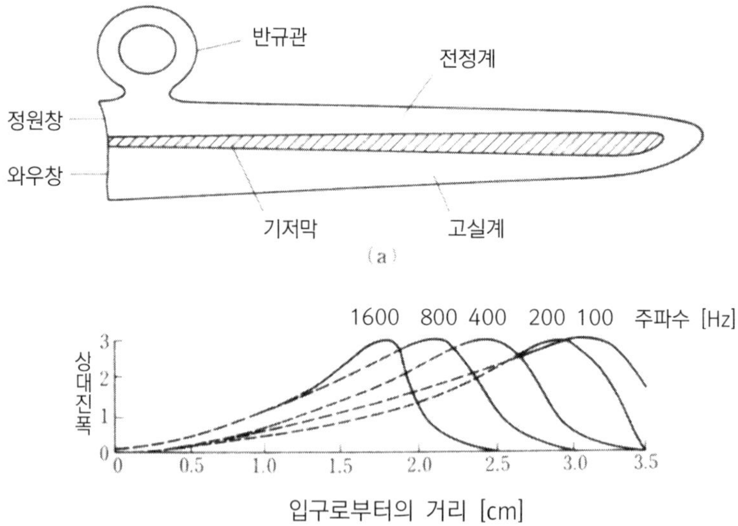

그림 4.14 달팽이관 내부 구조[1]

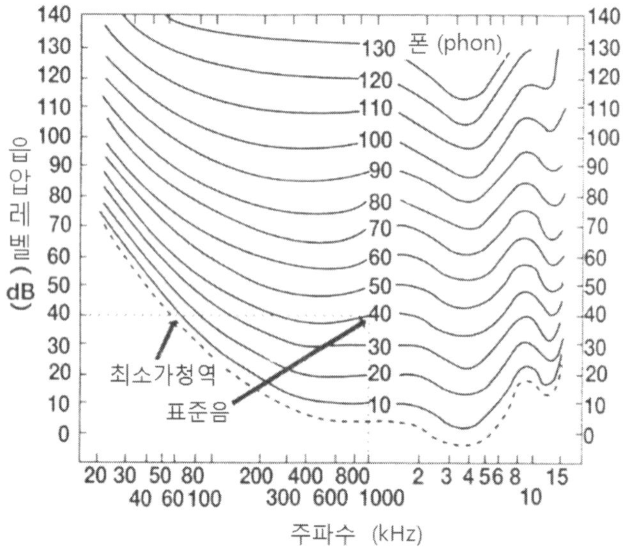

그림 4.15 등청감곡선[1]

신호로 바뀌게 되어 신경으로 전달되게 된다. 기저막이 밴드패스 필터와 같은 역할을 하고 있음을 알 수 있다.

사람의 귀는 기계(마이크로폰)와 달리 모든 주파수의 소리에 대해 동일한 세기로

듣지 못한다. 외이도의 설명에도 있었듯이 어떤 주파수에는 아주 민감하게 반응하지만 다른 주파수에서는 전혀 민감하지 않는다는 것을 의미한다. 이를 알아보기 위해 1930년대 미국의 벨 연구소에서 조사한 결과를 바탕으로 수정 발전되어 나타난 것이 그림 4.15의 등청감곡선(equal loudness contour)이라 불리는 것이다. 여기서 폰(phon)은 음의 세기를 나타낸다. 그림에서 표준음이라 표시된 부분은 1 kHz의 주파수에 40폰의 음을 의미하고, 음압레벨 (Sound Pressure Level, SPL)의 40 dB와 동일한 값을 나타낸다.

이를 기준으로 동일한 소리의 세기를 느끼는 것을 추적해 보면 100Hz에서는 50폰 정도의 소리로 4 kHz는 약 35폰 정도의 소리가 됨을 알 수 있다. 즉 100 Hz의 경우 50폰으로 소리의 크기를 키워줘야 1 kHz의 40폰의 소리의 세기가 같다고 느끼고, 반대로 4 kHz에서는 35폰 정도 들려줘도 1 kHz의 30폰의 소리와 같은 크기로 느낀다는 것을 의미한다. 그러므로 모든 주파수에 대해 동일한 소리의 세기로 들리게 하려면 저주파수 성분 및 고주파수 성분을 높여야 함을 알 수 있다. 마지막으로 그림에서 점선으로 표시된 곡선은 최소가청역이라 불리는 것으로 이 곡선의 이하의 소리는 사람이 들을 수가 없는 것을 나타낸 것이다. 예를 들어, 1 kHz의 0 dB 소리는 들을 수가 없다는 것을 알 수 있다.

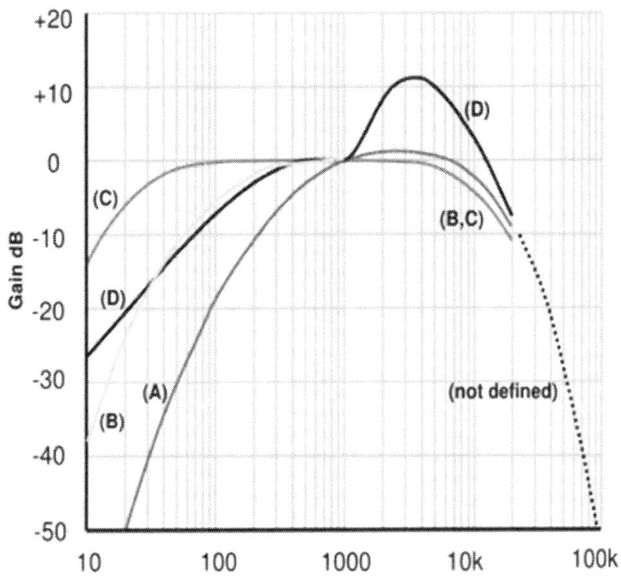

A-weighting(A), B(B), C(C), and D-weighting(D)

그림 4.16 A-weighting[3]

기계(마이크로폰)로 수집한 음은 거의 전 주파수에서 거의 동일한 감도를 가지는 데 비해 그림 4.15와 같이 사람의 귀가 느끼는 감도가 다르게 된다. 이를 보정해서 사람의 귀의 감각에 맞추기 위해 필요한 것이 그림 4.16과 같은 보정치이다. 그림 4.14의 곡선을 다시 살펴보면, 사람의 경우 1 kHz를 중심으로 저주파수(왼쪽 방향)쪽으로 가면 감도가 서서히 떨어져 20 Hz 이하에서는 아예 들을 수도 없고, 고주파수(오른쪽 방향)쪽으로도 같은 현상이 나타나 20 kHz 이상에서도 들을 수가 없다는 것을 알 수 있다. 20 kHz 이상의 소리는 초음파라 분류된다. 반면, 다른 동물이나 기계는 사람보다 훨씬 낮은 주파수 또는 높은 주파수의 소리까지 들을 수 있고 음을 수집할 수 있다. 사람의 경우 20 Hz ~ 20 kHz, 개의 경우 15 Hz ~ 50 kHz, 고양이의 경우 60 Hz ~ 65 kHz, 박쥐의 경우 1 kHz ~ 120 kHz, 마지막으로 돌고래의 경우 150 Hz ~ 150 kHz까지 들을 수 있는 것으로 알려져 있다. 그림 4.16에 총 4개의 곡선이 존재하는 데, 각각 A, B, C, D-weighting이라 불린다. 그림에서 A-weighting의 경우, 그림 4.15의 40폰 곡선에 대등하는 곡선이고, B, C, D-weighting의 경우, 각각 70폰 곡선, 100폰 곡선, 항공기 소음 측정의 표준에 사용되는 보정치를 나타낸다.

4.1.4 전기음향변환기

다음으로 음을 생성하고 측정하는 것에 대해 알아보자. 일반적으로 음의 경우 자연발생적으로 생기는 것도 있지만 우리가 만든 어떤 신호(음악 등)를 소리로 듣고자 하는 경우도 있을 것이다. 음을 생성하고 측정하는 장치를 통틀어 전기 음향 변환기(electro-acoustical transducer)라고 하는데, 이는 음향 에너지를 전기 에너지로 바꾸거나 반대로 전기 에너지를 음파로 발생하는 변환기를 말한다. 전기 에너지를 음향 에너지로 변환하는 장치를 송신기(transmitter)라 하고, 음파나 초음파 등의 음향 에너지를 전기 에너지로 변환하는 장치를 수신기(receiver)라고 한다. 송신기의 경우 제일 많이 사용되는 것으로 공기 중에는 스피커(speaker, 헤드폰, 이어폰 포함)의 형태이고, 수중에서는 하이드로폰(hydrophones)이라 불리는 트랜스듀서의 형태이다. 반대로 음을 측정하는 것을 살펴보면 공기 중에서는 스피커의 반대 원리를 이용한 마이크로폰(microphones), 수중에서는 송신기와 같은 형태의 트랜스듀서가 있다. 이 중 수중에서 쓰이는 하이드로폰은 양방향(송신, 수신)으로 둘 다 사용될 수 있는 데, 이와 같이 두 변환기를 동일 구조로 만들어 음파(초음파)의 발생과 검출이 가능한 형태를 초음파 트랜스듀서(ultrasonic transducer)라 부른다.

이런 전기 음향 변환기를 동작 원리에 따라 분류해 보면, 전자(電磁, magnetic, electro-magnetic) 에너지를 이용하는 동전(動電, dynamic, electro-dynamic)형 변

환기 및 전자(電磁)형 변환기, 자왜(磁歪, magneto-strictive)형 변환기가 있으며, 정전(靜電, 컨덴서, electro- static)에너지를 이용하는 정전(靜電)형 변환기, 압전(壓電, piezo-electric)형 변환기, 전왜(電歪, electro-strictive)형 변환기가 있다.

동전형 변환기는 우리가 흔히 접할 수 있는 스피커에 적용되는 것으로 전류와 자계에 의한 전자 에너지를 이용하며, 영구 자석 N극과 S극 사이를 코일이 통과하는 형태로 다이나믹 스피커나 다이나믹 마이크로폰이 있다. 전자형 변환기는 동전형 변환기와 동일한 전자 에너지를 이용하며, 영구 막대 자석 바깥에 코일이 감겨있는 형태이며 전화기 수화기와 마그네틱 스피커가 있다. 자왜형 변환기는 강자성체의 Joule 효과와 Villari 효과를 이용하며, 영구 막대 자석 대신 자성체 막대의 바깥에 코일이 감겨있는 형태로 초음파용의 송신기와 수신기가 있다.

정전형 변환기는 정전에너지를 이용하는 데, 진동판과 고정 전극을 평행판 콘덴서 형태로 구성하므로 기본적인 동작은 콘덴서와 같다. 콘덴서 마이크로폰의 전압은 평행판 사이의 거리가 비례 관계에 있어 전기 신호가 일차 함수적으로 변환된다. 대표적인 예로 콘덴서 마이크로폰, 콘덴서 스피커가 있다. 압전형 및 전왜형 변환기는 압전체에 진동판을 부착하는 형태이며, 압전체에 압력을 가하면 전압이 발생하는 현상인 압전체의 압전 정효과와 반대로 전압을 인가했을 때 기계적인 변형이 생기는 압전 역효과를 이용하여 진동시키며, 대표적인 것으로 크리스털 마이크로폰, 초음파 수신기가 있다.

그림 4.17에 간단하게 스피커의 단면도를 나타내었다. 스피커는 기본적으로 플래밍의 왼손 법칙에 근거를 두고 있는 데, 그림에서 자계의 방향이 N극에서 S극으로 그 사이를 보이스 코일이 밑에서 나와서 위로 들어가는 방향으로 되어 있으므로

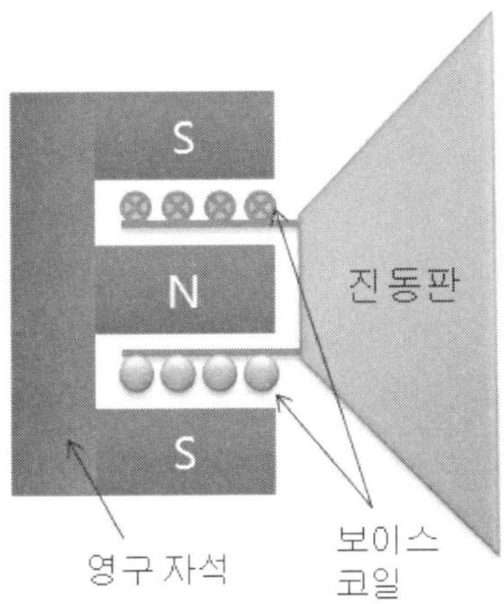

그림 4.17 스피커의 단면도

이 경우 진동판은 오른쪽으로 힘을 받아 움직이게 된다. 이 때 오른쪽에는 공기 입자의 압축이 일어나 빽빽한 상태가 되고, 스피커의 반대쪽은 공기 입자의 팽창이 일어나 듬성듬성한 상태가 된다. 반대로 보이스 코일의 신호가 반대 방향이라면 진동판은 왼쪽으로 힘을 받게 된다. 이때는 위의 경우와 정반대의 공기 압축과 팽창이 일어난다. 그러므로 스피커는 보이스 코일에 흐르는 전류에 의해 좌우 진동을 하게 되고, 이 진동에 의해 종파가 만들어지게 되며, 공기 중에 전파되어 우리 귀에 들리게 되는 것이다.

일반적으로 고성능 스피커에 요구되는 조건으로는 첫 번째, 재생 대역이 넓고 주파수 특성이 평탄한 것이다. 즉, 저음부터 고음까지의 넓은 범위에서 음이 균등하게 나오는 것을 의미한다. 두 번째, 효율이 높을 것, 즉, 적은 전력으로 큰 음을 내는 것이다. 세 번째, 왜곡이 작은 음을 낼 것, 즉, 고조파에 의한 왜곡이 없는 것을 의미한다. 고조파 왜곡이란 한 주파수의 신호를 출력시켰는데 그 주파수의 신호 외에 2배, 3배 되는 주파수의 신호가 함께 출력되는 것을 의미한다. 마지막으로 dynamic range가 넓을 것, 즉, 출력이 작은 음부터 큰 음까지 정확하게 재생하는 것을 의미한다. 그 외에도 과도 특성이 좋을 것, 지향감도특성이 우수할 것 등이 있다.

4.2 자동차 소음 및 음향신호처리 기술

4.2.1 자동차 소음

그림 4.18에 자동차의 주요 소음원 및 종류별/주파수별 음압특성에 대해 나타내었다. 자동차에 관련된 소음을 살펴보면, 먼저 엔진, 흡기, 배기, 브레이크 시스템, 타이어 등 여러 곳에서 음이 발생하는 것을 알 수 있다. 또한 자동차의 고속 주행시 바람을 가르는 소리도 꽤 높은 소음의 발생 원인이 된다. 여기에 타이어와 노면과의 마찰에 의한 로드 노이즈도 발생한다. 이러한 소음을 통틀어 자동차 NVH(Noise, Vibration and Harshness)라 한다.

Noise는 인간의 감정을 불쾌하게 만드는 시끄러운 소리, 즉 소음을 뜻한다. 이 소음의 크기는 음압레벨을 나타내는 dB를 사용하며, 자동차의 각종 부품에서 발생하는 진동과 소음현상들이 자동차의 구조체 등의 다중전달경로를 거치면서 복합적으로 들리게 되는 데, 크게 실내 소음과 외부 소음으로 구분한다. 실내소음의 경우 다시 구조 전달음과 공기 전달음으로 분류하는 데, 구조 전달음은 주로 엔진룸, 천장, 바닥, 도로 소음, 노면에서의 하시니스 등 차체의 진동과 관련된 소음이며, 공기 전달음은 엔진룸에서의 엔진, 엔진에 연결된 각종 기계장치, 천장, 노면과 타이어에 의한 노면

노이즈, 브레이크 소음과 같이 소리로 전달되는 음을 의미한다. 외부소음은 가속주행 시 발생하는 가속주행소음, 배기소음 및 경적소음으로 분류된다.

Vibration은 진동을 뜻하는 것으로 자동차에 시동을 걸면 엔진의 가동에 의해 기본적으로 발생하며 엔진과 연결된 각종 기계장치에서도 발생한다. 또한 주행시에도

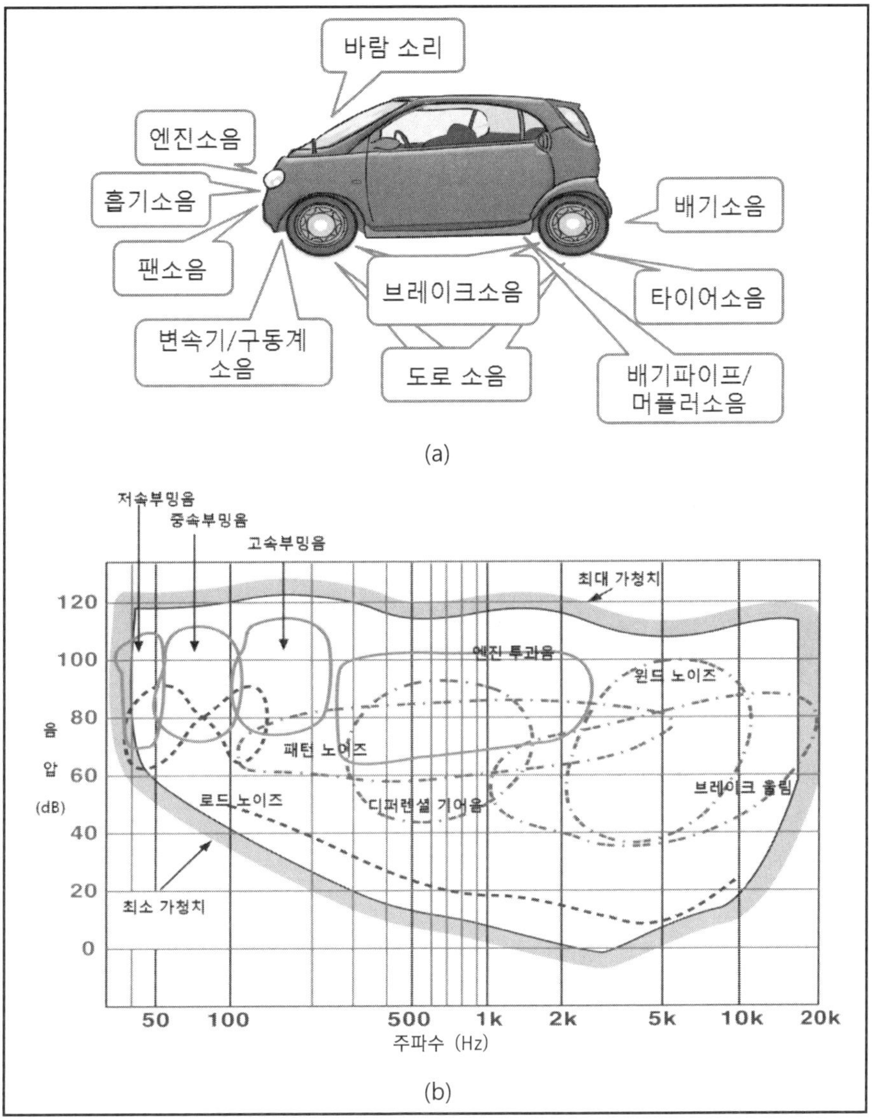

그림 4.18 자동차의 주요 소음원 및 종류별/주파수별 음압특성[4]

차량의 미세한 떨림이 발생되게 되며, 진동수의 단위인 Hz를 사용한다. 진동도 소음과 마찬가지로 내부 진동과 외부 진동으로 나누어 볼 수 있는 데, 내부 진동은 주로 엔진의 회전과 관련된 기계장치를 통해 전달되는 것이고, 외부 진동은 노면과의 마찰로 인해 타이어와 서스펜션을 통해 차량에 전달되는 것으로 정의된다.

마지막으로 Harshness는 자동차가 도로의 단차, 요철, 도로에 설치된 과속 방지턱, 철로 등을 통과할 때 자동차 실내공간에서 주로 발생하는 충격적인 소음과 진동을 뜻한다. 특히 고속도로 톨게이트 진입시, 고가도로나 교량의 이음부를 통과하는 경우 발생하는 현상으로 자동차의 주행속도와 차종 간에 큰 편차를 가진다.

이러한 자동차 소음감소 대책으로는 크게 고체 전달음을 감소하는 것과 공기 전달음을 감소시키는 것을 들 수 있다. 엔진과 관련 기계 부품의 진동을 차단하기 위해 댐핑 매질을 사용하거나, 질량이나 강성의 변경으로 공진 주파수를 이동시키거나 보강재를 이용해 특정 모드를 제어하는 것 등을 들 수 있다. 공기 전달음의 경우, 소리를 차단한다는 의미로 접근하면 방음재 또는 흡음재를 이용하는 방법이나 적응 신호처리로 소음과 위상이 반대인 신호를 발생시켜 소음을 제거하는 방법 등을 들 수 있다.

4.2.2 흡음재의 모델링

2004년 국립환경연구원의 보고서에 의하면, 당시 국내에서 사용되고 있는 대표적인 흡음재로 폴리에스터(8종), 폴리우레탄(8종), 불연멜라민(8종), 유리섬유(12종), 미네랄울(2종), 기타(5종) 등 총 43종의 흡음성능을 잔향실에서 잔향실내의 흡음률 측정 방법(KS F 2805, 1972)으로 주파수별 흡음계수를 측정하였었다. 그 결과 중 두께가 각각 25 mm, 50 mm인 폴리우레탄의 흡음 특성을 그림 4.19에 나타내었다. 폴리우레탄의 흡음 특성은 저주파수 대역에서 고주파수 대역으로 갈수록 흡음계수가 차츰 증가하다가 중/고주파수 대역에서는 흡음계수의 변화가 작다는 것을 알 수 있다. 또한 두께가 25 mm에서 50 mm로 두꺼워짐에 따라 중/저주파수 대역에서 흡음계수가 증가하는 것도 알 수 있다. 이러한 흡음계수를 가지는 폴리우레탄을 엔진룸에서 발생하는 소음을 차단하는 데 사용한다고 가정하였을 때, 엔진소음이 차내에서 어떻게 들리는 지에 대해 알아보게 되면, 또는 흡음재를 장착하여 사용하기 전에 그 효과를 비교/분석할 수 있는 시스템이 구성된다면, 흡음재에 따른 다양한 청각 테스트, 시간 절약에 따른 원가 절감의 효과를 누릴 수 있다. 이러한 시스템을 구현하기 위해서는 흡음재와 같이 주파수에 따른 특성을 가지는 매체를 수치적으로 모델링하는 것이 필요하다. 이후 흡음재의 모델링에 대해 알아보기로 하자.

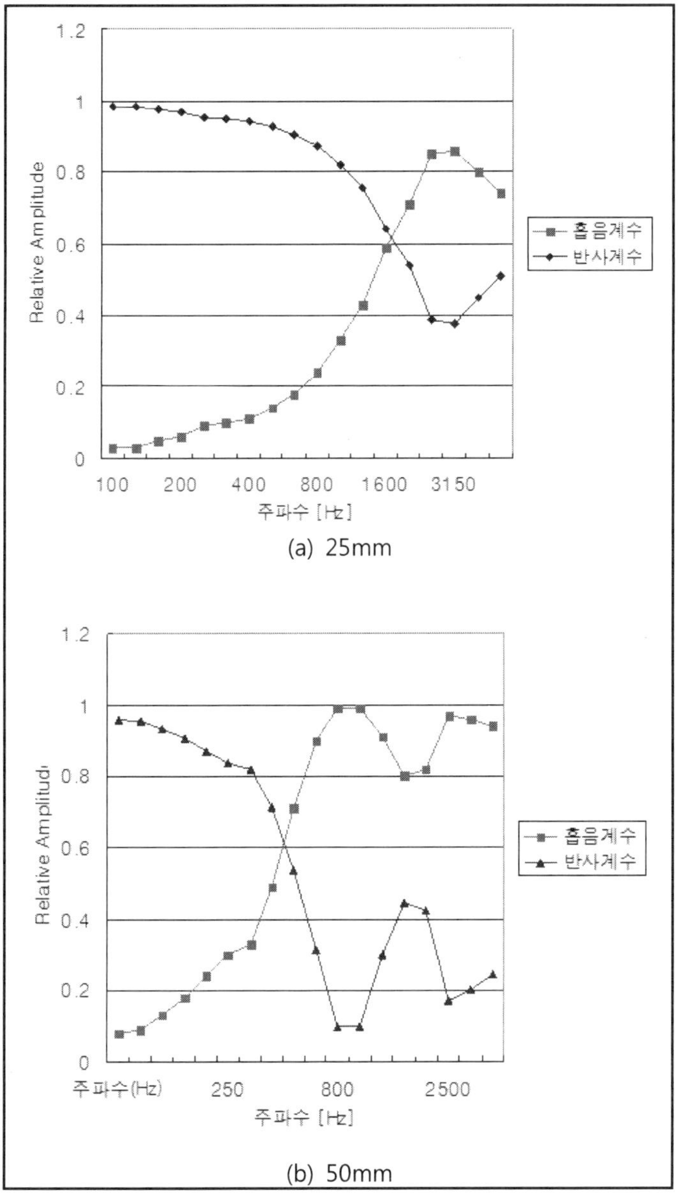

(a) 25mm

(b) 50mm

그림 4.19 폴리우레탄의 흡음 계수 및 반사 계수[5]

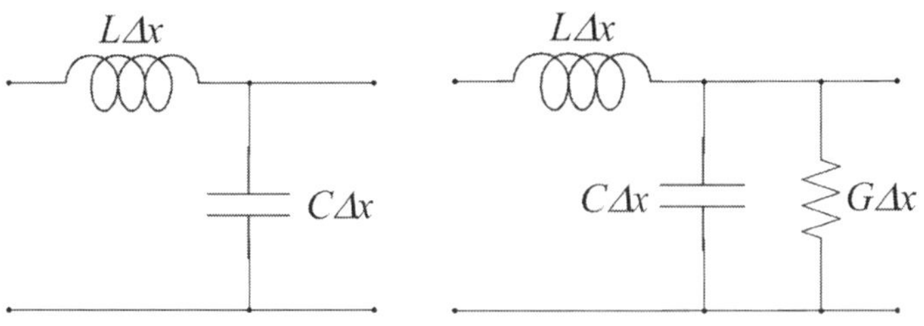

(a) 감쇠가 없는 경우 (b) 감쇠가 있는 경우

그림 4.20 파동방정식의 해의 1차원 등가 회로

먼저 흡음재를 모델링하기 위해 감쇠가 없는 파동 방정식은 식 (4.3)'과 같으며 다음과 같이 주어진다.

$$\frac{\partial^2\phi}{\partial x^2} - \frac{1}{c^2}\frac{\partial^2\phi}{\partial t^2} = 0 \tag{4.28}$$

여기서 ϕ는 포텐셜, $c = 1/\sqrt{LC}$는 전파속도에 해당한다. 회로로 구성해 보면 그림 4.20(a)과 같이 주어진다. 또한 식 (4.28)의 해는 다음과 같이 주어진다.

$$\phi(x) = \phi^+ e^{-j\alpha x} + \phi^- e^{j\alpha x} \tag{4.29}$$

여기서 $\alpha = \omega\sqrt{LC}$로 주어지는 페이저 성분이다.

다음으로 감쇠가 있는 경우(그림 4.20(b) 참조)의 파동 방정식은 다음과 같이 주어진다.

$$\frac{\partial^2\phi}{\partial x^2} - \frac{1}{c^2}\frac{\partial^2\phi}{\partial t^2} - \frac{\xi}{c}\frac{\partial\phi}{\partial t} = 0 \tag{4.30}$$

여기서 $\xi = G\sqrt{L/C}$로 주어지는 감쇠 인자에 해당되고, 식 (4.30)의 해는 다음과 같이 주어진다.

$$\phi(x) = \phi^+ e^{-j\beta x} + \phi^- e^{j\beta x} \tag{4.31}$$

여기서 $\beta = j\alpha + \gamma = \sqrt{j\omega L(j\omega C + G)}$로 주어지는 복소 페이저 성분이다. γ는 감쇠 상수에 해당하며, 흡음재의 흡음계수에 의해 정해지는 값이다. 즉, 공기 중에서는 0으로 취급되며, 흡음재에서는 감쇠에 해당한다고 볼 수 있다. 여기서 공기중에서 흡음재로 파가 전파할 경우에 음향 임피던스의 차이에 의해 발생하는 반사계수는 식 (4.16)과 동일하게 주어지며, 등가회로 소자를 이용하여 나타내면 다음과 같이 주어진다.

$$R = \frac{Z_{abs} - Z_{air}}{Z_{abs} + Z_{air}} = \frac{\sqrt{j\omega L/(j\omega C + G)} - \sqrt{L/C}}{\sqrt{j\omega L/(j\omega C + G)} + \sqrt{L/C}} \tag{4.32}$$

이 경우 통과 계수 $T = 1 - R$로 주어진다.

다음으로 흡음재의 흡음 특성을 측정하는 방법을 살펴보면, 크게 관내법과 무향실을 이용하는 2가지의 방법이 있다. 본 연구에서 사용된 흡음 특성은 관내법에 의해 측정된 자료[5]를 바탕으로 하였다. 이 경우 흡음률 A와 입사파와 반사파의 음압 관계는 다음과 같이 주어진다.

$$A = 1 - \frac{|P_r|^2}{|P_i|^2} \tag{4.33}$$

즉, 입사파의 에너지 $|P_i|^2$와 반사파의 에너지 $|P_r|^2$의 차로 주어진다. 여기서 입사파와 반사파의 관계는 다음 식으로 주어진다.

$$\begin{bmatrix} P_i \\ P_r \end{bmatrix} = \frac{1}{T}\begin{bmatrix} 1 & R \\ R & 1 \end{bmatrix}\begin{bmatrix} e^{\alpha x} & 0 \\ 0 & e^{-\alpha x} \end{bmatrix}\begin{bmatrix} P_{ie} \\ P_{re} \end{bmatrix} \tag{4.34}$$

여기서 P_{ie} 및 P_{re}는 매질의 오른쪽 끝에서의 입사파와 반사파의 음압에 해당되며, 강벽의 경우 같은 음압 값을 가지게 된다.

다음으로 모델의 비선형 특성을 추가하기 위해 Debye polarization 기법을 도입하면 그림 4.20(b)의 모델은 그림 4.21과 같이 변경된다. 기존의 저항에 직렬로 또 하나의 컨덴서 C_d가 추가된 형태의 모델이다.

그림 4.21의 회로의 해는 식 (4.35)와 같은 형태이고, 다만 β의 값이

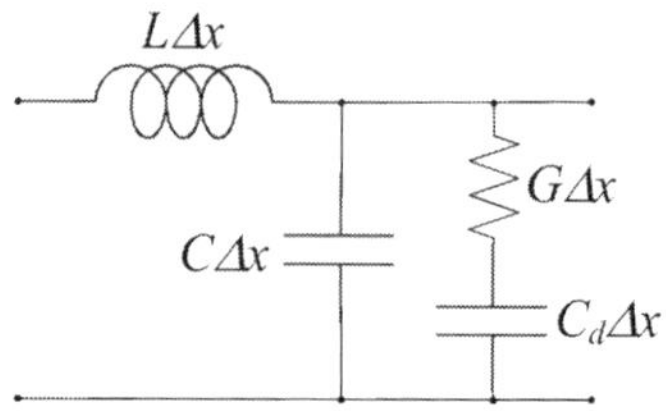

그림 4.21 Debye polarization 기법을 적용한 모델

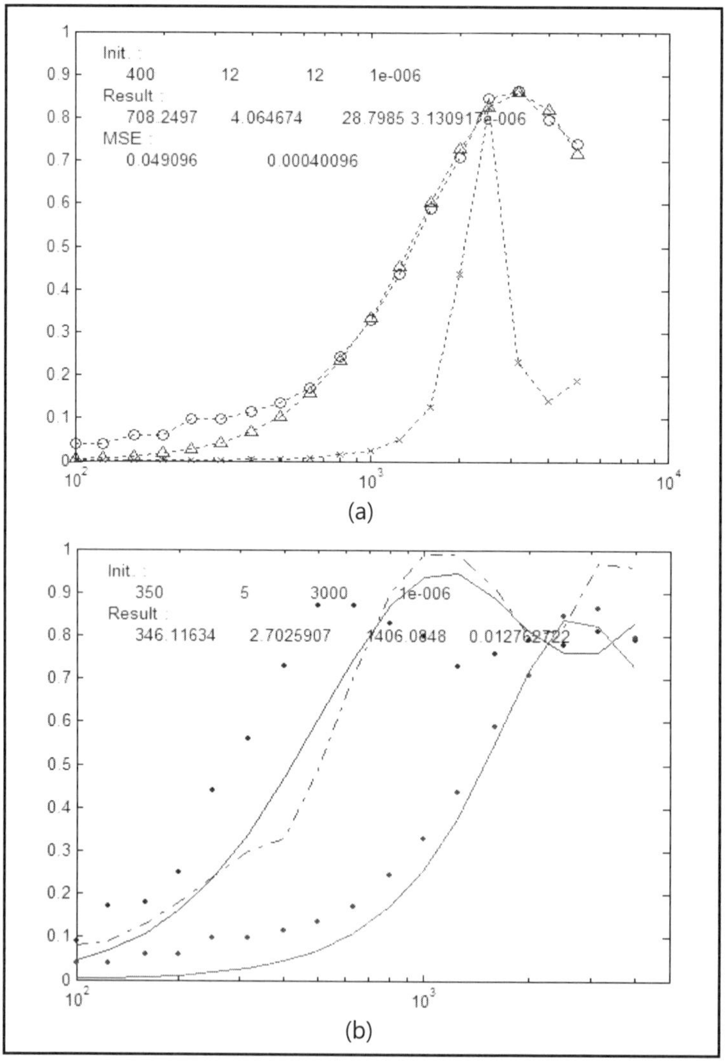

그림 4.22 Debye polarization 기법을 적용한 모델의 흡음 계수 추정 예

$$\beta = j\alpha + \gamma = \sqrt{j\omega L\left(j\omega C + \left\{\frac{1}{R+1/j\omega c}\right\}\right)} \tag{4.35}$$

로 주어지고, 반사계수 또한,

$$R = \frac{Z_{abs} - Z_{air}}{Z_{abs} + Z_{air}} = \frac{\sqrt{j\omega L/\left(j\omega C + \left\{\frac{1}{R+1/j\omega c}\right\}\right)} - \sqrt{L/C}}{\sqrt{j\omega L/\left(j\omega C + \left\{\frac{1}{R+1/j\omega c}\right\}\right)} + \sqrt{L/C}} \tag{4.36}$$

로 주어진다. 이 모델을 바탕으로 최적화를 행해본 결과 그림 4.22와 같은 결과를 얻었다. 이때의 매질의 속도, 밀도, 감쇠, 콘덴서의 용량은 각각 708.25 m/s, 4.06 kg/㎥, 29.79/Z_{abs}, 3.13e-6의 값으로 주어졌다. 이와 같이 흡음재의 흡음 특성을 추정하는 것이 가능함을 알 수 있다.

그림 4.19의 흡음 계수는 주파수 축에 대한 결과임을 알 수 있다. 식 (4.32)로부터 통과 계수를 구하고 그 결과를 바탕으로 흡음재를 통과하는 소리를 모델링하기 위해서는 다음과 같은 프로세싱이 필요하다. 먼저 주파수 축의 값으로 주어지는 통과 계수를 $H_{TX}(f)$라 두고 이것으로부터 흡음재의 통과계수에 대한 임펄스 응답을 다음 식에서 구할 수 있다.

$$h_{TX}(t) = IFFT\{[H_{TX}(f) \quad H_{TX}(-f)]\} \tag{4.37}$$

여기서 IFFT는 푸리에 역변환, $(-f)$는 신호의 folding을 의미한다. 엔진룸으로부터의 소음을 $x(t)$라 두면, 흡음재를 통과한 신호 $y(t)$는 다음과 같이 주어진다.

$$y(t) = x(t) * h_{TX}(t) \tag{4.38}$$

이때의 $y(t)$의 시간 신호를 청취해 봄으로써 흡음재 장착 전에 소음을 미리 평가하는 것이 가능하게 된다.

4.2.3 음향반향신호 제거기

최근 자동차 실내에서 운전중 통화를 할 경우 그림 4.23과 같이 마이크와 스피커를 이용하는 핸즈프리 형태를 이용하는 것이 가능한 데 이때 발생하게 되는 문제가 음향반향신호(echo, 에코)이다. 이 에코는 음성 통화 품질을 떨어트리게 되고 심한 경우 통화가 불가능한 상태에 이르게 된다.

그림 4.24는 그림 4.23의 한쪽 면에 에코를 제거할 수 있는 적응형 음향반향신호 제거기(에코 제거기)를 나타낸 것이다. 먼저 에코가 발생하는 경로를 살펴보자. 그림 4.24에서 A측에서 화자의 신호는 A측의 마이크로폰에 의해 수음되고 이 신호는 전송선로를 따라 B측의 스피커로 출력된다. 이 출력된 신호는 B측의 실내 음향계(차내)를 통과하여 B측의 마이크로폰에 의해 수음된다. 이 수음된 신호는 다시 전송 선로를 따라 A측의 스피커로 나오게 된다. A측에 있는 화자는 자신들이 한 이야기를 일정 시간 지연이 있은 후에 다시 자기 자신이 듣게 되는 것이다. 이런 것을 음향반향신호라 하는 데 통화 품질을 떨어뜨리기 때문에 원활한 통화를 할 수 없게 되고, 이런 반향신호가 회선의 양단에서 발생하고 회선의 루프 이득이 1을 넘고 위상이 일치하는 경우에는 하울링 현상이 발생하여 통화 불능의 상태에 빠지게 된다.

음향반향신호 제거기의 동작은 스피커, 차내 음향계, 마이크로폰으로 이루어지는 음향반향신호 경로의 전달특성인 임펄스 응답을 추정하고 모의 반향신호를 추정하여 실제 발생한 반향신호로부터 제거하는 것이다. 따라서 음향반향신호 제거기의 성능은 시간에 따라 변하는 차내 임펄스 응답을 빠르게 적응하여 추정하는 정도에 의해 결정된다.

그림 4.24의 적응형 음향반향신호 제거기의 원리를 살펴보면, 음향반향신호 제거기는 음향반향신호 경로의 전달특성인 임펄스 응답 $h(k)$를 추정하고 모의 반향신호 $\hat{y}(k)$를 작성하여 실제 반향신호인 $y(k)$에서 제거하는 것이다. 여기서 $h(k) = [h_1(k),\ h_2(k),\ \cdots\ ]^T$이고, $h_1(k)$, $h_2(k)$, $\cdots$ 등은 이산시간 k에서 임펄스 응답의 계수이다. 그리고 T는 벡터의 전치를 나타낸다. 음향반향신호 제거기에서 임펄스 응답 $h(k)$를 추정하는 방법에는 초기에 적절한 시험신호를 사용하는 방법이 있다. 이런 방법을 사용하는 반향신호 제거기를 고정계수형 반향신호 제거기라 부른다. 이런 고정계수형 반향신호 제거기는 임펄스 응답을 시험신호를 이용해 초기에 알 수 있기 때문에 차내의 임펄스 응답의 변화가 없다면 큰 반향신호 제거량을 기대할 수 있다. 그러나 실내의 임펄스 응답은 사람의 이동이나 주위 환경의 변화에 의해 쉽게 변하므로 초기에 측정한 임펄스 응답과 차이가 생기게 된다.

이로 인해 임펄스 응답에 변화가 생기면 고정계수형 반향신호 제거기로서는 충분한 반향신호 제거량을 얻을 수가 없다. 그래서 임펄스 응답을 추정하는 필터에 적응 알고리즘을 사용하는 적응형 음향반향신호 제거기가 사용되는 데, 적응 필터로서는 transversal형 FIR 필터가 많이 이용되고 있다. Transversal형 FIR 필터의 구성은 그림 4.25와 같다.

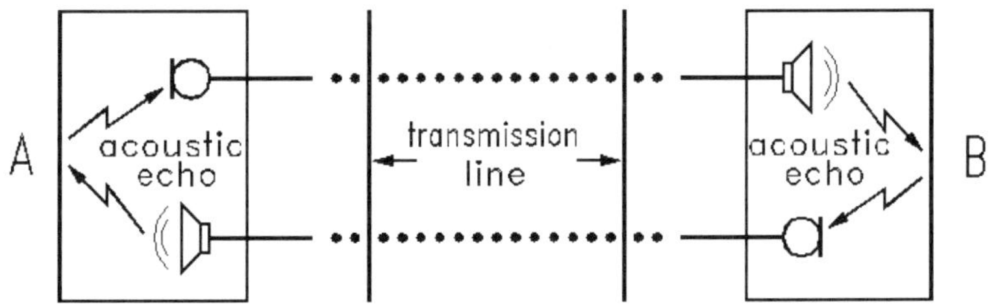

그림 4.23 핸즈프리 통화 시스템과 음향 에코

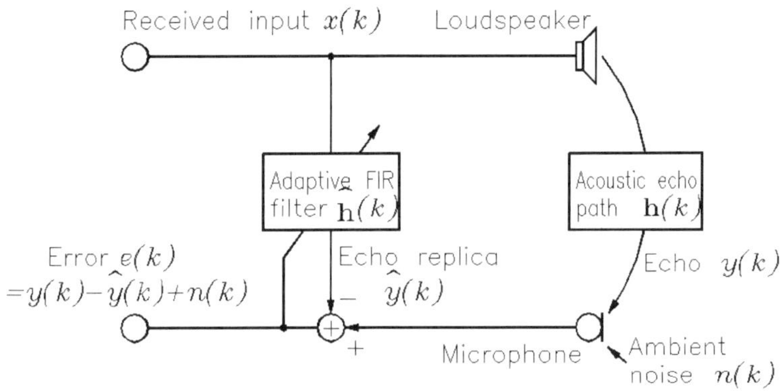

그림 4.24 적응형 음향반향신호 제거기

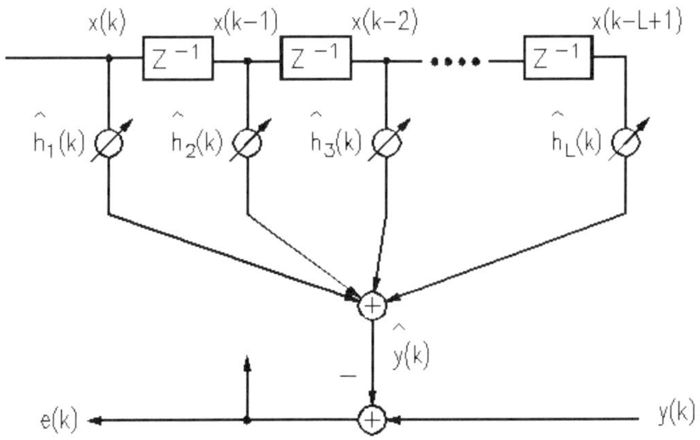

그림 4.25 Transversal형 FIR 필터

Transversal형 FIR 필터에서 임펄스 응답의 진폭값이 필터 계수 $\widehat{h_i}(k)(i = 1, \cdots, L)$가 된다. 여기에서 L은 필터의 탭수이다. $\widehat{h_1}(k)$, $\widehat{h_2}(k)$, $\cdots, \widehat{h_L}(k)$는 적응 필터에서 추정한 임펄스 응답의 계수로 입력신호 $x(k)$, $x(k-1), \cdots, x(k-L+1)$와 컨볼루션하여 모의반향신호 $\hat{y}(k)$를 만든다. 따라서 음향반향신호 제거기를 transversal형 FIR 필터로 구성할 경우 필터의 탭수 L은 임펄스 응답의 잔향 길이와 같거나 보다 크게 해야 높은 통화품질을 얻을 수 있다. 실제의 반향신호 신호 $y(k)$에서 모의 반향신호 $\hat{y}(k)$를 제거하고 남은 잔류 신호인 오차 $e(k) = y(k) - \hat{y}(k) + n(k)$가 생성되어 전송된다. 여기에서 $n(k)$는 주위 소음이다.

적응형 음향반향신호 제거기는 고정계수형 음향반향신호 제거기와는 달리 적응 필터의 계수를 계속 추정하여야 하므로 계산량이 많아지게 된다. 또한 적응 필터의 계수를 추정함에 있어서도 음향전달계의 임펄스 응답의 탭수가 많으므로 실시간 처리 및 고품질 통화를 위해서는 적은 계산량과 빠른 수렴속도를 가지는 알고리즘이 필요하다.

많은 적응 알고리즘 중 NLMS(Normalized Least-Mean-Square) 알고리즘은 野田, 南雲에 의해 제안된 적응 알고리즘으로 기존의 알고리즘 중에 가장 안정되고 연산량이 적은 것으로 평가되고 있다. 음향반향신호 제거기의 필터 차수가 L이라면 $2L$회의 곱과 합의 계산시간만 필요하기 때문에 실시간 처리 시스템에서 유용하게 사용되고 있다. 또한 수렴속도가 입력신호의 크기에 영향을 받지 않기 때문에 상용의 음향 반향신호 제거기에 널리 이용되고 있으나 수렴속도가 다소 늦다는 단점이 있다.

입력신호 벡터를 $\boldsymbol{x}(k)$, 필터의 계수 벡터를 $\hat{\boldsymbol{h}}(k)$라 하면 적응 디지털 필터의 출력신호 $\hat{y}(k)$는 다음 식과 같이 정의된다.

$$\hat{y}(k) = \hat{\boldsymbol{h}}(k)^T \boldsymbol{x}(k) \tag{4.39}$$

희망하는 응답 신호를 $y(k)$, 주위 잡음을 $n(k)$라 하면 오차 신호 $e(k)$는 다음 식과 같이 정의된다.

$$\begin{aligned} e(k) &= y(k) - \hat{y}(k) + n(k) \\ &= y(k) - \hat{\boldsymbol{h}}(k)^T \boldsymbol{x}(k) + n(k) \end{aligned} \tag{4.40}$$

그리고 LMS 알고리즘에서의 필터 갱신 수식은 다음 식과 같이 정의된다.

$$\begin{aligned}\hat{h}(k+1) &= \hat{h}(k) - \mu\nabla_k \\ &= \hat{h}(k) + 2\mu e(k)\boldsymbol{x}(k)\end{aligned} \tag{4.41}$$

여기서 μ ($0 < \mu < 1$)는 스텝 사이즈를 나타낸다. μ의 값이 작으면 최종적으로 정확히 수렴하나 수렴속도가 떨어지게 되고, 반대로 μ의 값이 크면 수렴속도는 빨라지나 정확한 수렴점을 찾지 못하게 된다. 또한 μ 의 값이 1 보다 크게 되는 경우에는 수렴하지 못하고 발산하게 된다. 그리고 입력신호의 크기가 너무 크게 되면 발산하는 경우가 생기게 되고, 반대로 너무 작으면 수렴속도가 떨어지게 된다. 이런 조건을 피하기 위해 스텝 사이즈 μ를 입력신호의 파워에 따라 변화하도록 정규화하여 다음 식과 같이 수정한다.

$$\mu_n = \frac{\alpha}{\delta + \|\boldsymbol{x}(k)\|^2} \tag{4.42}$$

여기서 α ($0 < \alpha = 2\mu < 2$)는 스칼라 스텝사이즈, $\|\cdot\|$은 Euclidean norm으로 입력신호의 파워를 나타내고, δ는 입력신호 벡터 $\boldsymbol{x}(k)$가 0인 경우 식 (4.42)의 분모 항이 0이 되어 μ_n 의 값이 발산하는 것을 방지하기 위해서 분모에 더하는 작은 실수로 한다. 이상으로 NLMS 알고리즘의 최종적인 필터 갱신 수식은 식 (4.43)과 같이 된다.

$$\begin{aligned}\hat{h}(k+1) &= \hat{h}(k) - \mu\nabla_k \\ &= \hat{h}(k) + \alpha\frac{e(k)}{\delta + \|\boldsymbol{x}(k)\|^2}\boldsymbol{x}(k)\end{aligned} \tag{4.43}$$

필터 계수 벡터 $\hat{h}(k)$는 입력신호 벡터 $\boldsymbol{x}(k)$와 오차 $e(k)$의 양쪽에 비례하여 수정된다. 평균제곱오차는 $0 < \alpha < 2$ 인 경우에 수렴하고, 백색잡음 입력에 대해서는 α가 1인 경우 수렴속도가 최대가 된다.

4.2.4 차량 소음원 탐지 장치

소음원의 음향특성규명이나 위치추정을 위해서는 수신센서를 공간상에 배열하여 수신신호를 처리하는 배열신호처리 기술을 적용하는 것이 신뢰성 있고 보편화되어

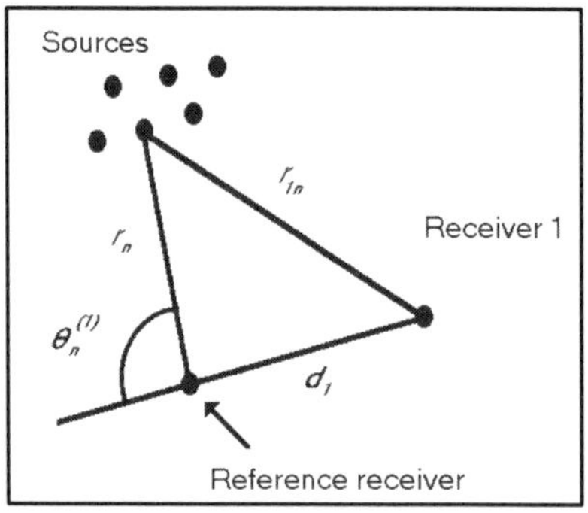

그림 4.26 2개 수신기 및 무상관 소음원

있는 기법이다. 군용의 소나, 초음파 의료 진단기, 차량 소음원 탐지 장치 등이 다양하게 개발되어 있다.

이들 장치 등이 채택하고 있는 배열처리 기술에는 빔형성 기법, MUSIC 기법, 상관함수기법, Bispectrum 기법, 음향 인텐시티법, 음향 홀로그래피 기법 등이 있고 각각은 음장 환경과 목적에 따라 그 적용 여부가 결정된다. 아래에 상관함수 기법을 채택한 차량 소음원 탐지 장치에 대해 기술하고자 한다.

먼저 배열센서 수신신호의 상호상관함수 해석에 대해 살펴보면, 그림 4.26과 같이 두 개의 수신기를 고려하고 차량 소음원을 무상관 광대역 소음원으로 가정한다. 기준 수신기와 제2의 수신기간의 거리는 d_1이다. 그림에서 기준 수신기와 각 소음원간의 위치와 체적속도는 각각 r_n 및 $Q_n(t)$ (n=1, 2, ⋯, N)으로 정의되고 두 수신기간의 상호상관함수 $R_1(\tau)$는 다음 식으로 주어진다.

$$R_1(\tau) = \frac{1}{T}\int_0^T \sum_{n=1}^{N}\sum_{m=1}^{N} \frac{\rho^2 Q_n\left(t-\frac{|r_n|}{c_0}\right) Q_m\left(t-\frac{|r_{1m}|}{c_0}+\tau\right)}{16\pi^2 |r_n||r_{1m}|} dt \tag{4.44}$$

n번째와 m번째 소음원간의 상호상관함수를 $D_{nm(\tau)}$를 정의하면 다음과 같다.

$$D_{nm}(\tau) = \frac{1}{T}\int_o^T \rho^2 Q_n(t) Q_m(t+\tau) dt \tag{4.45}$$

각 소음원은 무상관이므로 식 (4.44)는 다음과 같이 주어진다.

$$R_1(\tau) = \sum_{n=1}^{N} \frac{D_n\left(\tau - \frac{|r_{1n}| - |r_n|}{c_0}\right)}{16\pi^2 |r_n||r_{1n}|}$$
$$= \sum_{n=1}^{N} A_n D_n\left(\tau - \frac{d_1 \cos(\theta_n^{(1)})}{c_0}\right) \tag{4.46}$$

여기서, $A_n = 1/16\pi^2 |r_n||r_{1n}|$이다.

$\theta_n^{(i)}$는 그림 4.26에서 보는 바와 같이 수신기간을 잇는 직선과 n번째 소음원이 이루는 위치각이다. 따라서 식 (4.46)의 상호상관함수는 각 소음원의 시간지연함수 τ_n이 다음 조건을 만족하는 경우 극대값을 가질 것이다.

$$\tau = \frac{|d_1| \cos(\theta_n^1)}{c_0} \tag{4.47}$$

여기서 $\theta_n^{(i)}$는 상호상관함수로부터 구할 수 있을 것이다.

다음으로 소음원의 위치 추정 및 배열 구조에 살펴보면, 식 (4.46)을 기준 수신기와 임의의 i번째 수신기와의 상호상관함수에 적용하면 식 (4.47)로 부터 시간지연지수 $\tau_n^{(i)}$는 다음 식으로 주어진다.

$$\tau_n^{(i)} = \frac{|d_i| \cos(\theta_n^i)}{c_0} \tag{4.48}$$

n번째 소음원에 의한 $\theta_n^{(i)}$는 그림 4.27에 보이는 바와 같이 한 개 원호상에 위치

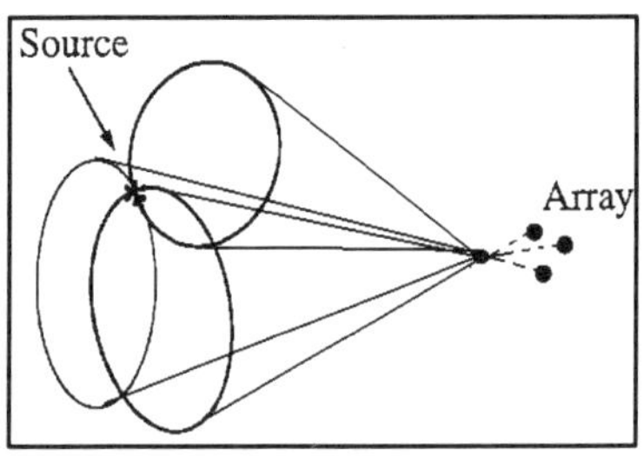

그림 4.27 소음원의 위치를 결정하는 원뿔면 교차점

하므로 한 쌍의 배열로는 소음원의 위치를 유일하게 결정할 수 없다. 따라서 그림 4.27과 같이 동일 평면내에 존재하지 않는 최소 세 쌍의 배열이 있어야 공간상의 소음원의 위치를 유일하게 결정할 수 있다.

배열요소수를 K라 하고 소음원 방위에 대응되는 영상면의 격자점을 M*N개라 하면 각 격자점은 $Z_{sp}(s=1,\ 2,\ 3,\ \cdots,\ M,\ p=1,\ 2,\ 3,\ \cdots,\ N)$로 주어진다.(그림 4.28 참조). 또한 그림 4.28에서 영상면과 배열기준점과의 거리는 초점거리 F로 정의된다. 따라서 영상면의 각 영상점 Z_{sp}와 i번째 수신기쌍간의 시간지연지수 $\tau_{sp}^{(i)}$는 다음 식으로 주어진다.

$$\tau_{sp}^{(i)} = \frac{|z_{sp} - d_i| - |z_{sp}|}{c_o} \tag{4.49}$$

또한 n번째 음원은 원거리상의 r_n에 위치하므로 영상면에 투사된 음원의 영상을 그림 4.28에서와 같이 정의할 수 있으므로 음원의 영상점은 다음 식의 해로써 정의된다.

$$|z_{sp} - d_i| - |z_{sp}| = |r_n - d_i| - |r_n| = \tau_{sp}^{(i)}\ c_0 \tag{4.50}$$

식(4.50)이 만족될 때 상호상관함수 $R_i(\tau_{sp}^{(i)})$는 최대값을 갖게 될 것이다. 따라서

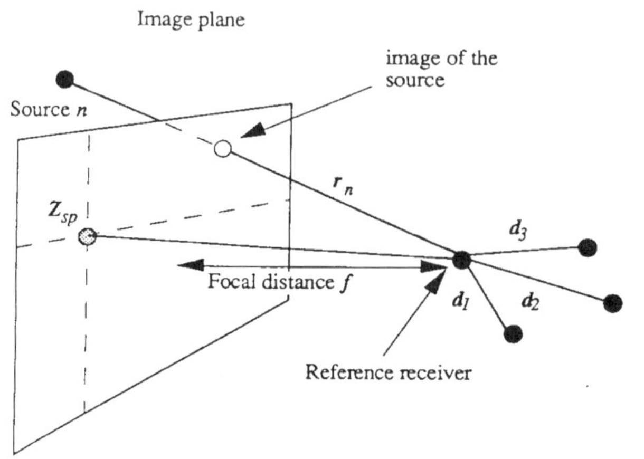

그림 4.28 소음원 위치 결정을 위한 영상면과 배열의 관계도

$R_i(\tau_{sp}^{(i)})$의 크기를 대응되는 Z_{sp}에 부가하면 소음원의 방위에 대응되는 영상을 얻을 수 있다.

이상의 방법으로 소음원에 대해 측정한 결과 예 및 각 위치에 따른 상호상관함수의 특성그림 4.29에 나타내었다.

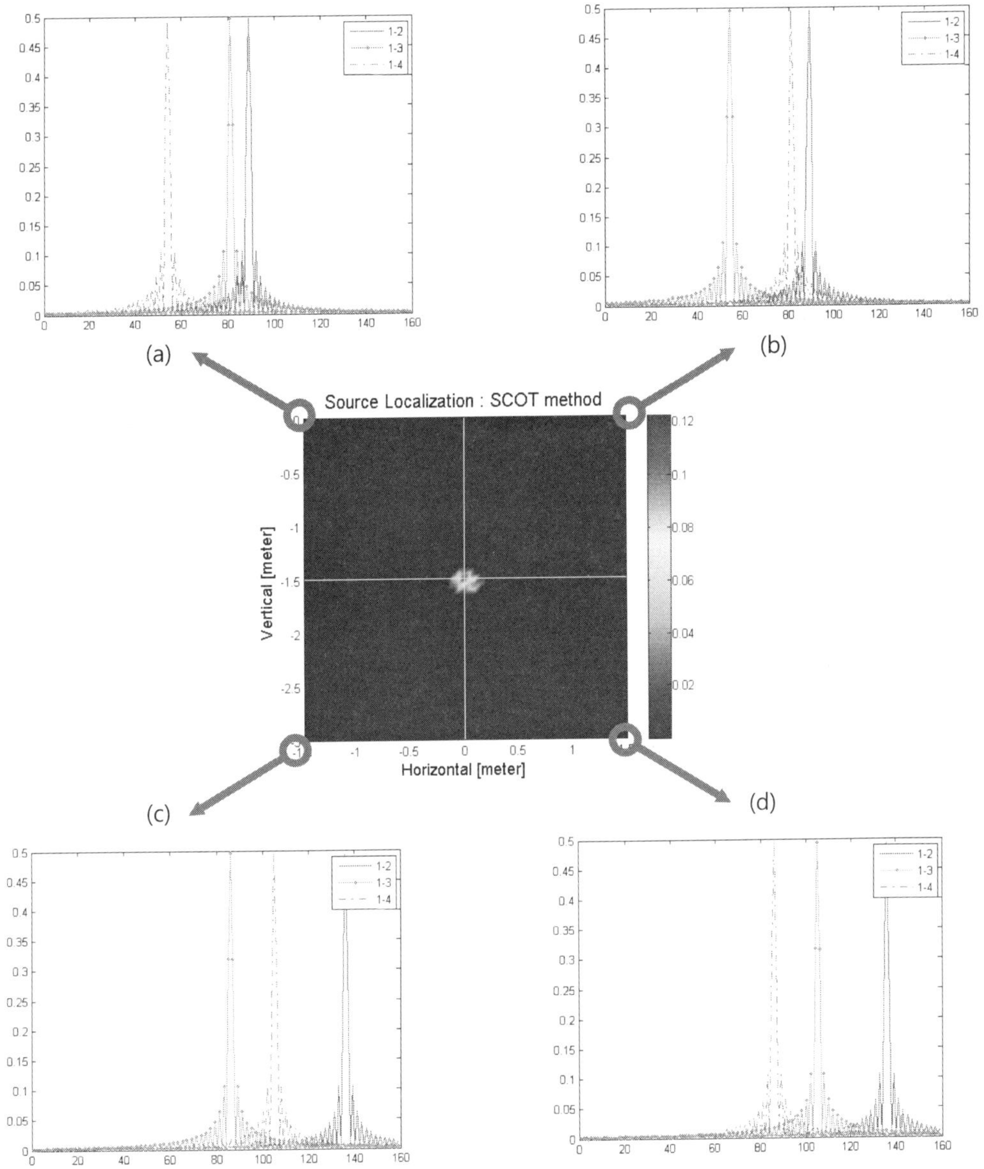

그림 4.29 소음원 탐지 및 각 위치에 따른 상호상관함수의 특성

참고문헌

[1] 古井貞熙, 音響.音聲工學, 近代科學史, 2005.

[2] Wikipedia, http://en.wikipedia.org/wiki/Ear.

[3] Wikipedia, http://en.wikipedia.org/wiki/A-weighting.

[4] ENS, http://bit.ly/AlGsjK.

[5] 강대준, 이우석, 이재원, 홍준기, 조윤희, 이석조, 방음자재 효과 실태조사 (I) - 흡음재를 중심으로 -, 국립환경연구원, 2004.

[6] 위키페디아, http://ko.wikipedia.org/wiki/음의_지식.

[7] Sadaoki Furui, Digital Speech Processing, Synthesis & Recognition, Marcel Dekker, 2001.

[8] F. B. Jenson and W. A. Kuperman, Computational Ocean Acoustics, AIP Press, 1994.

[9] George V. Frisk, Ocean and Seabed Acoustics, PTR Prentice Hall, 1994.

[10] 한국지엠톡, http://blog.gm-korea.co.kr/.

[11] 노이즈센터, http://www.noisecenter.co.kr/.

[12] L. Chai and Y. Kagawa, "Discrete Huygens' modeling for the characterization of a sound absorbing medium", Jour. Sound & Vib. 304, pp.587-605, 2007.

[13] Y. Kagawa, T. Tsuchiya, B. Fujii and K. Fujioka, "Discrete Huygens' model approach to sound wave propagation", Jour. Sound & Vib. 218(3) pp.419-444, 1998.

[14] Y. Kagawa, T. Tsuchiya, K. Fujioka and M. Takeuchi, "Discrete Huygens' model approach to sound wave propagation - Reverberation in a room, sound source identification and tomography in time reversal", J. Sound & Vib. 225(1) pp.61-78, 1999.

[15] Y. Kagawa, T. Fujitani, Y. Fujita, L. Chai, N. Wakatsuki, T. Tsuchiya, "Discrete Huygens' modeling approach to wave propagations in a homogeneous elastic field," Journal of Sound and Vibration, 255(2) pp.323-335, 2003 .

[16] O. Hashimoto, The Story of the Wave Absorber, Nikkan Industrial News Publishing Co. Ltd., 2001, (In Japanese).

[17] 김천덕, "음향전달계의 임펄스 레스폰스를 사용한 실내 환경변화에 대한 반향

신호제거에 관한 연구", 한국음향학회, vol.7, no.5, 1988.

[19] 박규칠, 적응 필터 알고리즘을 이용한 음향에코 제거시스템에 관한 연구, 부산수산대학교 석사학위논문, 1995.

[20] R. J. Schilling and S. L. Harris, Fundamentals of Digital Signal Processing using MATLAB, Tomson Learning, 2004.

[21] Bernard Widrow, Samuel D.Stearns, Adaptive Signal Processing, Prentice-Hall Signal Processing Series, 1985.

[22] Simon Haykin, Adaptive Filter Theory, 2nd ed., Prentice-Hall, Englewood Cliffs, 1991.

[23] Shoji Makino and Yutaka Kaneda, "Exponentially Weighted Step-size Projection Algorithm for Acoustic Echo Canceller", Technical Report of IEICE, pp.41-52, 1992.

[24] Shoji Makino, Yutaka Kaneda, and Nobuno Koizumi, "Exponentially Weighted Stepsize NLMS Adaptive Filter Based on the Statistics of a Room Impulse Response", IEEE Trans. speech and audio processing, Vol.1, No.1, pp.101-108, 1993.

[25] 윤종락 and S. A. L. Glegg, "소음원 영상화를 위한 마이크로폰배열 설계", 한국소음진동공학회, 제7권, 제2호, pp. 255-260, 1997.

[26] 김태진, "3차원 통계량 추정을 통한 소음원위치탐지", 부경대학교 석사학위논문, 2001.

[27] 사종성, 김한길, 알기 쉬운 자동차 진동 소음의 이해, 청문각, 2010.

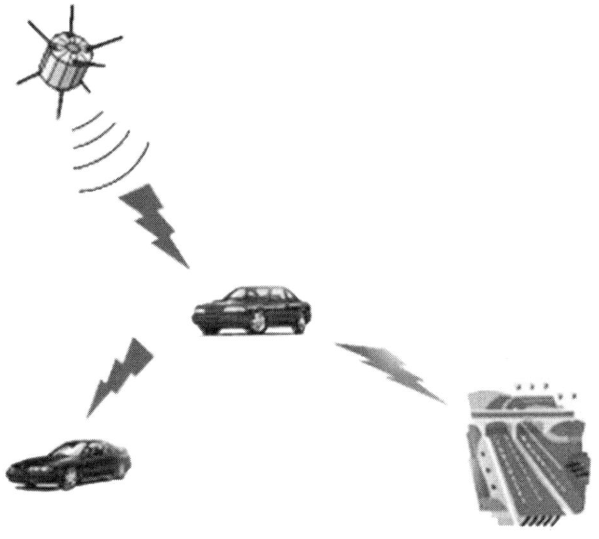

Chapter 5
음향통신기술과 수중 운동체

5.1 음향통신기술 개요

통신이란 의미 있는 정보를 전달하고 수신하는 행위로 정의된다. 통신 행위에는 정보의 송신자 및 수신자가 필요하며 송신자의 정보가 정확히 수신자에게 수신되는 경우, 통신과정은 종결된다고 할 수 있다. 익히 알고 있는 바와 같이 이러한 통신에는 라디오 방송이나 이동통신 등 다양한 통신 시스템이 있다. 그림 5.1은 이러한 통신시스템의 모델이다. 그림 5.1을 라디오 방송 시스템과 비교하여 설명하면 정보원 및 입력 변환기(Information source and input transducer)는 음성과 마이크에 해당하고, 송신기(Transmitter)는 마이크 신호를 전파신호로 변조(Modulation)하여 송신하는 안테나에 대응된다. 안테나 신호는 통신채널(Electrical communication channel)로 정의되는 공중을 전파하여 수신안테나(Receiver)에서 복조(Demodulation)되어 출력 변환기(Output transducer)에 해당하는 스피커에서 음정정보를 출력한다.

이상에서 설명하는 통신은 통신채널의 정보전달 매체로 전파를 사용하는 것이다. 그러나 음향통신은 정보전달 매체로 음파를 사용하는 것으로 초음파 변환기를 이용한 자동차 후방 장애물 감지 시스템이 음향통신 시스템의 일종이다. 이 시스템에서 송수신자는 동일하다고 할 수 있으며 정보는 미지 물체의 존재 유무 및 거리가 된다.

본 장에서는 수중 운동체를 대상으로 하는 수중음향통신기술을 다룬 것으로 여기서 수중 운동체는 잠수정, 수중 로봇, 수중 다이버, 잠수함 및 어뢰 등의 수중무기 등을 통칭하는 것으로 정의한다. 이러한 수중 운동체 혹은 운동체를 제어하는 모선은 자신이 필요로 하는 정보 혹은 운동체와 모선간의 정보의 교환을 위해 통신이 필요하다.

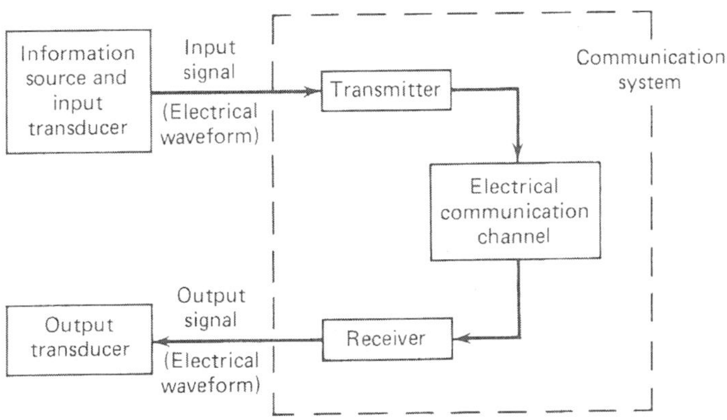

그림 5.1 통신시스템 모델

수중에서 전자파는 주파수에 따라 1,400$f^{1/2}$ dB/km로 급격히 감쇠되어 수중에서는 상대적으로 원거리 전파가 가능한 음파를 정보전달 매체로 사용한다. 군용의 잠수함이나 수중무기에 적용되는 음향통신기술은 소나(전파시스템의 레이더와 동일한 기능으로 수중 표적 탐지장치)를 이용한 2차 대전의 독일 U-보트 탐지로부터 시작되어 크게 발전되어 왔고 국내의 수중 음향 통신 기술도 이러한 군용의 소나기술 위주로 수행되어 왔다.

본 장에서는 최근 크게 부각되고 있는 해양 자원 탐사나 해양환경 감시에서 요구되는 잠수정이나 수중 로봇 및 수중다이버 등에 필수적인 음향통신시스템을 중심으로 관련 기본 요소기술 및 최근의 연구동향에 대해 기술하여 수중 수송기계 분야를 연구하는 공학도에게 음향통신기술의 기초기술을 제시하고자 한다.

5.2 수중음향의 기초

수중에서 음파를 이용한 통신시스템은 오래전부터 인간의 관심 대상이었다. 1912년에 모스 부호를 이용한 통신시스템이 개발되었고, 선박의 바닥에 부착된 송신기로부터 펄스 신호를 보내어 해저에서 반사되는 신호를 분석하여 수심을 측정하는 음향측심기는 선박의 안전항해를 위한 필수 장치이다. 동일한 시스템을 어선에서는 어군을 탐지하는 어군탐지기로 사용하고 있으며 이들은 초음파를 이용한 자동차용 후방감시기의 원리와 동작이 동일하다.

이러한 수중음향통신장치의 개발을 위해서는 수중의 음파전달 특성이나 수중 배경잡음 등을 위시한 수중음향통신채널연구, 전기적인 정보신호를 음향신호로 바꾸거나 음향신호를 전기신호로 바꾸는 전기음향변환기에 대한 연구, 원하는 정보추출을 위한 전자회로 하드웨어 및 소프트웨어 설계연구가 병행되어야 한다. 본 절에서는 수중 음향 통신 장치의 설계의 설계 변수를 이해하는데 필요한 수중음향에 대한 기초지식을 제시한다.

5.2.1 수중에서 음파의 전파속도

수중에서 음파의 전파속도는 온도, 염분도 및 수압의 함수로 이들 인자들의 값이 증가할수록 전파속도는 증가하나 20℃ 담수의 표층에서 약 1,520 m/s이며 일반적으로 수중음속은 1,500 m/s로 알려져 있다. 식 (5.1)은 음속 계산식이다.

$$c(T,S,P) = 1492.9 + 3(T-10) - 6\times10^{-3}(T-10)^2 - 4\times10^{-2}(T-18)^2 \\ + 1.2(S-35) - 10^{-2}(T-18)(S-35) + 0.1P/61 \quad (5.1)$$

여기서 c는 음속(m/s), T 는 온도(^oC), S 는 염분도($^o/_{oo}$)이고 P는 대기압 기준의 압력이다.

5.2.2 음파의 반사와 굴절

매질의 음향임피던스 r ($r=\rho c$, ρ: 밀도, c: 음속)이 서로 다른 경계면에 음파가 입사하는 경우 반사 및 굴절이 일어난다. 경계면에서 반사파의 반사각 θ_r은 입사파의 입사각 θ_i와 같으나 굴절각 θ_t는 Snell의 법칙에 따른다. 그림 5.2는 반사 및 굴절을 설명하는 그림으로 입사각, 반사각 및 굴절각과의 관계는 식 (5.2)~(5.4)와 같다.

$$\sin\theta_i = \sin\theta_r \quad (5.2)$$

$$\frac{\sin\theta_i}{c_1} = \frac{\sin\theta_t}{c_2} \quad (5.3)$$

$$\cos\theta_t = (1-\sin^2\theta_t)^{1/2} = (1-(c_2/c_1)^2\sin^2\theta_i)^{1/2} \quad (5.4)$$

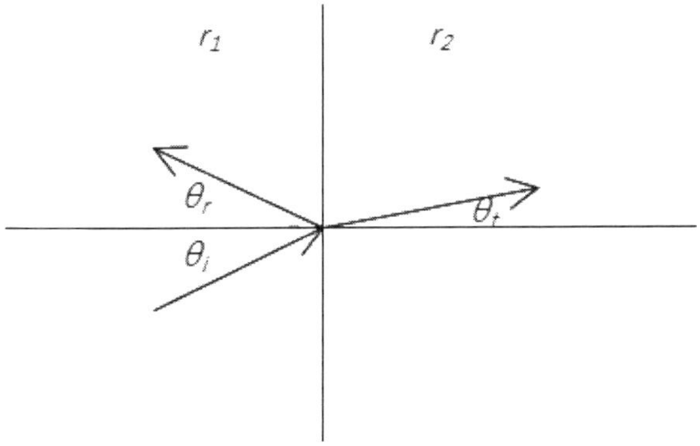

그림 5.2 음향임피던스가 서로 다른 경계면에서 음파의 반사 및 굴절

매질의 음속관계에 의해 다음과 같이 3가지 경우가 있다.

1) $c_1 > c_2$

경계면 굴절각 θ_t는 입사각 보다 작고 경계면 수직 방향(법선방향)쪽으로 굴절한다.

2) $c_1 < c_2, \theta_i < \theta_c$

경계면 굴절각 θ_t는 입사각 보다 커고 경계면 방향 쪽으로 굴절한다. 여기서 θ_c는 임계각으로 정의되며 식 (5.4)에서 θ_t가 90° 될 때의 입사각이다.

3) $c_1 < c_2, \theta_i > \theta_c$

경계면을 통과하는 에너지는 0으로 완전반사조건이 된다.

그림 5.3은 해저매질의 밀도가 물보다 크고, 음속이 물의 음속보다 큰 일반적인 해저매질의 입사각에 따른 음파의 반사계수 및 위상의 변화이다. 그림에서 보는 바와 같이 입사각이 커져 임계각 이상이 되면 완전반사가 일어남을 알 수 있다.

매질 경계면에서 입사파 음압에 대한 반사파 음압의 비를 나타내는 음압의 반사계수 R 은 식(5.5)와 같다.

$$R = \frac{r_2/r_{1} - \cos\theta_t/\cos\theta i}{r_2/r_{1} + \cos\theta_t/\cos\theta_i} \tag{5.5}$$

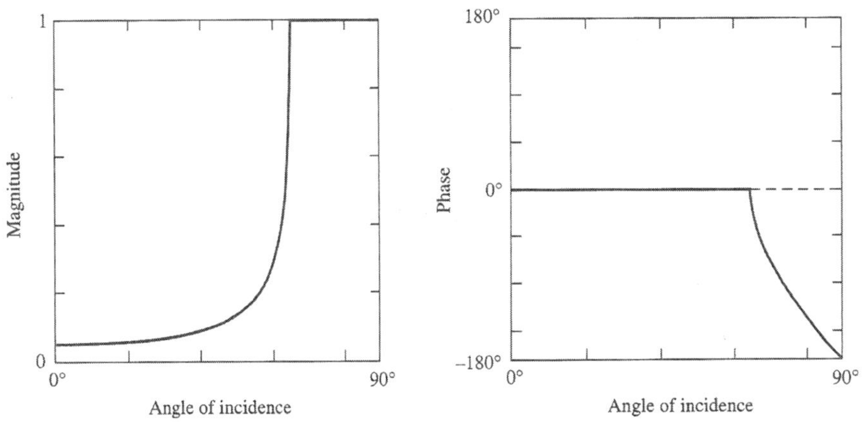

그림 5.3 $c_2/c_1 = 1.1$, $r_2/r_1 = 1.1$ 인 경우의 반사계수 크기 및 위상

식 (5.5)에서 보는 바와 같이 반사계수는 음속과 음향임피던스 및 입사각과 굴절각의 함수이다. -1과 1사이의 값이며 -1과 1은 완전반사 조건으로 -1인 경우는 위상이 반전되어 반사된다. 예를 들어 설명한다.

1) 공기에서 물로 수직 입사하는 경우($\theta_i = \theta_r = 90^\circ$)의 반사계수
이 경우 공기의 음향임피던스 $r_1 \approx 340(m/s) \times 1.29(kg/m^3)$, 물의 음향임피던스 $r_2 \approx 1500(m/s) \times 1000(kg/m^3)$을 식 (5.5)에 적용하면 반사계수는 약 1로 완전 반사 조건이며 물속으로 음파의 에너지는 거의 전파되지 않는 조건이다.

2) 물에서 공기로 수직 입사하는 경우($\theta_i = \theta_r = 90^o$)의 반사계수
이 경우 물의 음향임피던스 $r_1 \approx 1500(m/s) \times 1000(kg/m^3)$, 공기의 음향임피던스 $r_2 \approx 340(m/s) \times 1.29(kg/m^3)$를 식 (5.5)에 적용하면 반사계수는 약 -1로 완전 반사 조건이며 공기로 음파의 에너지는 전파되지 않는다. 반사파의 위상이 180°반전된다.

3) 물에서 해저로 입사하는 경우의 반사계수
식 (5.5) 및 그림 5.3에서 보는 바와 같이 해저저질의 음향임피던스(모래, 펄, 암반 등에 따라 달라짐) 및 입사각도에 따라 반사계수가 결정되며 해저의 거칠기에 의한 산란에 의해서 주파수에 따라서도 달라진다. 동일한 음향임피던스에서도 저주파수 일수록 반사계수가 크게 된다.

5.2.3 음파의 전파손실(Transmission Loss: TL)

음파의 전파손실 TL은 음파의 음압이 송신기로부터 1 m 떨어진 위치의 음파의 세기 혹은 음압에 대한 임의 거리에서의 세기 혹은 음압의 비를 dB로 표시한 값으로 식 (5.6)과 같이 정의된다.

$$TL = 10\log[I(1)/I(r)] = 20\log[P(1)/P(r)] \tag{5.6}$$

여기서, $I(1)$과 $I(r)$은 각각 음원으로부터 1 m 위치 및 r m 위치의 음압세기이고 $P(1)$과 $P(r)$은 각각 음원으로부터 1 m 위치 및 r m 위치의 음압이다.

해양에서 음파의 전파손실은 거리에 따라 음파가 기하학적으로 확산하여 발생하는 확산손실과 음파의 전파중에 열전도에 의해 발생하는 흡수손실로 구성된다.

기하학적 확산손실은 해면이나 해저의 경계가 없다고 가정하여 음파가 모든 방향으로 동일하게 발산하는 구면 전파손실과 완전 반사 조건의 해면과 해저로 경계 지어져 있고 수심이 일정하다고 가정한 원통면 전파손실로 구분된다. 흡수손실은 음파의 전파 중에 음파에너지가 수중에서 열에너지로 빼앗긴 손실을 말하고 주파수의 함수로 고주파수 일수록 흡수손실이 크게 된다. 그림 5.4는 주파수에 따른 흡수손실의 특성이다. 확산손실과 흡수손실을 고려한 전체 전파손실은 식 (5.7)과 (5.8)로 주어진다.

$$TL = 20\log r + 0.001\alpha r, \text{ (구면 확산손실+흡수손실)} \quad (5.7)$$

$$TL = 10\log r + 0.001\alpha r, \text{ (원통면 확산손실+흡수손실)} \quad (5.8)$$

여기서 α는 그림 5.4에서 보이는 흡수손실계수이다. 그림 5.5는 구면확산과 흡수손실을 고려한 3가지 주파수에 대한 거리별 전송손실이다.

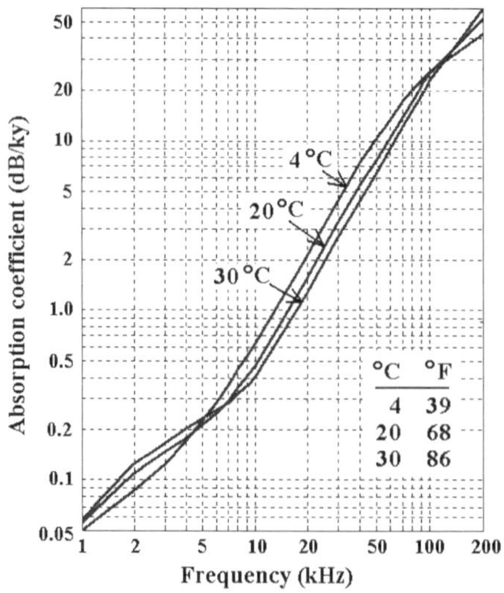

그림 5.4 해수온도에 따른 주파수별 흡수손실 특성

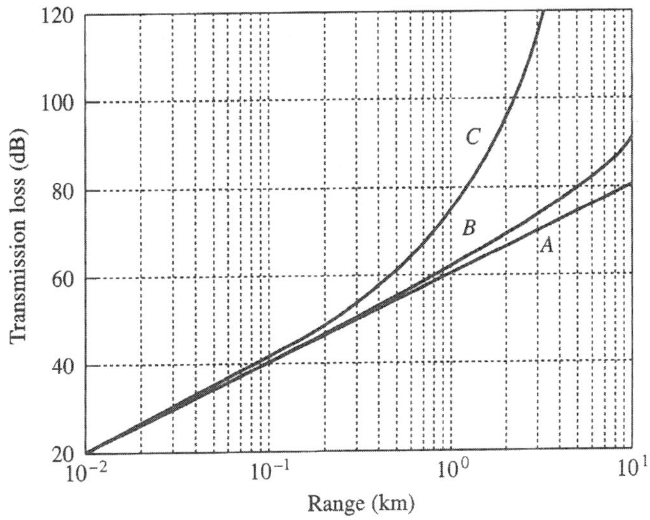

그림 5.5 주파수별 흡수손실을 고려한 구면전파손실
A: 1 kHz, B: 10kHz, C: 50kHz.

5.2.4 다중경로 복반사

수중 음향 환경에서 음향통신에 미치는 중요한 현상중의 하나는 해면과 해저 경계면에서 반사되어 5.2.2절에서 소개한 바와 같이 음파의 진행경로가 반사 및 굴절되는 것이다. 특히 경로의 굴절은 수심에 따른 온도, 염분도 및 압력 변화가 공간적으로 변화하게 되어 음속이 달라져서 일어나는 현상이다. 수심에 따라 달라지는 음속 변화에 식 (5.3)의 Snell의 법칙을 적용하면 각 다중경로의 굴절파 경로가 계산된다. 그림 5.6은 수심 10 m 해양에서 측정된 수심별 음속을 이용한 다중경로의 굴절 경로이다. 오른쪽 그림에서 송파기의 위치는 1 m 깊이 이고, $-90°\sim+90°$ 범위에서 1° 간격으로 경로를 계산한 결과이다. 그림에서 보는 바와 같이 음파가 도달하지 않는 음영구역이 존재하고 원거리에 위치하는 수신기에서는 다중경로 신호를 수신하게 됨을 알 수 있다. 이러한 다중경로에 의해 음향통신시스템에 혼신이 일어나게 되며 신호가 전혀 도달하지 못하는 음영구역이 있다. 동일한 해역에서도 계절별로 온도, 염분도의 수심별 변화가 달라져 다중경로 특성은 다르게 된다. 이러한 다중경로 특성해석 프로그램에는 Ray 모델, Normal Mode 모델 및 Bellhop 등이 있다.

이들 다중경로 음선궤적 추적모델은 주파수, 매질, 음속구조 등의 변수를 설정하여, 해상실험 해역의 전파특성을 모의 실험하는데 이용되며 수중음향통신시스템의 통신채널 특성을 해석하는데 적용된다.

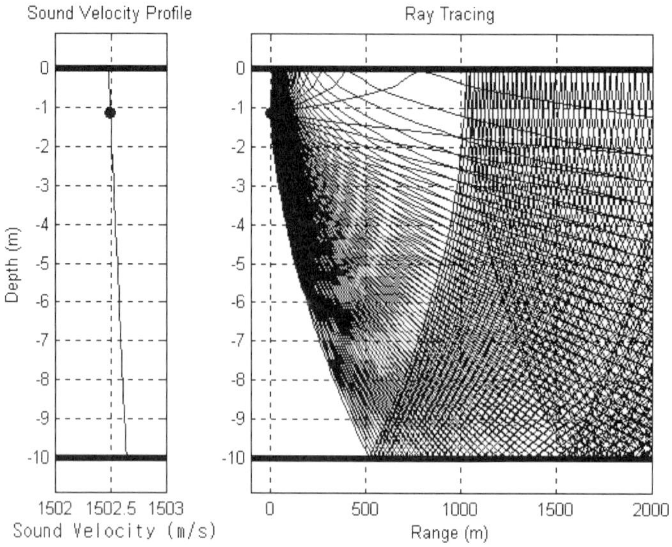

그림 5.6 수심별 음속 분포 및 다중경로 음선궤적

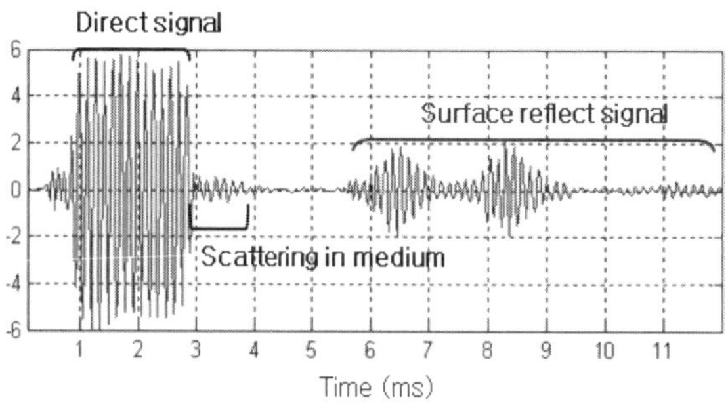

그림 5.7 다중경로 환경의 펄스신호 수신파형

그림 5.7은 실제 해상 실험 자료로 펄스신호를 수신한 파형으로 직접파 수신이후에 수면으로부터 반사된 신호가 수신된다. 직접파 이후의 산란파(Scattering)는 수중에 플랑크톤 등 해양생물에 의한 산란파 성분이다. 실제의 음향통신시스템에서 전송신호는 시간적으로 앞선 신호의 다중경로 반사파의 영향으로 오류가 생기며 이를 음향통신시스템의 심벌간 간섭(Inter-Symbol Interference: ISI)이라 한다.

5.3절과 5.4절에서 기술하는 음향통신시스템의 통신채널 해석, 통신방식, 등화기 및 코딩기법은 ISI를 제거하여 송신 정보의 오류율을 저감하는 기술에 대한 내용이라 할 수 있다.

5.2.5 배경잡음

해양의 배경잡음은 음향통신시스템에서 신호를 보내는 경우 신호를 인식하기 어렵게 하는 원인이다. 잡음에 대한 신호의 크기는 신호대잡음비(Signal to Noise Ratio: SNR)로 정의되며 음향통신시스템 설계 및 성능을 결정하는 중요 인자이다. 해양의 배경잡음 중 가장 중요한 성분은 통행선박소음, 해양생물 소음 및 파도에 의한 소음이다. 따라서 통행선박의 통행량, 해양생물의 종류 및 분포량 및 해상상태에 의한 파도의 상태가 배경 잡음 크기를 결정한다. 그림 5.8은 배경잡음의 통계적인 특성을 나타내는 문헌자료로 세 곳의 서로 다른 해역에서의 대표적인 배경잡음 특성으로 그 크기는 주파수에 반비례한다. 그림에서 빗금 친 영역은 10 Hz 이하의 초저주파 영역의 평균적인 특성이다. 10 kHz 주파수로 전송신호를 보낸다고 가정하면 수신기 위치에서 배경잡음이 약 50 dB이므로 수신기 위치에서 수신신호는 최소한 이보다 높은 값으로 수신이 되어야 한다. 따라서 음파의 전파손실을 고려하면 송신신호는 50 dB보다 아주 높은 값으로 송신해야 한다. 5.2.7절에서 이들의 관계를 기술한다.

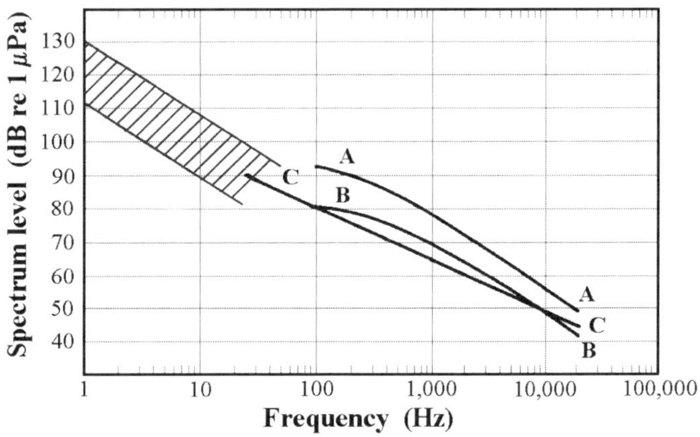

그림 5.8 대표적인 수중 배경소음 특성.
A:통행량이 많은 항만, B:평균해역, C:외해

5.2.6 송신기 및 수신기

수중음향통신시스템의 핵심 구성품의 하나인 송신기 및 수신기는 전기음향변환기로 전기적인 신호를 음향신호로 혹은 음향신호를 전기신호로 변환하는 센서이다. 수중에서 사용되는 수신기는 수중청음기(Hydrophone)라 부른다. 이들의 사용 주파수 대역, 감도, 음원준위 및 지향성 특성 등은 시스템의 성능을 좌우한다. 특히 송신정보가 변조된 음파신호를 송신하는 송신기(Projector)의 감도 및 음원준위는 통신 가능 거리를 결정하는 인자이다.

지향성을 갖는 송신기는 특정의 방향으로 음파를 보내므로 다중경로의 간섭을 억제하는 기능을 갖지만 어느 방향에서도 신호를 수신해야하는 수중전화기를 사용하는 다이버와 수상 모선간의 통신 시스템에서 모선은 지향성이 없는 무지향성 송신기를 사용해야한다.

송신기의 음원준위는 송신기에서 방사되는 음의 크기이다. 송신기로부터 1 m 거리에서 측정되는 음압을 1μPa을 기준으로 한 dB 값이다. 특정방향으로 신호를 보내고자 하는 경우는 지향성 송신기를 사용하며 지향성을 얻기 위해서는 무지향성 센서를 배열하여 얻는다. 송신기의 지향성은 무지향성 송신기의 음압세기를 기준으로 한 특정방향의 음향세기의 dB 값으로 식 (5.9)로 정의된다.

$$DI_T = 10\log\frac{I_D}{I_{Nond}} \tag{5.9}$$

현재 널리 사용되고 있는 송수신기용 전기음향변환기는 압전효과(piezoelectric)를 갖는 Lithium Niobate 등의 분말을 성형하여 1,000℃ 이상의 고온에서 소결한 후 분극 처리하여 제작한다. 압전 세라믹이라고도 불린다.

수중음향통신시스템을 제작하는 경우 송수신기는 요구하는 특성에 맞는 상용의 제품을 구입하여 사용하는 것이 일반적이다.

그림 5.9 및 표 5.1은 상용제품으로 사용되고 있는 덴마크 B&K사의 모델 8106 수중 청음기의 특성이다. 그림 5.9(a)는 외관이고 그림 5.9(b)는 주파수별 수신감도 특성이며 그림 5.9(c)는 수신지향 특성이다.

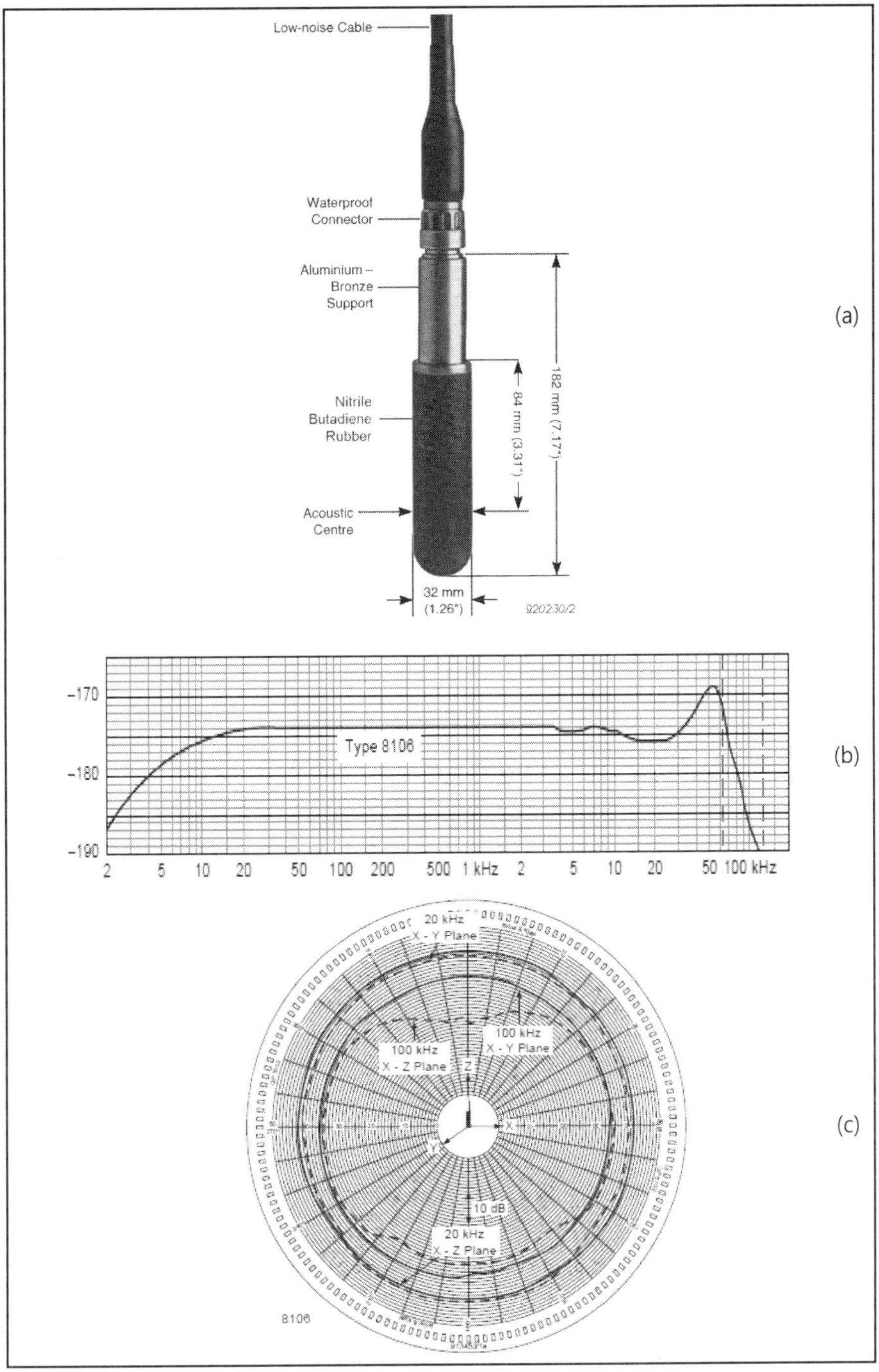

그림 5.9 덴마크 B&K 회사 모델 8106 수중청음기 특성
(a): 외관, (b): 주파수별 수신감도, (c): 주파수별 수직, 수평 지향성

가장 중요한 수신감도에 대해 설명한다.

1) 수신감도 -173 dB re 1V/1μPa

기준 수중청음기를 가정한다. 기준 수중청음기는 음압이 1 μPa 인 음파를 수신하는 경우, 1 volt의 전기신호를 발생한다. 모델 8106의 수중청음기에 1 μPa인 음파를 인가하면 X volt의 전기신호가 발생할 것이다. 따라서 모델 8106의 감도 -173 dB 다음과 같다는 뜻이다.

$$-173\ dB=20\ \log(X\ volt/1\ \mu Pa)/(1\ v/1\ \mu Pa)=20\ \log(X)$$
$$X=2.2387X10^{-9}\ volt/1\mu Pa$$

달리 설명하면 1 μPa의 음압을 인가하면 $2.2387X10^{-9}$ volt의 전기신호를 발생하는 것이다. 측정치로부터 수중의 절대음압 및 dB 단위 음압을 구해보자. 측정된 전압이 $10x10^{-3}V$(10 mV)라면 음압 p는 다음과 같다.

$$p=10x10^{-3}/X=4.467x10^{6}(\mu Pa)$$

따라서 1 μPa을 기준으로한 dB 단위의 음압 레벨 SPL은

$$SPL=20\ \log(p/1\mu Pa)=133\ dB$$

그러나 실제에서는 이러한 과정으로 음압레벨을 계산하는 대신 다음의 과정으로 간략히 계산할 수 있다. 임의의 음압 Px μPa 이 인가되어 Yx volt의 전압이 측정되었다고 하자.

$$SPL_x=20\ \log Px=20\ \log(Yx/X)=20\ \log(Yx)-20\ \log(X)=20\ \log(Yx)+173$$

즉, 측정된 전압의 dB 값에 감도(-173 dB)를 보정하여 얻을 수 있다. 그림 5.9(b)에서 보는 바와 같이 감도가 평탄한 주파수 영역이 본 수중청음기의 사용 주파수 대역이며, 그림 5.9(c)는 수중 청음기의 지향 특성으로 특정방향의 음압을 선택적으로 수신하는 정도를 말하며 0 dB 조건이 지향성 없는 조건이다. 표 5.1에서 수직지향성 ±3 dB는 20 kHz를 수신하는 경우 실제음압보다 최대 약 1.4배 혹은 최소 0.7배로 수신한다는 의미이다.

음향통신시스템에서 정보신호가 변조된 후 송신된 음파신호는 수중청음기에서 수

표 5.1 B&K 모델 8106 사양

Sensitivity[a]	-173 dB re 1 V/μPa ±3 dB
Nominal Voltage Sensitivity	2.24 mV/Pa
Nominal Voltage Sensitivity[a]	N/A
Capacitance[a] (incl. standard cable)	N/A
Frequency Response[a](re 250 Hz)	10 Hz to 10 kHz +0.5/-3.0 dB 7 Hz to 30 kHz 0.5/-6.0 dB 3 Hz to 80 kHz +6/-10.0 dB
Horizontal Directivity[b] (radial xy plane)	±2 dB at 20 kHz
Vertical Directivity (axial xz plane)	±3 dB at 20 kHz
Leakage Resistance[a] (at 20℃)	
Operating Temperature Range: Short-term Continuous	-10℃ to +60℃
Sensitivity Change with Temperature: Charge Voltage	0 to +0.01 dB/℃
Max. Operating Static Pressure	100 atm. = 1000 m ocean depth
Sensitivity Change with Static Pressure	0 to $1*10^{-7}$ dB/Pa 0 to 0.01 dB/atm.
Allowable total Radiation dose	
Dimensions Length Body dia.	182 mm(7.17") 32 mm (1.26")
Weight (including integral cable	382 g(0.84 lb.)

신되며 이는 측정용 증폭기를 통해 증폭되고 신호처리부에서 디지털신호로 변환된 후에 복조과정을 거쳐 정보신호가 복구된다.

그림 5.10 및 표 5.2는 상용제품으로 사용되고 있는 미국의 ITC사의 모델 1001 수중 송신기 특성이다. 그림 5.10(a)는 외관이고 (b)는 주파수별 송신감도 특성, (c)는 수중청음기로 사용할 경우의 수신감도, (d)는 최대출력을 갖는 공진주파수 부근의 18 kHz의 송신지향성이다.

그림 5.10 및 표 5.2에서 송신감도(Transmitting Voltage Response: TVR)란 송신기에 1 Volt 전압을 인가했을 때 송신기에서 1 m 거리에서 측정된 음압을 1μPa의 음압기준으로 표시한 음원준위(dB)를 뜻한다. 음향통신시스템에서 정보신호를 변조한 후 증폭하여 송신기에서 송신한다.

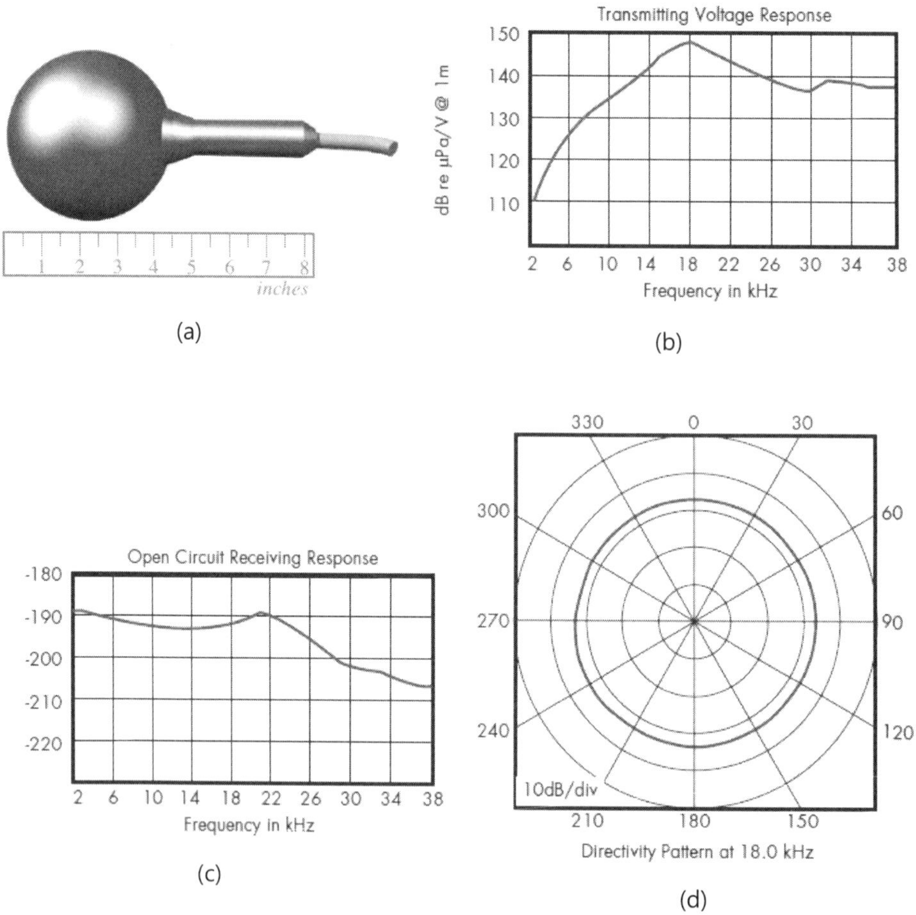

그림 5.10 미국 ITC 회사 모델 1001 수중송신기 특성
(a): 외관, (b): 주파수별 송신감도, (c) 주파수별 수신감도, (d) 18 kHz 지향성

표 5.2 ITC 모델 1001 사양

Resonance Frequency f_r	16.5 kHz
Depth	1250 meters
Envelope Dimensions(in.)	4.25D
TVR at f_r	149 dB//μPa/V@1m
Midband OCVj	−191 dB//1V/μPa
Suggested Band	.01 − 25 kHz
Beam Type	Spherical
Iput Power	2,000 watts

5.2.7 음향통신 시스템의 최대전송거리 결정 지배방정식

송신기에서 송신한 음파신호는 수중음향채널을 거쳐 수신기에서 수신 된다. 주파수에 따른 전파손실과 배경잡음, 다중경로 복반사, 송수신기의 감도 및 지향성 등의 특성은 통신시스템의 최적의 변복조 방식, 송신용 전기 음향 변환기의 주파수대역을 결정하므로 수중음향 통신시스템 설계 파라미터 중 가장 중요하다. 본 절에서는 소나방정식으로 알려져 있는 최대전송거리 결정 지배방정식을 살펴보고자 한다. 지배방정식의 각 변수는 5.2.1~5.2.6절에 기술되어 있으며 지배방정식은 이들의 상호관련성을 수식화한 것이다.

본 연구에서 대상으로 하는 음향통신 시스템에 적용되는 소나 방정식은 식 (5.9)로 주어진다.

$$SL - TL = NL - DI_R + DT \tag{5.9}$$

식 (5.9)에서 모든 양은 dB로 주어지며,

SL : 음원준위 (Source Level)
TL : 전파손실 (Transmission Loss)
NL : 배경 잡음준위 (Noise Level)
DI_R : 지향지수 (Directivity Index)
DT : 탐지문턱준위 (Detection Threshold)

SL, DT 및 DI_R은 음향통신시스템의 송수신용 전기음향변환기 특성에 좌우되며, TL은 해양환경에 의해, NL은 음향통신시스템 장치의 잡음이 없다고 가정하면 해양 배경잡음에 의해 좌우되는 파라미터이다. 음원준위 SL은 1 m 위치에서 측정된 송신기의 출력, 전파손실 TL은 송신기로부터 1 m 위치에서의 음파를 기준으로 한 손실된 정도, 지향지수 DI_R은 동일한 음향출력을 갖는 무지향성 음원의 음세기를 기준으로 한 음향 축 방향의 음세기의 지향정도, 탐지문턱준위 DT는 수신기에서 신호를 겨우 탐지할 수 있을 때의 신호와 배경잡음과의 차이를 뜻한다. 소나 방정식의 각 인자를 정리하면 표 5.3과 같다.

표 5.3 지배방정식 인자 및 정의

변수	정의
Transmission Loss(TL)	$10\log\frac{Source\ intensity\ at\ 1m}{reference\ intensity}$
Source Level(SL)	$10\log\frac{Signal\ intensity\ at\ 1m}{Signal\ intensity\ at\ receiver}$
Noise Level(NL)	$10\log\frac{noise\ intensity\ at\ 1m}{reference\ intensity}$
Directivity Index(DI_R)	$10\log\frac{noise\ power\ of\ omnidirectional\ sensor}{noise\ power\ of\ actual\ sensor}$
Detection Threshold(DT)	$10\log\frac{noise\ power\ to\ just\ perform\ a\ certain\ function}{noise\ power\ at\ receiver}$

음향통신시스템의 송신신호가 탐지되는 최대 전송거리를 결정하기 위해 식 (5.9)를 다음 식 (5.10)으로 표시한다.

$$TL = SL - (NL - DI_R + DT) \tag{5.10}$$

식 (5.10)에서 우변의 값과 일치하는 전달손실을 구하면 수중음향통신시스템의 최대 통신거리가 결정된다.

예를 들면 10 kHz의 주파수로 변조된 신호가 송신된다고 가정하고, 음원준위(SL): 100 dB/1μPa, 배경잡음(NL): 50dB, 지향성(DI_R): 0 dB, 탐지문턱 준위(DT): 3 dB라 하면 식 (5.10)에서 우변의 값은 47 dB이다. 따라서 식 (5.7) 및 그림 5.5로부터 전파손실(TL)이 47 dB에 일치하는 최대 전송거리를 구하면 약 200 m이다.

5.3 음향통신 시스템의 기초

5.3.1 수중음향통신 시스템 개요

수중 운동체에 적용되는 수중음향통신 시스템은 일반 전파통신 시스템의 응용이다. 전파통신시스템과 달리 정보전송매체로 음파를 이용하는 것이다. 음파의 전파속도는 전파에 비해 상대적으로 아주 느리고 고주파의 경우 흡수손실이 크게 되며 또한 해면과 해저 경계면에 의한 다중경로의 지연시간이 수 ms로 크게 되고 사용가능한 주파주 대역이 수십 kHz로 제한되어 다중경로에 의한 혼신으로 오류가 발생한다.

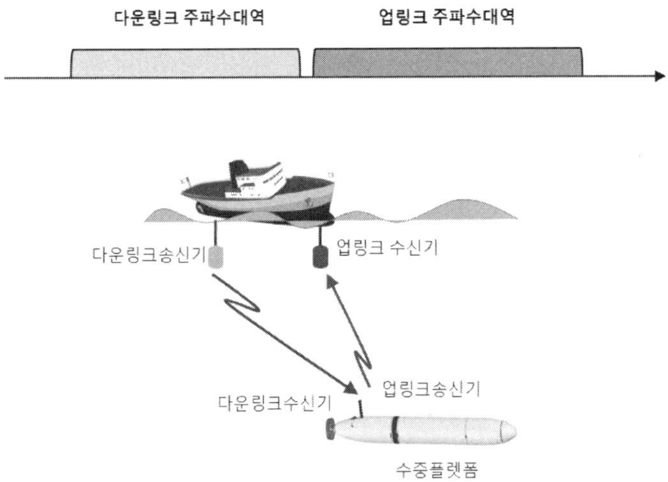

(a) 모선과 잠수정 수중음향통신시스템

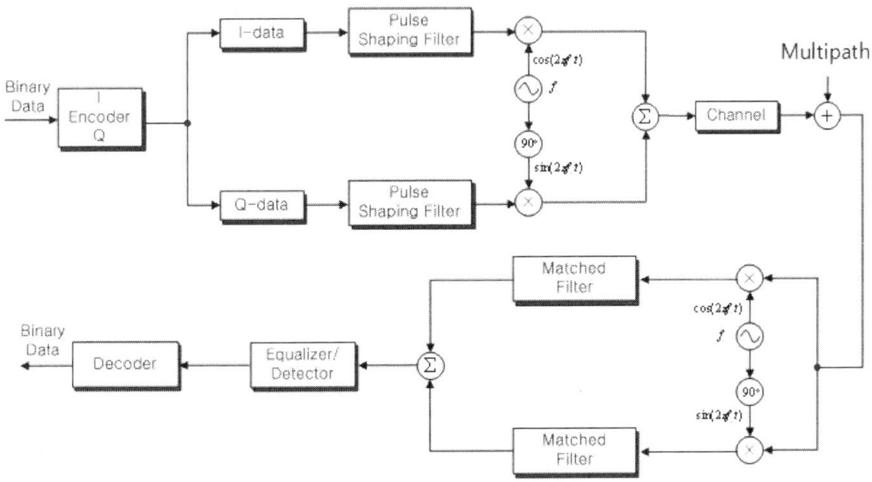

(b) QPSK 등화기를 적용한 수중음향통신 시스템

그림 5.11 잠수정 수중음향 통신 시스템 구성

이는 폐쇄된 공간이나 복도에서 음성신호를 주고받을 때 복반사 영향에 의해 상대방의 음성신호를 인식하기 힘든 현상과 동일하며 이때 발성속도(통신 주파수에 대응)를 빨리하면 인식이 보다 어렵게 된다. 통신에서는 음성인식을 위한 발성속도 빠르기에 대응하는 지표를 코히어런스 대역폭으로 정의하며 오류 없이 정보를 전송하기 위해서는 신호의 대역폭이 코히어런스 대역폭보다 작아야 하며 그렇지 않은 경우 채널 등화기나 적절한 통신방식의 선택으로 이를 극복해야하며 시스템의 복잡도가 증가된다.

그림 5.11(a)는 잠수정과 수상모선과의 수중음향통신시스템의 구성도이다. 그림 5.11(b)는 수상의 모선과 수중의 잠수정이 탑재하고 있는 QPSK 방식의 음향통신 시스템의 구성도이다. 그림 5.11(a)에서 실시간으로 잠수정과 모선이 음향통신을 하기 위해서는 서로 다른 주파수를 사용해야함을 보인다. 그림 5.11의 상세내용은 5.4절에서 다루기로 한다.

그림 5.12는 수중다이버와 수상요원과의 음성통신을 위한 수중전화기 시스템 구성도이다. 수중전화기의 변조방식은 저전력 소모를 위해 SSB 방식이고 반송주파수는 배경잡음이 낮은 30 kHz 대역이다. 사용 수심은 스포츠다이버의 최대 잠수 수심인 40m 로 되어 있으며 이러한 사용 수심의 제한은 시스템의 내압성 문제보다는 40m 이상의 깊이에서 잠수병 예방을 위해 헬륨가스를 사용하는 이유 때문이다.

일반적으로 전파 통신의 경우, 정보전송 및 신뢰성 있는 통신을 위해 10^{-3} ~ 10^{-4}의 비트 오류율(BER: Bit Error Rate)과 고속 정보 전송을 요구하고 있고 수중 음향통신에서도 수중 영상정보 전송을 위해 고속의 정보전송시스템 개발방향으로 기술이 발전하고 있다. 전파통신의 성능 및 설계에 전파통신 채널의 환경이 미치는 영향과 같이 수중 음향 통신시스템의 전송 성능 및 설계도 음향 채널의 시 공간적 변동 특성이 좌우한다. 5.2절에서 기술한 바와 같이 환경 요인으로는 손실, 배경잡음, 다중경로 등이 있고 수중운동체의 운동에 의한 도플러효과가 있다.

이들 중 시스템의 설계나 성능에 미치는 효과가 가장 큰 요인은 다중경로에 의한 지연확산으로 이는 채널의 코히어런스 대역폭을 제한하여 ISI를 증가 시켜 전송 성능을 열화시킨다.

다중경로에 의한 전송 성능 개선하기 위해 최근 수중 음향 통신 시스템은 동기식(coherent) 위상천이(PSK: Phase Shift Keying)방식을 적용하며, BPSK(Binary Phase Shift Keying), DPSK(Differential Phase Shift Keying), QPSK(Quadrature Phase Shift Keying), QAM(Quadrature Amplitude Modulation)등이 있다. 또한 다중경로에 의한 ISI(Inter Symbol Interference)를 개선시키기 위해 위상 변조방식과 함께 적응 빔포밍(adaptive beamforming), 적응 등화기(adaptive equalizer), 시 역전 신호처리(time reversal signal processing)등의 등화 기법을 적용하여 시스템의 성능 향상에 기여하고 있다.

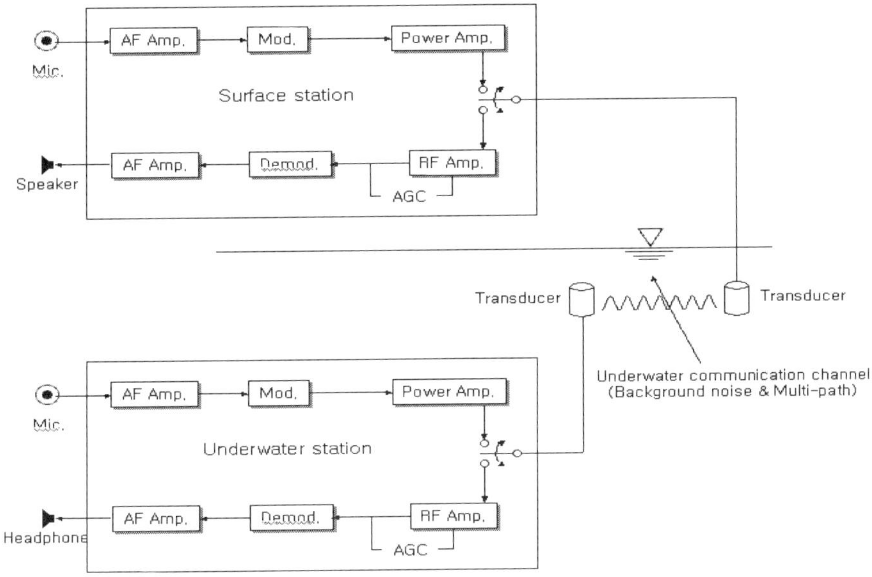

그림 5.12 수중다이버용 수중전화기

수중 음향 통신 시스템에 적용되는 변조 방식과 등화 기법에 따른 전송 성능은 표 5.4 및 5.5에서 보는 바와 같으며, 송신기와 수신기의 거리 및 적용 환경, 변조 방식, 등화 기법에 의해 전송률이 다르다. Oki Elec사에서 개발한 시스템의 경우 수중 로봇과의 통신을 위해 송신기와 수신기의 거리가 60 m인 근거리에서 16-QAM 방식과 LMS 등화 기법을 적용하고 있다. 또한 WHOI사에서 개발한 시스템은 정보 전송을 목적으로 QPSK방식에 RLS(Recursive Least Square)등화 기법을 적용한다.

5.3.2 수중음향통신 시스템 기술현황

수중 음향 통신 시스템의 발전 현황을 살펴보면, 1970년 이전에는 MFSK (M-ary Frequency Shift Keying)등의 비 동기식 방식을 적용해 100bps이하의 낮은 전송율의 제한 된 거리에서 사용되었으며, 1980년부터 2000년에는 DSP(Digital Signal Processing)기술의 발전과 등화 기법, 동기식 시스템의 개발을 통해 전송 성능은 1 km에서 수 십 kbps의 전송률을 보이고 있다.

또한 수중 음향 통신 시스템의 고속 정보 전송을 실현하기 위해 다중경로 환경의 대역 제한 된 채널에서 직교성의 부 반송파(sub carrier)를 이용한 OFDM방식은 대역 효율과 고속 정보 전송을 위해 적용되는 효과적인 방법 중의 하나 일 것이다. 다중경로 환경에서 지연확산에 의한 ISI 개선을 위해 OFDM의 보호 구간에 따른 특성을 살펴보고, 대역 효율을 높이기 위해 기존의 심벌 마다 CP(Cyclic Prefix)삽입하는 OFDM과 달리 한 프레임에 CP를 삽입하는 MSE-OFDM(Multi Symbol Encapsulated OFDM)을 제시하고, 거리 별로 모델화 된 다중경로 환경에서 부 반송파 수에 따른 OFDM, MSE-OFDM의 전송 성능을 평가한다. 또한 다중경로 환경에서 지연확산과 도플러 효과 등은 송신기와 수신기 사이의 발진기 동기 불일치에 따른 주파수 옵셋(frequency offset)문제를 발생시켜, ICI(Inter Carrier Interference) 가 심화되고, 이로 인해 OFDM의 성능은 저하된다. 다중경로에 의한 주파수 옵셋이 존재하는 채널에서 부 반송파 간의 간섭에 의한 ICI(Inter Carrier Interference)를 해결하고, 고속 정보 전송의 신뢰성을 확보하기 위해 전송 신호에 펄스 성형 함수 적용한 OFDM의 기술이 연구되고 있다.

국내기술 현황으로는 한국해양연구원에서 "수중 무선통신 시스템 개발사업"으로 2004년 ~ 2011까지 수중음향 모뎀 개발을 수행하고 있다. 구현된 수중음향 통신 시스템 변조방식은 QPSK로 전송거리 10 km에서 10 kbps의 전송속도를 달성한 것으로 보고되고 있다. 대당 가격은 10억 원으로 해양탐사, 방위 등에 쓰일 예정이다. 이런 연구를 바탕으로 개발한 음향모뎀 기술을 민간 기업으로 기술이전을 하고 있는 단계이다. 2006년에 진수 실험한 무인잠수정 "해미래"는 케이블이 연결된 유선제어 잠수정이지만, 2010년에 개발 예정인 자율 수중 잠수정에는 잠수정 본체의 운항제어 신호와 탐사자료의 전송을 위해 음향통신시스템을 적용하여 구현될 것이라는 발표가 있다.

또한 방위사업 청에서 주관하고 있는 수중 통신 탐지 특화연구센터에서도 2007년 부터 9년간 수중음향 통신시스템의 기초기술 연구로 한국 해역특성에 강인한 은밀 무선 수중통신과 분산 센서 네트워크 수중 감시체계의 표적탐지기술 및 센서설계기술을 연구하고 있다.

국외의 수중 음향 모뎀개발은 이미 기술력 확보하여, 현재 시제품을 상용화 하고 있다. 표 5.4는 국외의 최근 수중 음향 통신 시스템의 현황으로 주로 동기식 변조방식과 적응 신호처리 적응 기법으로 LMS 알고리즘을 적용하고 있다. 사용주파수는 15 ~ 30 kHz이며, 전송속도는 16 kbps이하이다. 수중음향 통신의 선두그룹을 이루는 미국의 Northeastern 대학, MIT, FAU와 WHOI(Woods Hole Oceanographic Institution), 프랑스의 Thomson Sintra 사, 일본의 JAMSTEC 및 각 대학 등에서 수중 탐사 자료의 전송이나 수중잠수정의 제어를 위해 1980년 대 부터 수중음향 통신 시스템에 대해 연구하고 있다. 일본은 잠수정 우라시마(작업수심 3500 m)와 모선 요코스카간의 음향통신을 위해 JAMSTEC에서 개발한 QPSK방식의 음향모뎀을 적용하여 영상정보의 전송을 최대 32 kbps 전송이 가능한 것으로 알려져 있다. 표 5.5는 현재 상용화된 수중음향 모뎀의 성능을 보인다.

표 5.4 수중음향통신시스템의 개발 현황.

Developed by	Application	Channel	Modulation	ISI	Band	Data rate
Oki Elec Ind. Comp.	Robot comm.	very shot (60 m) shallow	16-QAM	LE(LMS)	1 MHz	500 kbps
JAMSTEC	Image Tx	vertical (6500 m)	4-DPSK	LE(LMS)	20 kHz	16 kbps
IFREMER/ ORCA	Image and data Tx	vertical (2000m)	2-DPSK	none	53 kHz	19.2 kbps
ENST-Br./ IFREMER	Digital speech Tx	test pool	4-DPSK	DFE(LMS)	not Rep.	6 kbps
Micrilor	telemetry	medium(1 km), shallow	2-DPSK	DS-SS	30 kHz/ 100 kHz	600 bps
WHOI/ Datasonics	telemetry	verical and horizontal	16*4 FSK	none	15 kHz	1.2 kbps
WHOI	telemetry	under-ice shallow	QPSK	DFE(RLS)	15 kHz	5 kbps

표 5.5 국외 상용화 된 수중음향 통신 모뎀

Developed by	Modulation	Range	Frequency Band	Data rate
CDL. Inc	DS-SS/OFDM	3 km	16 ~ 30 kHz	100 ~ 480 bit/sec
University of California, Berkeley's System	frequency hopping	300 ~ 1000 m	5 - 20 kHz	5 ~ 150 bit/sec
Teledyne Benthos	MFSK and PSK	2 ~ 6 km	16 ~ 21 kHz	140 ~ 15,360 bit/sec
WHOI	5 PSK	1500 m	3 to 30 kHz	80 - 5400 bit/sec

5.3.3 수중음향통신 채널

수중음향 통신 시스템은 그림 5.13과 같이 해면과 해저의 경계면으로 제한되는 채널에서 운용된다. 5.2절에서 기술한 바와 같이 환경 요인으로는 손실, 배경잡음, 다중경로 등이 있고 수중운동체의 운동에 의한 도플러효과가 있다. 이들 중 시스템의 설계나 성능에 미치는 효과가 가장 큰 요인은 다중경로에 의한 지연확산으로 이는 채널의 코히어런스 대역폭을 제한하여 ISI를 증가 시켜 전송 성능을 열화시킨다. 다중경로는 수온, 수면-해저의 경계면 매질과 거칠기, 송, 수신기의 이동 및 위치변화에 의해 동일한 해역에서도 그 특성이 달라진다. 해면은 바람에 의해 시간적으로 변동하므로 해면 반사파의 반사 진폭이 시간적으로 변화한다. 이로 인해 수신신호는 진폭과 위상이 변하여 채널의 지연 확산특성이 변화한다. 따라서 채널의 신호전송 대역폭을 제한하고, 주파수 선택성을 증가시켜 수중음향 통신 시스템의 전송성능을 제한한다.

수중 다중경로 채널의 수신신호는 그림과 같이 직접파와 수면과 해저의 경계면 반사에 의한 다중 경로 반사파의 합으로 수신된다.

만약, 수중 다중경로 채널에서 배경잡음이 없다고 가정할 경우, 채널의 임펄스 응답 $h_c(t)$는 식 (5.11)과 같이 주어진다.

$$h_c(t) = \sum_{n=0}^{N} \alpha_n e^{-j2\pi f_c \tau_n} \delta(t-\tau_n) + R(t)e^{-kt} \tag{5.11}$$

여기서 첫째 항은 직접파를 포함한 이산적인 복 반사로, α_n는 n차 다중 경로 신호의 진폭으로 경계면에서의 반사손실, 경로손실 및 흡수손실에 의해 결정되며, τ_n

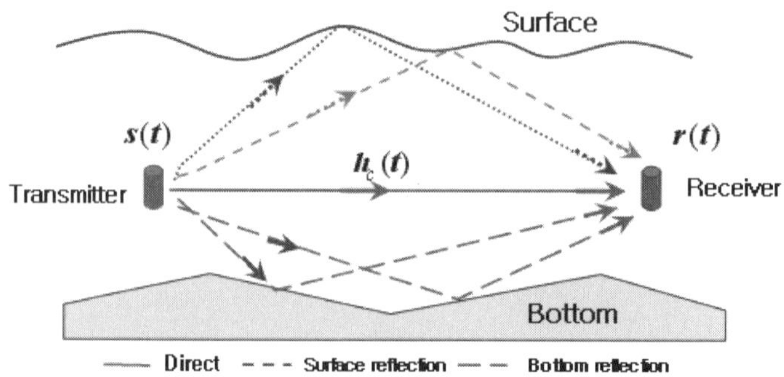

그림 5.13 다중경로 환경의 수중 음향채널

은 n차 다중경로 지연시간이다. 둘째 항은 연속적인 산란파에 의한 복 반사를 나타내며 수면의 교란이나 수중부유생물체에 기인된다. $R(t)$는 랜덤 진폭 및 위상이며, k는 지연시간을 결정하는 감쇠상수이다.

다중경로 채널에서 이산 다중경로의 지연확산 τ_n에 대한 지연확산 유효치 τ_{rms}는 식 (5.12)와 같다.

$$\tau_{rms} = \sqrt{\overline{\tau^2} - (\overline{\tau})^2} \tag{5.12}$$

여기서, $\overline{\tau}$와 $\overline{\tau^2}$는 평균 초과 지연(mean excess delay) 과 평균 제곱 지연(mean square delay)연으로 식 (5.13)과 같다.

$$\overline{\tau} = \frac{\sum_n P(\tau_n)\tau_n}{\sum_n P(\tau_n)}, \quad \overline{\tau^2} = \frac{\sum_n P(\tau_n)\tau_n^2}{\sum_n P(\tau_n)} \tag{5.13}$$

여기서, $P(\tau_n)$는 n차 경로의 전력밀도이다. 통신채널의 가장중요한 지표인 채널의 코히어런스 대역폭 B_c와 지연확산 유효치 τ_{rms}와의 관계는 식 (5.14)로 정의된다.

$$B_c \approx \frac{1}{\tau_{rms}} \tag{5.14}$$

채널의 코히어런스 대역폭 B_c가 송신신호의 대역폭 B_s 보다 넓다면, 송신 신호의 모든 주파수 성분은 왜곡이 없이 수신된다. 반대로 채널의 코히어런스 대역폭 B_c가 송신신호의 대역폭 B_s 보다 좁다면, 이로 인한 ISI(Inter Symbol interference)가 발생되어 지연확산 의한 주파수 선택적 채널(frequency selective channel) 특성을 가지게 되어 전송신호에 오류가 발생한다.

이들의 관계를 예를 들어 설명한다. 그림 5.14는 다중경로 수중음향채널의 특성이다. 그림에서 보는바와 같이 특정 깊이에 있는 수신기는 시간차이가 있는 다중경로 신호를 수신하게 된다. 각 경로는 진폭과 지연시간이 다르다. 송수신기의 상대위치가 달라져 결과적으로 채널의 코히어런스 대역폭이 변화한다.

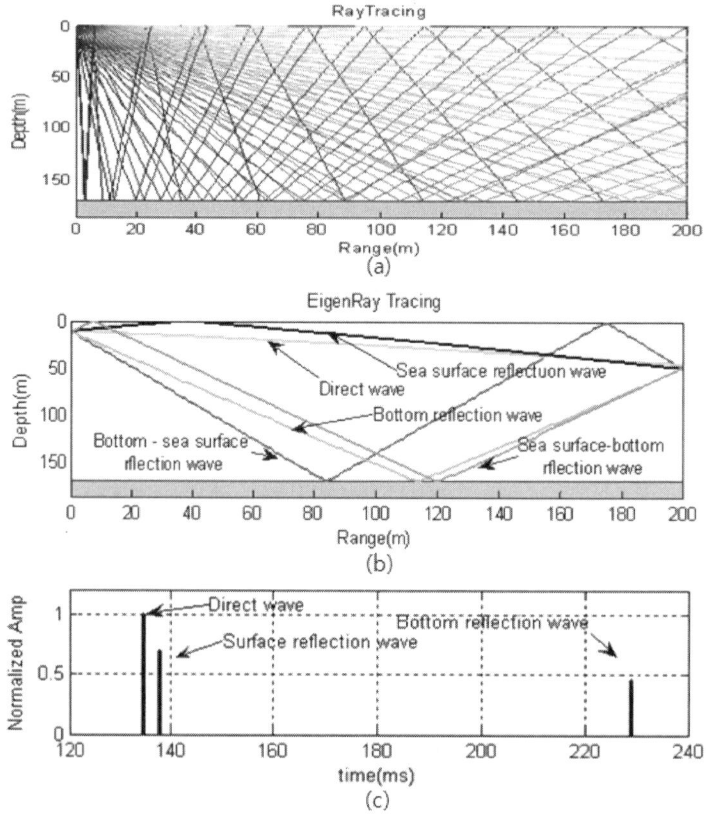

그림 5.14 다중경로 수중음향채널의 특성(송수신기의 거리 200m)
(a) 다중경로, (b) 수신기 도달 다중경로 (c) 다중경로 지연시간

그림 5.14(c)에 식 (5.12) ~ (5.14)를 적용하면 지연확산 유효치는 약 2.4 ms로 코히어런스 대역폭은 416 Hz이다. 이 경우 정보 신호는 208 bps이하로 전송해야 오류 없는 전송이 가능하게 된다.

수면반사파의 진폭은 수면의 변동에 따라 변화한다. 잔잔한 수면상태에서는 완전반사 조건이므로 해면 반사파에 의해 지연확산 유효치는 최대치를 보이고 교란상태인 경우 반사에너지가 적어 작아진다. 식 (5.12) ~ (5.14)를 적용하면 오류 없는 전송을 위해서는 교란상태가 유리하다.

5.3.4 수중음향통신 방식

수중음향통신채널은 전파에 비해 낮은 전파속도, 고주파의 높은 감쇠율, 해면과 해저 경계에 의한 다중경로, 온도 등의 해양환경에 의한 시변성으로 인해 대역이 수십 kHz로 제한된다. 이러한 환경에서 높은 전송율을 갖는 음향시스템을 구현하기 위해서는 최적의 통신방식, 등화기 및 채널코딩 기술이 요구된다.

디지털 정보는 이산적인 정보원에 의해 순차적으로 발생하는 정보를 말하고 이러한 정보의 1초당 발생하는 빈도를 발생율 혹은 전송하는 경우 전송율로 정의한다. 예를 들면 컴퓨터 키보드가 128개의 심볼(정보원)을 갖는다고 하자. 각 심볼은 문장의 내용에 따라 발생하는 경우(2진수 1에 대응)와 발생하지 않는 경우(2진수 0에 대응)가 순차적으로 일어난다. 키보드 조작자의 1초당 조작빈도가 정보전송율이 된다.

128개 심볼의 발생 상태로는 심볼을 구분할 수 없으므로 실제 통신에서는 128개의 심볼은 ASCII코드(각 심볼을 7비트 길이로 코드화: 2^7=128)로 변화되어 전송된다. 따라서 각 심볼의 7비트 코드가 순차적으로 전송된다.

각 심볼의 7개 비트(0 혹은 1)값을 전압 펄스로 변환하여 송신하는 방식이 기저대역 디지털 전송(Baseband digital transmission) 방식이며 다양한 방식이 있다. 음성신호를 이와 같은 방식으로 전송하기 위해서는 우선 음성신호의 크기를 128개의 구간(구간은 음질 등에 따라 달라질 수 있음)으로 나누어 각각의 구간크기를 7비트로 코드화하여 전송하며 아날로그 음성 테이터를 디지털 데이터로 변환하는 과정이 필수적이다.

기저대역 디지털 전송방식은 전송신호의 주파수가 낮아 송신안테나의 크기, 전송속도, 다중통신 및 시스템의 소형화 등에 제약을 받는다. 따라서 기저대역의 디지털 신호를 고주파 대역의 반송파로 변조하여 송신하고 수신측에서 복조하는 대역통과 디지털 전송(Bandpass digital transmission)방식을 사용한다. 본 절에서는 수중음향 통신에 적용되는 대표적인 대역통과 디지털 전송방식을 소개한다.

수중음향 디지털 통신 시스템의 입력 정보신호는 "0"과 "1"의 2진 비트 신호이며, 2진 신호 $D_k(t)$에 대한 등가 저역통과 신호(equivalent lowpass signal) $s_l(t)$ 식 (5.15)로 주어진다.

$$s_l(t) = \sum_k D_k p(t - kT_b) \tag{5.15}$$

여기서 $D_k(t)$는 2진 정보 데이터 신호이다.

FSK(Frequency Shift Keying) 변조방식은 디지털 신호(2진 데이터)의 정보 내용에 따라서 반송파의 주파수를 변화시키는 방식으로 비트의 전송 속도가 느리고, 잡음에 강한 모뎀의 전송 방식이다. 코딩이 간단하며, 구현이 용이하고, 저속도 모뎀의 변조 방식으로 사용한다.

BFSK(Binary Frequency Shift Keying)변조방식의 경우, "0" 일 때 $f_1 = Acos(w_1 t)$ 이며, "1" 일 때 $f_2 = Acos(w_2 t)$이다. $p(t)$는 성형 함수, T_b는 비트 지속시간이다. 변조 된 등가 저역통과 신호$s_l(t)$는 송신기를 통해 수중음향 통신 채널로 송신되며, 송신신호 $s(t)$는 식 (5.16)과 같다.

$$s(t) = Re[s_l(t)e^{j2\pi f_c t}] \tag{5.16}$$

식 (5.11)에서 연속적인 산란파에 의한 복 반사를 무시하면 수중 다중경로 채널을 통해 수신기로 수신되는 신호 $r(t)$는 식 (5.17)과 같다.

$$\begin{aligned} r(t) &= Re\left(\left[\sum_{k=-\infty}^{\infty}\sum_{n=0}^{N}\alpha_n e^{-j2\pi f_c \tau_n} D_k p(t-kT)\right]e^{j2\pi f_c t}\right) \\ &= Re\left(\left[\sum_{k=-\infty}^{\infty}\alpha_0 D_k p(t-kT)\right]e^{j2\pi f_c t}\right) \\ &+ Re\left(\left[\sum_{k=-\infty}^{\infty}\sum_{n=1}^{N}\alpha_n e^{-j2\pi f_c \tau_n} D_k p(t-kT)\right]e^{j2\pi f_c t}\right) \end{aligned} \tag{5.17}$$

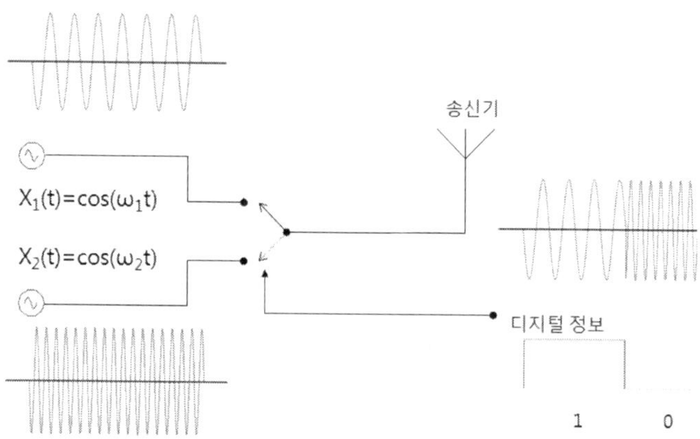

그림 5.15 2진 FSK 변조기의 구성도

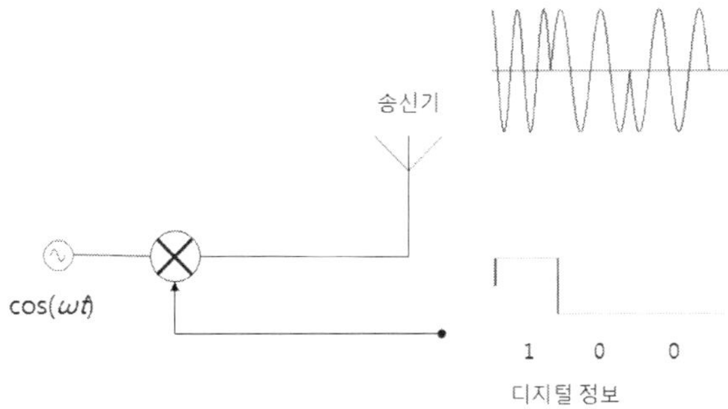

그림 5.16 2진 PSK 변조기(BPSK)의 구성도

식(5.17)의 1항은 직접파 성분이고, 2항은 다중경로에 의해 ISI를 야기하는 반사파 성분이다. 해양환경이 시간적으로 크게 변화하지 않아 다중경로의 경로길이가 변화하지 않는다면 진폭α_n은 일정하다고 할 수 있다. 그러나 반송주파수가 큰 경우 τ_n의 미소변화에 의해서도 위상은 크게 변화하게 되어 신호대역 내에서 다중경로에 의한 전체신호의 크기는 적응 간섭 혹은 역 위상간섭에 의해 큰 변화율로 변화하게 된다. 그림 5.15는 2진 FSK 변조기의 구성도이다.

PSK 변조방식은 디지털 정보(2진 디지털 데이터)의 내용에 따라 반송파의 위상을 변화시키는 방식으로 2진 디지털 신호를 m개의 비트로 묶어서 M=2m개의 위상으로 분할시킨 위상 변조 방식으로 M진 PSK(M-ary PSK)라 한다. 2진, 4진, 8진 PSK 등이 사용된다. 일반적으로 PSK는 일정한 포락선(진폭)을 갖는 파형이기 때문에 전송로 등에 의한 레벨 변동의 영향을 적게 받는다. 2진 PSK(BPSK) 변조기의 구성도는 그림 5.16과 같다.

PSK방식은 검파 방식으로 비동기 검파보다 3[dB]정도 S/N비가 좋은 동기 검파 방식으로 복조한다. 그 이유는 정보가 반송파의 위상에 포함되어 있기 때문에 0과 1에 대응하는 반송파 자체의 위상을 수신측에서 처음부터 알지 못하는 경우에는 검파를 행하여도 0인지 1인지를 판별할 수 없게 되기 때문이다.

QPSK(직교위상천이변조, 4진 PSK)는 2진 PSK(BPSK) 방식과는 달리 위상변화를 $\pi/2$ (90°)씩 변화를 주어, 4개 종류의 디지털 정보(00, 01, 10, 11)를 전송하는 4진 PSK 방식이다. 2개 비트(00, 01, 10, 11) 각각에 대해 반송파의 위상을 달리하여 전송한다. 이 방식의 특징은 다중경로 페이딩 왜곡 및 잡음에 강하며, BPSK 보다 대역폭이 1/2로 감소한다. 또한 SNR의 특성에서 다른 동기식 보다 좋은 성능을 보이며, 동일한 주기 T 를 기준으로 하면 BPSK 보다 2배 속도로 비트를 전송할 수 있다. 한 개의 심볼이 2개 비트를 표시하므로 I채널과 Q채널의 2진 데이터의 조합에 의해 위상이 결정된다.

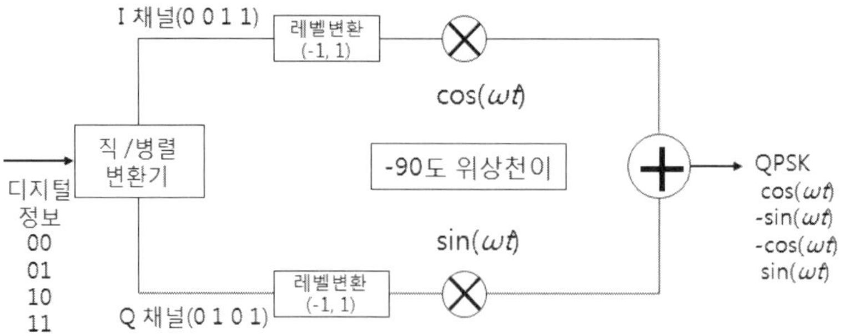

그림 5.17 QPSK 방식의 구성도

그림 5.17은 QPSK 변조기이다. 이진 디지털 정보를 2개의 독립된 I(In-phase) 및 Q(Quadrature) 채널로 분리시키고, 서로 90도 위상차를 갖는 2개의 반송파 (cosωt 및 sinωt)를 I 채널과 Q 채널의 이진 데이터로 변조한 후 합성하여 전송한다.

OFDM(Orthogonal Frequency Division Multiplexing)방식의 기본 원리는 고속 전송률을 갖는 데이터 열을 낮은 전송률을 갖는 많은 수의 데이터 열로 나누고 이들은 다수의 부반송파를 이용하여 동시에 전송하는 것이다. 낮은 전송률을 갖는 부반송파의 심볼 구간은 증가하게 되므로 다중경로 지연확산에 의해 발생하는 시간상에서의 상대적인 신호분산이 감소한다. 모든 OFDM 심볼 사이에 채널의 지연확산보다 긴 보호구간을 삽입하여 ISI를 제거 할 수 있다. 또한 보호구간에 OFDM 신호의 일부를 복사하여 심볼의 시작 부분에 배치하면 OFDM 심볼은 순환적으로 확장되어 ICI(Inter-carrier interference)를 극복할 수 있다. 단일 반송파 시스템에서는 하나의 페이드나 간섭에 의해 전체 링크가 실패할 수 있지만 다수 반송파 시스템에서는 일부 부반송파만이 영향을 받게 된다.

기존의 병렬 데이터 전송 시스템에서는 전체 주파수 대역을 중첩되지 않는 N개의 부채널로 분할하였다. 채널간의 간섭을 제거하기 위해서는 채널의 스펙트럼이 중첩되지 않는 것이 바람직하지만 스펙트럼의 사용효율이 저하된다. 이러한 비효율성을 극복하기위해 병렬 데이터와 함께 중첩된 부채널을 갖는 FDM(Frequency Division Multiplexing)개념이 사용되었다. 그림 5.19는 기존의 중첩되지 않은 다수 반송파 기법과 중첩된 다수 반송파 기법 사이의 차이를 나타내고 있다. 그림 5.18에서 볼 수 있듯이 중첩된 다수 반송파 기법을 사용하면 대역폭을 효율적으로 사용 할 수 있다. 그러나 중첩된 다수 반송파 기법을 구현하기 위해서는 서로 다른 변조 반송파 사이에 직교성이 보장 되어야한다.

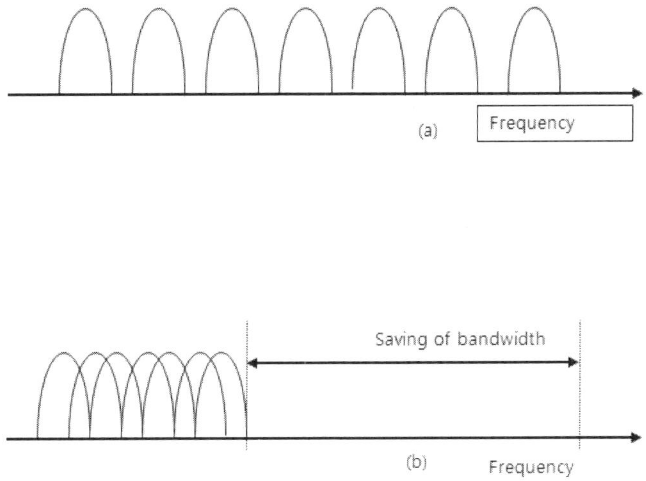

그림 5.18 일반적인 다수반송파 와 OFDM 반송파의 통신 대역 비교
(a)일반적인 다수반송파 (b) OFDM 반송파

OFDM 신호는 QAM(Quadrature Amplitude Modulation)에 의해 변조된 부반송파의 합으로 구성된다. 시간 $t=t_s$에서 시작하는 한 개의 OFDM 심볼은 식 (5.18)과 같이 표현할 수 있다.

$$s(t) = Re\left\{ \sum_{i=-\frac{N_s}{2}}^{\frac{N_s}{2}-1} d_{i+N_s/2} \exp\left(j2\pi\left(f_c - \frac{i+0.5}{T}\right)(t-t_s)\right) \right\}, t_s \le t \le t_s + T$$

$$s(t) = 0, t < t_s \wedge t > t_s + T$$

(5.18)

식 (5.18)을 복소수 기저대역으로 나타내면 식 (5.19)와 같다.

$$s(t) = \left\{ \sum_{i=\frac{N_s}{2}}^{\frac{N_s}{2}-1} d_{i+N_s/2} \exp\left(j2\pi \frac{i}{T}(t-t_s)\right) \right\}, t_s \le t \le t_s + T \quad (5.19)$$

$$s(t) = 0, t < t_s \wedge t > t_s + T$$

식 (5.19)에서 최종적인 OFDM 신호를 생성하기 위해서는 반송파 주파수를 갖는 코사인파와 사인파를 곱해야 한다. 그림 5.19는 OFDM 변조기이다.

그림 5.20은 4개의 부반송파를 갖는 OFDM 신호이다. 그림에서 각 부반송파는 구간 T에서 정확히 정수개의 사이클을 가지며 인접 부반송파 사이의 사이클 수의 차이는 정확히 1이다.

수중음향통신채널에서 OFDM을 사용하는 주된 이유 가운데 하나는 OFDM이 다중경로를 효율적으로 극복 할 수 있다는 것이다. 입력 데이터 열을 N개의 부채널로 나누어 심볼 구간을 N배 증가시킴으로써 심볼 주기에 대한 상대적인 다중경로 확산을 N배 감소시킨다. 각각의 심볼에는 ISI를 제거하기 위해서 보호구간이 삽입되는데, 보호구간은 반드시 예상되는 지연확산보다 길게 선택해야한다.

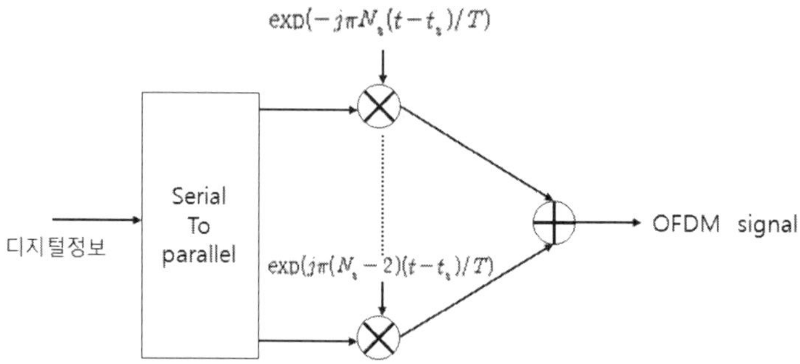

그림 5.19 OFDM 변조기

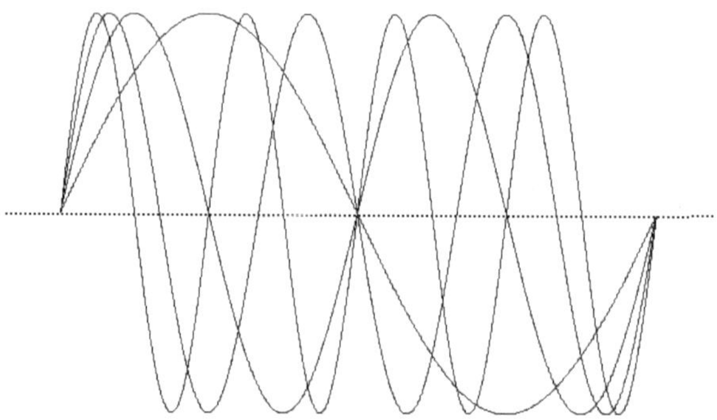
그림 5.20 4개의 부반송파를 갖는 OFDM 신호

5.3.5 수중음향통신 채널등화기 및 채널코딩

다중경로 시간확산채널에서 전송 오류율은 지연확산에 따른 채널의 코히어런스 대역폭에 좌우된다. 따라서 다중경로에 의한 지연확산 때문에 수중음향 통신 시스템의 전송신호는 심벌 간 간섭이 심화되어 고속정보 전송은 제한을 받게 된다. 이러한 제한점을 해결하기 위해 다양한 채널 등화기법이 적용되고 있다.

채널 등화기는 다중경로에 의한 영향을 최소화시키기 위하여 방법이지만 수중음향 통신 채널의 다양한 환경 요인에 따른 계산의 복잡성이 존재한다. 채널 등화기 중 수렴 속도가 늦지만 시스템에 적용하기 용이한 LMS(LMS:Least Mean Square) 알고리즘에 대해 소개한다.

그림 5.21(a)는 LMS 알고리즘 등화기 구성도를 나타내고 있으며 그림 5.21(b)는 Transversal 필터의 구성요소, 그림 5.21(c)는 Adaptive weight control의 구성요소를 보인다. 정보신호의 프레임 마다 시작 지점에서 Training sequence를 이용하여 Transversal 필터에서 다중경로 채널을 추정한다.

추정된 인자를 사용하여 다음에 수신되는 데이터의 다중 경로에 의한 왜곡을 적응한다. 또한 인자는 LMS 알고리즘의 출력 신호와 알고 있는 Training sequence의 오류를 최소화하기 위해 Adaptive weight control에서는 텝-가중치를 제어한다. 그림에서 $w(k)$는 갱신 텝-가중치이며, $e(k)$는 추정오류, $d(k)$는 희망신호이다. 그리고 $y(k)$는 필터의 출력신호이다.

그림 5.21(a)에서 kT 시간에 대한 갱신 텝-가중치 $w(k)$는 식 (5.20)과 같이 주어진다.

$$w(k) = w(k-1) + \mu e(k-1) r_{k-1} \tag{5.20}$$

여기서, μ는 스텝-사이즈로 과도한 평균자승오류(MSE: Mean Square Error)와 수렴률을 제어한다. 스텝-사이즈를 증가시키면 빠른 수렴률을 가진다. 하지만, 텝 계수의 변동성이 증가되는 단점이 있다. 추정오류 $e(k)$와 필터출력 $y(k)$는 식 (5.21)과 식 (5.22)로 주어진다.

$$e(k) = d(k) + y(k) \tag{5.21}$$

$$y(k) = w^H(k) + r(k) \tag{5.22}$$

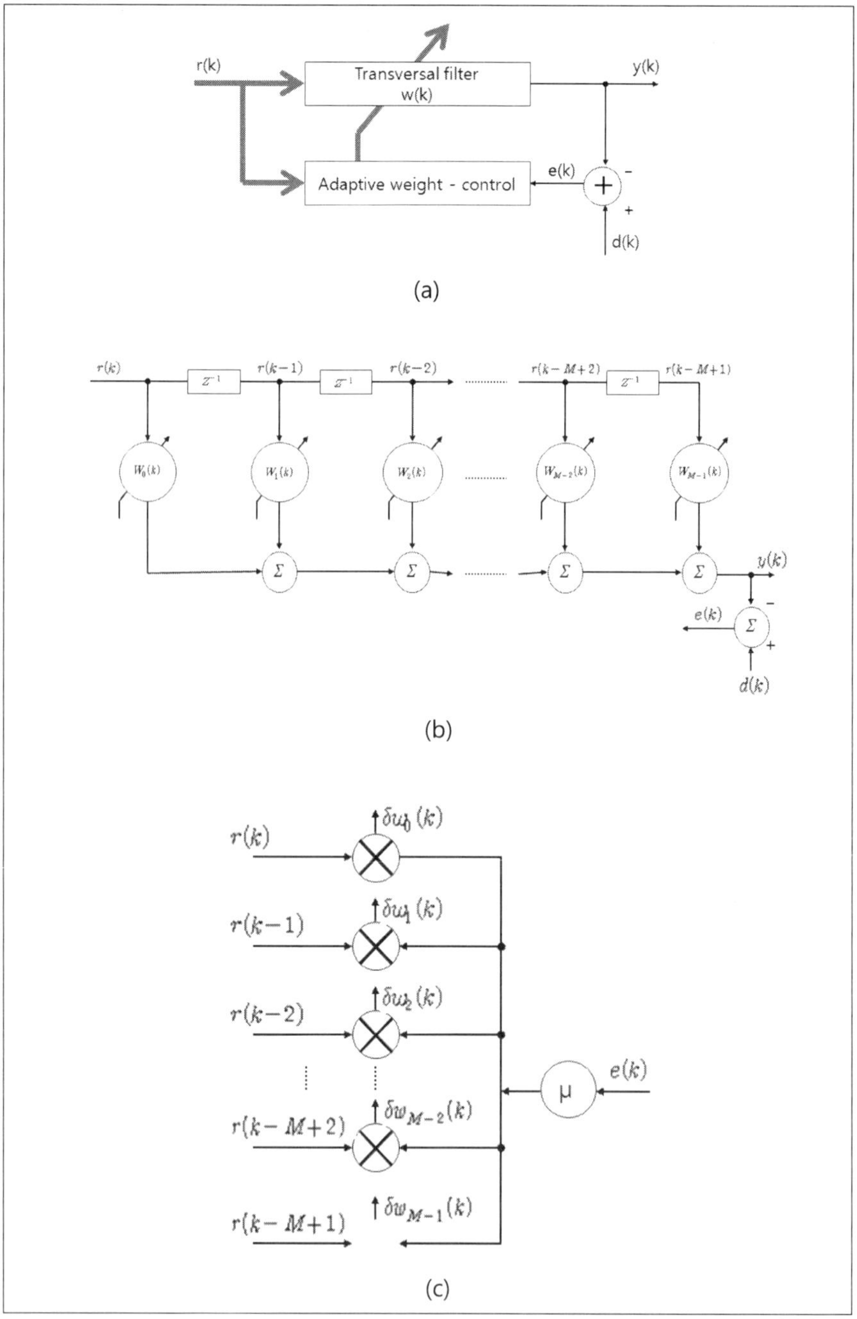

그림 5.21 최소평균자승(LMS) 알고리즘
(a) LMS의 구조, (b) transversal 필터의 구성 요소, (c) adaptive weight control의 구성 요소

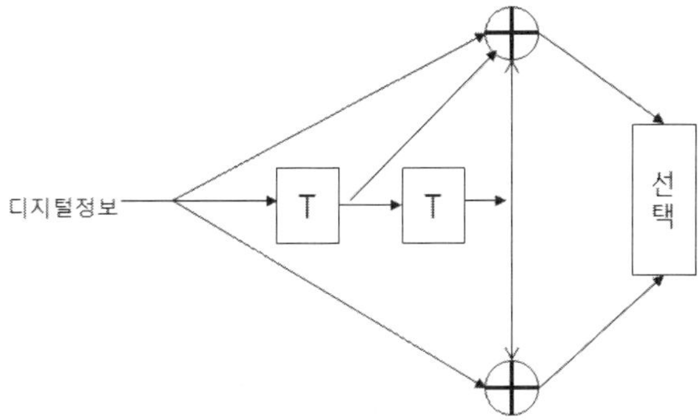

그림 5.22 컨벌루션 코딩

여기서, $d(k)$는 희망신호, $r(k)$는 수신되어 복조된 이진 데이터의 신호이며, $(\ )^H$는 켤레 이항(conjugate transpose)이다. 적응 등화기의 텝-가중치 계수는 적응 등화기의 텝과 최소평균자승오차(MMSE :Minimize Mean Square Error)의 귀납적 함수로 표현되며, 최소평균자승오차와 필터출력 $y(k)$는 각각 식 (5.23)과 식 (5.24)로 나타낼 수 있다.

$$\min(E|e(k)|^2)=\min(E|d(k)+y(k)|^2) \tag{5.23}$$

$$y(k)=\sum_{j=-m}^{m} w_j\ r_{k-j} \tag{5.24}$$

여기서, w_j는 적응 등화기의 텝-가중치 계수이다.

수중음향 통신에서 전송성능을 향상시키기 위한 또 다른 방법으로 채널코딩이 있다. 일반적으로 블록코딩(Block coding), RS 코딩, 터보코딩, RA 코딩 그리고 컨벌루션 코딩이 적용되고 있으며, 실시간 통신에 적합한 채널 코딩기법으로 주로 컨벌루션 코딩을 사용한다.

컨벌류션 코딩은 통신채널의 백색 잡음에 의해 발생하는 오류를 억제하기 위해 Viterbi Algorithm을 적용하여 전송정보를 코딩하는 기법이다. 컨벌루션 코딩은 k비트의 연속된 각 입력 비트를 n개의 출력 비트로 맵핑시키며, 맵핑은 입력 비트와 이진 임펄스 응답의 컨볼루션으로 이루어진다. 컨벌루션 코딩은 현재의 부호어를 만드는데 있어 현재의 k비트메시지만 필요한 것이 아니라 과거의 메시지(m)도 필요하다. k=7인 경우 약 5dB의 이득이 있는 것으로 알려져 있다.

그림 5.22는 k/n=1/2, k=3, m=2인 경우이다. 와 같이 간단한 이동 레지스터와

모듈로-2 덧셈기로 구현된다. 디지털 정보는 채널 부호화기에 입력되고 전송량이 증가한 부호어 열이 직렬로 출력되어 전송되는 방식이다.

입력 비트가 0101110010100001인 경우 출력은 00 11 10 00 01 10 01 11 11 10 00 10 11 00 11으로 코딩되어 중복도는 2가 되어 대역은 2배로 된다. 그러나 코딩이 적용 된 경우 약 6 dB의 신호 대 잡음비가 개선된다.

5.4 수중운동체 음향통신시스템 설계요소 및 평가실험

5.4.1 수중운동체 음향통신시스템 설계요소

수중운동체는 잠수정을 가정하였다. 그림 5.26은 모선과 수중 잠수정 제어를 위한 수중음향통신시스템의 기능별 전체 구성도이다. 모선에서 잠수정 제어신호가 수중음향채널을 통해 전송된다. 수신된 정보로 잠수정의 임무가 제어되며, 동시에 잠수정에 장착된 센서에 의한 잠수정 제어신호 및 수집된 수중영상 등의 정보는 변조되어 수중음향채널을 통해 모선의 수신기에 수신된다.

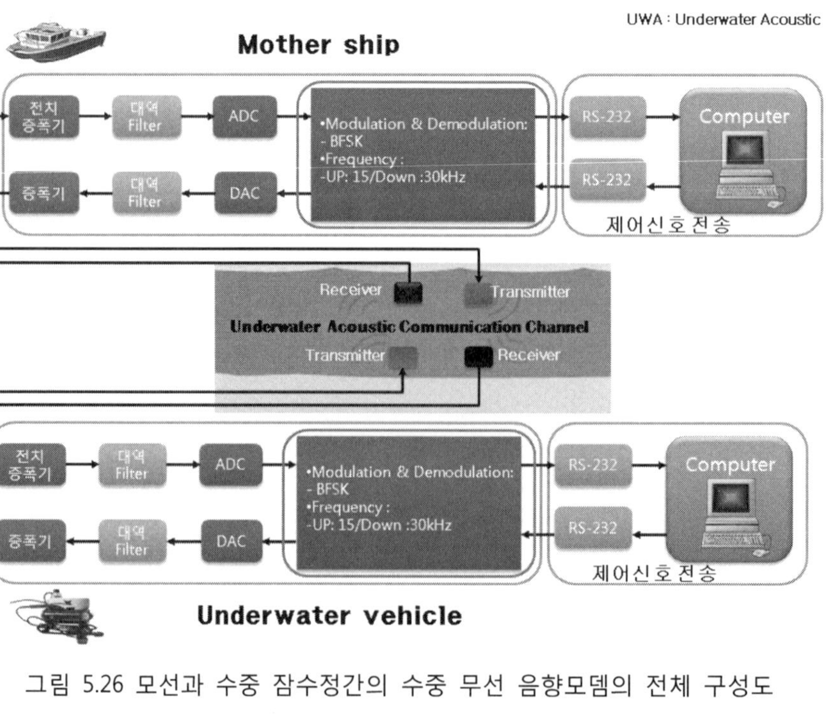

그림 5.26 모선과 수중 잠수정간의 수중 무선 음향모뎀의 전체 구성도

잠수정의 종류, 임무 및 활동해역에 의해 결정되는 정보 전송량을 기반으로 잠수정의 임무와 생존을 보장할 수 있는 해양환경에 강인한 음향모뎀의 설계요소는 다음과 같다.

-모선과 수중 잠수정 간의 음향채널 특성

-모선 및 수중 잠수정의 제어신호와 통신용량

-제어신호의 전송률과 오류율을 고려한 음향모뎀 통신방식 설계

-음향모뎀의 전송 패킷 설계

-모선과 수중 잠수정간의 주파수 분할 방식 및 주파수 대역 등

1) 모선과 잠수정간의 음향통신 채널 해석

(1) 수중 잠수정이 모선의 수직 직하 방향에 위치한 수직 방향 수중음향통신 채널 해석(해면과 해저의 반사파의 영향은 무시).

(2) 수중 잠수정이 모선의 수평 방향에 위치한 수평 방향 수중음향통신 채널 해석(천해에 해당하며 입사각, 송신 주파수, 해저/해면 거칠기 및 경계층의 음향 임피던스의 함수로 채널 해석하며 지연시간 유효치로 경계면 반사파 평가).

(3) 잠수정과 모선의 상대운동에 의한 음파의 굴절과 산란의 시변상태 해석. 통계적인 채널 특성 평가.

2) 잠수정 제어/정보신호 전송용량 해석

(1) 잠수정의 호버링 제어를 위한 순항/상승/하강/회전 등의 운동 제어신호 종류 및 전송용량 해석.

(2) 고정 로봇과 같은 수중작업 머니퓰레이터 잠수정의 운동제어신호 종류 및 전송용량.

(3) 수중 잠수정이 장착하고 있는 연료전지, 해수전지 등의 출력, 잔존 전력신호 모니터링 신호 전송용량.

(4) 잠수정이 수집하는 이미지 정보, 해양물리 정보의 전송용량.

3) 모선의 잠수정 제어 신호 용량 분석

(1) 수중 잠수정이 정해진 시나리오로 운동하지 않는 경우, 잠수정과 모선은 양방향 통신으로 잠수정의 제어신호를 전송하고, 해석.

(2) 잠수정이 자율이 아닌 경우에는 모선에서 일방적으로 잠수정의 위치, 운동,

기관제어 신호를 제어. 따라서 잠수정 명령신호의 종류 및 방식을 분석하여 모선의 통신용량을 결정.

4) 음향모뎀 통신방식/오류율 해석

잠수정의 제어신호는 수백 bps의 낮은 전송율로도 가능. 제어신호 및 정보신호의 전체용량과 수중음향 채널 및 오류율 특성을 기반으로 인코히어런트 음향 모뎀방식 혹은 코히어런트 음향모뎀 방식 결정.

5) 제어신호 시퀀스와 정보신호 전송 패킷 설계

(1) 수중 잠수정의 제어신호는 운동제어, 기관제어 등의 단위제어 신호로 구성.

(2) 단위 제어신호의 정보량을 기반으로 제어신호의 시퀀스를 결정.

(3) 전체 제어신호를 그림 5.27과 같이 패킷 프레임으로 구성.

(4) 단위시간당의 단위 제어신호 갱신율에 의해 전체 제어신호의 패킷 프레임 길이 결정.

6) 다운링크/업 링크 설계

(1) 잠수정이 정해진 시나리오로 운동하지 않는 경우, 잠수정과 모선은 양방향 통신 필수적.

(2) 모선에서 잠수정간의 다운링크와 업 링크의 통신주파수 결정.

(3) 이들 주파수는 음향모뎀의 통신방식, 모선과 잠수정의 통신거리, 목표 오류율, 해양배경잡음, 송수신기의 주파수에 따른 지향성 및 감도 등에 의해 결정. 목표하는 업링크 주파수 및 다운링크 주파수 결정.

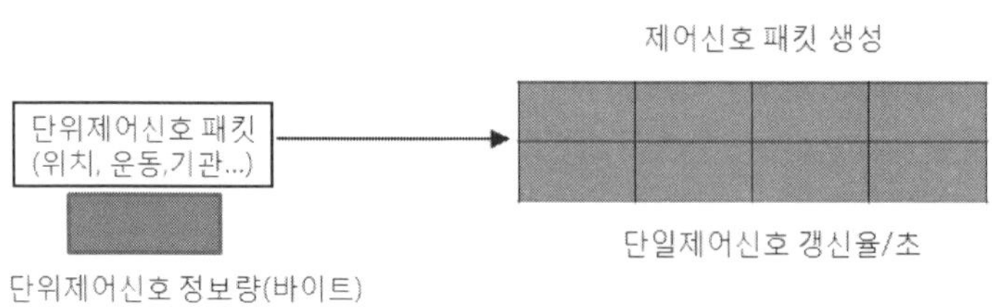

그림 5.27 제어신호 패킷 프레임

표 5.6 송수신 거리에 따른 다중 경로 각각의 해저 입사각

signal path	grazing angle(50m)	grazing angle(100m)	grazing angle(200m)
D	NA	NA	NA
B	5.82°	2.85°	1.36°
S	14.48°	7.3°	3.84°
SB	18.69°	9.53°	4.83°
BS	20.92°	10.77°	5.32°

5.4.2 음향통신시스템 평가실험

5.4.1절에 기술한 수중운동체 음향통신시스템 설계요소를 기반으로 음향통신시스템을 구현하기 위해서는 각 설계요소를 모의실험 및 실제실험으로 평가해야한다. 이들 중 가장 중요한 요소는 그림 5.26에서 변복조기와 수중음향 통신채널에 대한 평가이다. 본 절에서는 BFSK 방식의 통신방식을 적용한 음향통신시스템의 평가실험결과를 기술한다. 수중운동체의 제어 등에는 본 절의 결과를 응용하여 시스템을 구현할 수 있다.

다중 경로 지연 확산과 입사각에 의한 반사 손실이 전송 채널의 코히어런스 대역에 어떠한 영향을 미치는지 확인하기 위해 수심 9 m의 해역에서 실험한 내용한 내용이다. 통신방식은 BFSK로 하였고 채널등화기와 채널코딩은 하지 않았다.

수중운동체를 제어하는 신호를 보내는 대신 표준영상인 Lenna 이미지를 전송하여 정보의 전송성능을 해석한 것이다. 이미지는 50X50 pixel 의 8bit 이미지로 총 20,000 비트를 송수신하였다. 해저 바닥은 진흙으로 밀도 및 음속이 각각 1,567 kg/m^3, 1510 m/s이고 수온과 유속은 20℃, 0.3 m/s이다. 송신기 수심 6 m, 수신기 수심 7 m, 송수신 거리 각각 50 m, 100 m, 200 m이다. 각각의 거리에서 짧은 펄스를 송신하여 측정한 채널의 응답신호는 그림 5.28(a)와 같다.

각각의 거리에 대한 코히어런스 대역폭은 식(5.12)-(14)을 적용하여 송수신거리 50 m에서 208.55 Hz, 송수신거리 100 m에서 172.16 Hz, 송수신거리 200 m에서 983.87 Hz로 측정되었다. 따라서 각각의 거리에서 오류 없이 수신할 수 있는 디지털 정보의 전송율은 약 100 bps, 80 bps 및 500 bps이다.

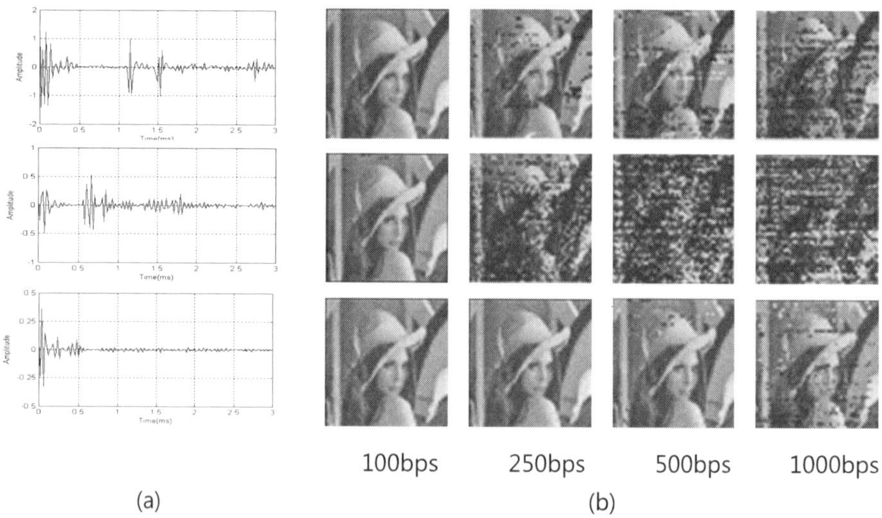

그림 위쪽으로부터, 송수신 거리 50 m, 송수신 거리 100 m, 송수신 거리 200 m.
그림 5.29 송수신 거리에 따른 채널응답특성과 수신 이미지.

100 m거리에서 코히어런스 대역폭은 직접파에 비해 상대적으로 큰 반사파들의 진폭으로 인해 50 m에서의 대역폭보다 낮게 측정된다. 이것은 음파의 입사각에 기인한 것으로 수중 음향 환경 파라메타와 식 (5.4)를 이용하여 바닥의 임계각을 측정하면 대략 11°이며 송수신거리에 따른 다중 경로로 수신된 신호 각각의 입사각은 표 5.6과 같다. 여기서 직접파 D, 해저반사파 B, 해면반사파 S, 2번 반사된 해면-해저반사파 SB, 해저-해면반사파 BS으로 경로를 구분하였다.

50 m거리에서 주된 신호 경로가 D, B인 반면에 100 m 거리에서는 다섯개의 경로 모두가 입사각이 임계각보다 작기 때문에 50 m거리의 신호보다 상대적으로 직접파에 대한 반사파의 진폭이 우세하여 τ_{rms}가 더 커졌고 결과적으로 코히어런스 대역폭이 낮아졌다. 200 m거리에서도 모든 경로의 입사각이 임계각보다 작지만 지연시간이 매우 짧기 때문에 τ_{rms}가 낮게 측정되어 대역폭이 매우 넓게 분석된다.

BFSK 방식을 적용한 거리에 따른 복원된 이미지는 그림 5.28(b)와 같다. 복원된 이미지에서 보는 바와 같이 50 m, 100 m, 및 200 m에서 오류없이 전송가능한 정보 전송율은 채널의 코히어런스 대역폭으로 추정한 결과와 일치한다.

실험 결과로부터 실제 수중운동체를 제어하거나 수중운동체의 수집정보 혹은 임무정보를 전송하기 위해서는 수중음향에 대한 이해, 수중운동체 혹은 모선이 요구하는 정보 전송율과 수중음향채널 특성과의 관련해석, 최대전송거리 결정 지배방정식, 최적의 통신방식, 채널 등화기 및 채널 코딩 기술이 필수적임을 확인할 수 있다.

참고문헌

[1] R.J. Urick, Principles of Underwater Sound, McGraw-Hill, 3rd Ed., 1983.
[2] A.B. Carloson, Communication Systems, McGraw-Hill, 3rd Ed., 1988.
[3] K. Shanmugam, Digital and Analog Communication Systems, Wiley, 1979.
[4] 조용수 역, 무선멀티미디어 통신을 위한 OFDM 기초, 대영사, 2004.
[5] 한백전자, RFID Training kit HBE-RFID-REX, 한백전자.
[6] J. G. Proakis, Digital Communications, McGraw-Hill, 4th ed., 2001.
[7] L.E. Kinsler, A.R. Frey, A.B. Coppens, and J.V. Sanders, Fundamentals of Acoustics, 4th Ed., Wiley, 2000.
[8] 최중락, "무인잠수정 개발추세 및 핵심기술분석," 국방기술플러스, 국방과학연구소, 2008.
[9] 황종현, 홍성경, 조현진, "소형 자율무인 수중운동체의 제어시스템 설계를 위한 통합시뮬레이터 구축-HILS검정," 제어로봇시스템 학회지, 14권 4호, pp. 1-9, 2008.
[10] D. B. Kilfoyle and A. B. Baggeroer, "The State of the Art in Underwater Acoustic Telemetry," IEEE Journal of Oceanic Engineering, Vol. 25, No. 1, pp. 4-27, Jan. 2004.
[11] 박종원, 임용곤, 최영철, 김승근, 변성훈, 김시문, "수중음향데이터 통신시스템 구현 및 실해역 시험," 선박해양기술, 41권, pp.45-52, 2006.
[12] 윤종락, 박규칠, 박문갑, 김석재, 노용주 "단측파대 변조방식의 수중무선전화기 제작 및 성능," 한국음향학회지, 23권 2호, pp.134-145, 2004.
[13] Chun-Dan Lin, Seongwook Lee and Jong Rak Yoon, "Adaptive Equalization for Underwater Acoustic Communication in Multipath Channel," Japanese Journal of Applied Physics, vol 45, pp. 4856-4858, 2006.
[14] J. Park, Kyu-Chil Park, and J.R. Yoon, "Underwater Acoustic Communication Channel Simulator for Flat Fading," Japanese Journal of Applied Physics, vol 49, 07HG101-07HG104, 2010.
[15] J. Kim, K. Park, J. Park, and J.R. Yoon, "Coherence Bandwidth Effects on Underwater Image Transmission in Multi-Path Channel," Japanese Journal of Applied Physics, vol 50, 2011.
[16] M. Stojanovic, "Recent Advance in High Speed Underwater Acoustic Communications," IEEE Journal of Oceanic engineering, Vol. 21, No.

2, 125-136, 1996.

[17] A. B. Baggeroer, "AcousticTelemetry -Overview," IEEE Journal of Oceanic Engineering, Vol. OE-9,No 4, October 1984.

[18] 김병철, I-Tai Lu, "OFDM 수중음향통신 신호처리 설계와 성능평가,“ 한국음향학회 학술대회 발표논문집, 제23권 제2호(s), 487-490, 2004.

[19] D. B. Kilfoyle and A. B. Baggeroer, "The State of the Art in Underwater Acoustic Telemetry," IEEE Journal of Oceanic Engineering, Vol. 25, No. 1, pp. 4-27, Jan. 2004.

[20] Chun-Dan Lin, Seongwook Lee and Jong Rak Yoon, "Adaptive Equalization for Underwater Acoustic Communication in Multipath Channel," Japanese Journal of Applied Physics, vol 45, pp. 4856-4858, 2006.

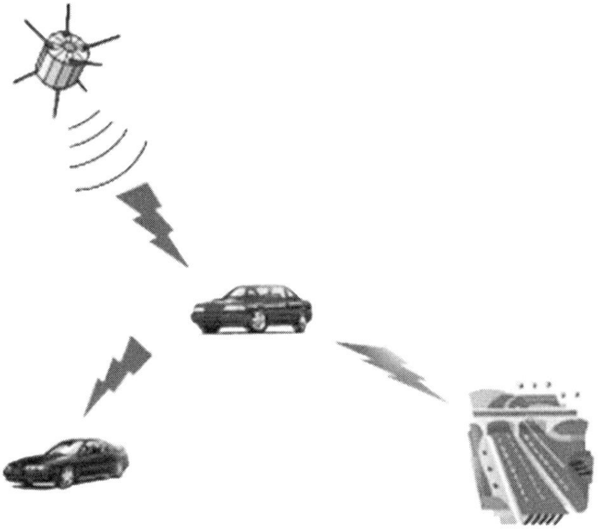

Chapter 6
자동제어와 수중 운동체

6.1 PID 제어

6.2 상태 궤환 제어

6.3 수중 운동체에의 적용

6.1 PID 제어

PID(proportional-integral-derivative) 제어기는 산업현장에서 가장 널리 쓰이고 있는 제어기 중 하나로서, 식 (6.1)과 같은 형태를 가진다.

$$u(t) = K_p e(t) + K_i \int e(t)dt + K_d \dot{e}(t)$$
$$e(t) = r(t) - y(t) \tag{6.1}$$

여기에서 $u(t)$는 제어기의 출력, $e(t)$는 오차, $r(t)$는 레퍼런스 신호, $y(t)$는 제어 대상의 출력을 나타낸다. K_p, K_i, K_d는 비례 상수, 적분 상수, 미분 상수를 나타낸다.

라플라스 변환으로 표기하면 식 (6.2)와 같다.

$$U(s) = (K_p + \frac{K_i}{s} + sK_d)E(s)$$
$$E(s) = R(s) - Y(s) \tag{6.2}$$

PID 제어기는 제어 대상의 수식 모델을 모르더라도 3개의 상수값만을 조정하여 원하는 제어 성능이 나올 때까지 반복하는 방식이므로, 복잡한 제어 이론을 모르더라도 쉽게 접근할 수 있는 장점이 있으며, 대상 시스템이 저차의 선형 시스템인 경우, 대부분 만족할 만한 제어 성능을 얻을 수 있다

PID 제어기의 3개 상수값들의 역할을 알아보기 위하여 임의의 제어 대상 시스템의 전달함수를 식 (6.3)과 같이 $1/s$가 포함되지 않은 (또는 0개 포함된) TYPE 0 시스템으로 정하고, Matlab/Simulink를 이용하여 결과를 보인다.

$$P(s) = \frac{Y(s)}{U(s)} = \frac{100}{s^2 + 10s + 100} \tag{6.3}$$

6.1.1 P 제어기

그림 6.1과 같이 PID 제어기의 세 개의 이득값 중 $K_i = K_d = 0$로 두고, K_p만을 변화시키며 제어하는 P 제어기의 제어 결과는 그림 6.2와 같다.

그림에서 보듯이, 일반적으로 K_p(P 제어기)는 제어 대상 시스템 응답의 상승 시간을 빠르게 하지만, 동시에 오버슈트(overshoot)도 증가시킨다. 이때 단위계단 레퍼런스(unit step reference) 함수에 대한 정상 상태 오차가 0이 아닌 경우, K_p의 값을 크게 함으로써 정상 상태 오차를 개선시킬 수 있다.

위 예에서 P 제어기를 포함한 폐루프 제어 시스템의 전달함수는 식 (6.4)와 같다.

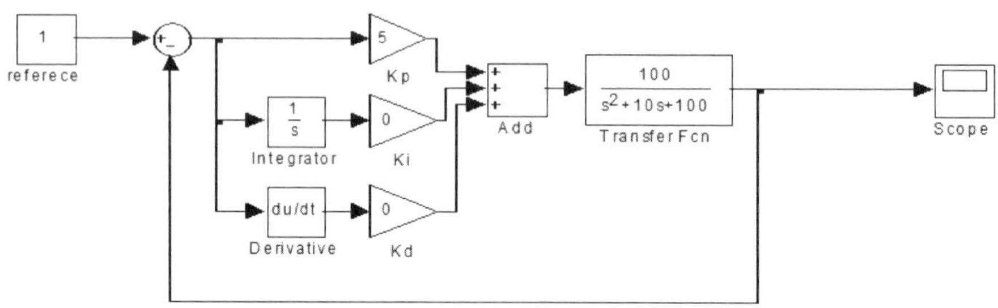

그림 6.1 P제어기의 Simulink 구현예

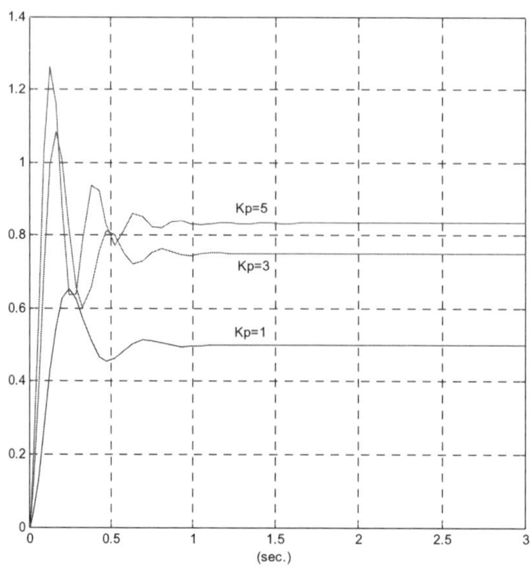

그림 6.2 P 제어기의 역할

$$G(s) = \frac{Y(s)}{R(s)} = \frac{K_p P(s)}{1 + K_p P(s)}$$

$$= \frac{K_p \dfrac{100}{s^2 + 10s + 100}}{1 + K_p \dfrac{100}{s^2 + 10s + 100}} = \frac{100 K_p}{s^2 + 10s + 100 + 100 K_p} \tag{6.4}$$

라플라스 변환이 $1/s$인 단위 계단 함수($u_s(t)$)를 레퍼런스 신호로 하는 경우, 폐루프 제어 시스템의 응답은 식 (6.5)이고, 라플라스 변환의 최종값 정리에 의하여 시스템의 최종 출력값은 식 (6.6)이 된다.

$$Y(s) = G(s)R(s) = \frac{100 K_p}{s^2 + 10s + 100 + 100 K_p} \frac{1}{s} \tag{6.5}$$

$$\begin{aligned} \lim_{t \to \infty} y(t) &= \lim_{s \to 0} s\,Y(s) \\ &= \lim_{s \to 0} s \frac{100 K_p}{s^2 + 10s + 100 + 100 K_p} \frac{1}{s} \\ &= \frac{100 K_p}{100 + 100 K_p} \end{aligned} \tag{6.6}$$

식 (6.6)으로부터, K_p의 값이 클수록 시스템의 출력은 1에 가까워짐을 알 수 있다.

여기에서, 제어 대상 시스템이 식 (6.7)과 같이 TYPE I 시스템($\frac{1}{s}$가 1개 포함)이라고 가정하고, P 제어기의 결과를 확인해보자.

$$P(s) = \frac{Y(s)}{U(s)} = \frac{100}{s(s^2 + 10s + 100)} \tag{6.7}$$

이 경우는 라플라스 변환의 최종값 정리를 사용하면 식 (6.8), 식 (6.9)와 같이 시스템의 최종 출력은 1이 되는데, 이것은 TYPE I 이상의 시스템에서는 같은 결과를 출력한다.

$$Y(s) = G(s)R(s) = \frac{100\,K_p}{s(s^2+10s+100)+100K_p}\;\frac{1}{s} \tag{6.8}$$

$$\begin{aligned}\lim_{t\to\infty} y(t) &= \lim_{s\to 0} s\,Y(s) \\ &= \lim_{s\to 0} s\,\frac{100\,K_p}{s(s^2+10s+100)+100K_p}\;\frac{1}{s} \\ &= 1\end{aligned} \tag{6.9}$$

6.1.2 PI 제어기

제어 대상 시스템이 TYPE 0 시스템인 경우를 대상 시스템에 적분기가 없는 경우라고 일컫기도 하는데, 이런 경우 K_p만으로 제어 시스템의 정상 상태 오차를 0으로 만들 수 없으므로, 그림 6.3과 같이 K_i (PI 제어기)를 도입한다. 단순히 오차의 크기에 비례하는 P 제어기 뿐 아니라, 발생된 모든 오차를 누적한 값에 비례하는 I 제어기가 포함되면, 오차가 0가 되지 않고 양이나 음, 어느 한쪽으로 계속 남아있는 경우, 제어기의 출력이 시간이 지남에 따라 커지게 되는 방식이다.

그림 6.4에서 보듯이 K_i를 사용하면 정상 상태 오차를 0으로 만들 수 있지만, 일반적으로 시스템의 응답은 느려지고, 오버슈트가 증가하는 등, 불안정한 쪽으로 변화된다. 또한, I 제어기는 단독으로 사용할 수 없고, 반드시 PI 또는 PID 제어기로 사용된다.

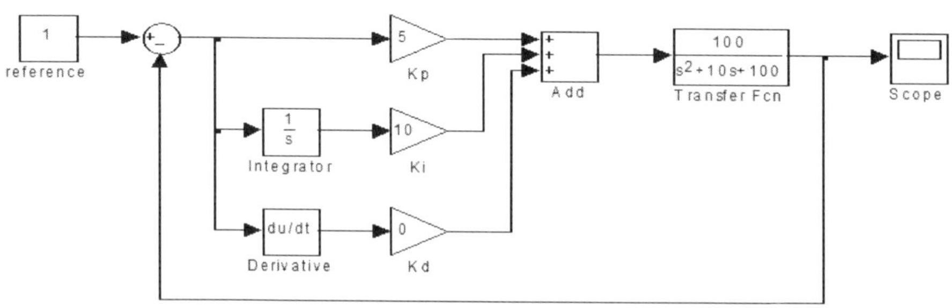

그림 6.3 PI 제어기의 Simulink 구현 예

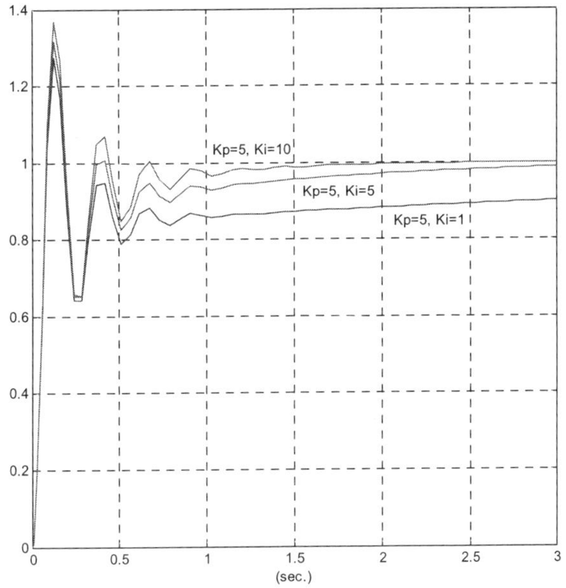

그림 6.4 PI 제어기의 역할

위 예에서 PI 제어기를 포함한 폐루프 제어 시스템의 전달함수는 식 (6.10)과 같다.

$$G(s) = \frac{Y(s)}{R(s)} = \frac{(K_p + \frac{K_i}{s})P(s)}{1 + (K_p + \frac{K_i}{s})P(s)} = \frac{100(K_p s + K_i)}{s(s^2 + 10s + 100) + 100(K_p s + K_i)} \tag{6.10}$$

이 때, 폐루프 제어 시스템의 응답은 식 (6.11)이고, 라플라스 변환의 최종값 정리에 의하여 시스템의 최종 출력값은 식 (6.12)처럼 1이 된다.

$$Y(s) = G(s)R(s) = \frac{100(K_p s + K_i)}{s(s^2 + 10s + 100) + 100(K_p s + K_i)} \frac{1}{s} \tag{6.11}$$

$$\begin{aligned} \lim_{t \to \infty} y(t) &= \lim_{s \to 0} sY(s) \\ &= \lim_{s \to 0} s \frac{100(K_p s + K_i)}{s(s^2 + 10s + 100) + 100(K_p s + K_i)} \frac{1}{s} \\ &= 1 \end{aligned} \tag{6.12}$$

6.1.3 PD, PID 제어기

P 제어기 또는 PI 제어기에 K_d를 도입하면 PD 제어기 또는 PID 제어기가 되는데, 그림 6.5와 같이 구현할 수 있다. 그림 6.6에서 보듯이, K_d는 제어 시스템의 오버슈트를 감소시키고, 정정 시간(settling time)을 줄이는 역할을 한다. 그러나 K_d는 $e(\dot{t})$처럼 입력 신호의 미분값에 작용하기 때문에 백색 잡음같이 고주파의 잡음이 섞인 신호의 경우, 잡음을 증폭시키는 역할도 하게 되므로, 고주파 잡음이 심한 경우에는 사용할 수 없다.

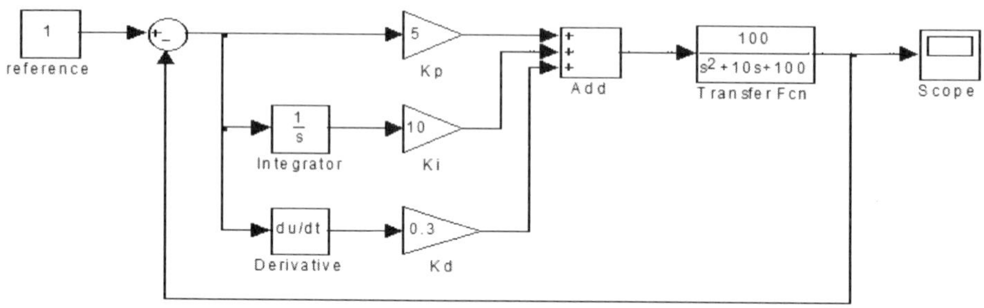

그림 6.5 PID 제어기의 Simulink 구현 예

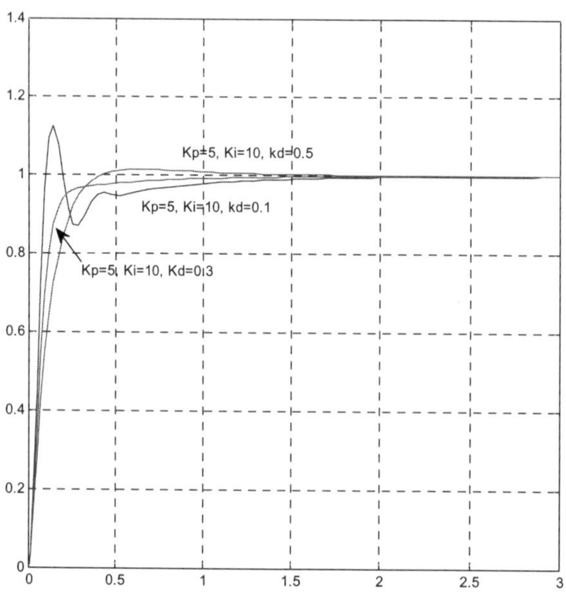

그림 6.6 PID 제어기의 D의 역할

위 예에서 PID 제어기를 포함한 폐루프 제어 시스템의 전달함수는 식 (6.13)과 같다.

$$G(s)=\frac{(K_p+\frac{K_i}{s}+K_ds)P(s)}{1+(K_p+\frac{K_i}{s}+K_ds)P(s)}=\frac{100(K_ps+K_i+K_ds^2)}{s(s^2+10s+100)+100(K_ps+K_i+K_ds^2)} \tag{6.13}$$

이 때, 폐루프 제어 시스템의 응답은 식 (6.14)이고, 라플라스 변환의 최종값 정리에 의하여 시스템의 최종 출력값은 식 (6.15)처럼 1이 되는데, 이것은 I 제어기의 역할이다.

$$Y(s)=G(s)R(s)=\frac{100(K_ps+K_i+K_ds^2)}{s(s^2+10s+100)+100(K_ps+K_i+K_ds^2)}\frac{1}{s} \tag{6.14}$$

$$\begin{aligned}\lim_{t\to\infty}y(t) &= \lim_{s\to 0}sY(s)\\ &= \lim_{s\to 0}s\frac{100(K_ps+K_i+K_ds^2)}{s(s^2+10s+100)+100(K_ps+K_i+K_ds^2)}\frac{1}{s}\\ &= 1\end{aligned} \tag{6.15}$$

만약 PD 제어기를 구성하였다면 시스템의 최종값은 식 (6.16)에 의해 식 (6.17)과 같고, 이것은 P 제어기의 결과와 같다. 또한 시스템의 최종값은 K_p의 값에 따라 정해질 뿐, K_d와는 아무런 관련이 없다. 시뮬레이션 결과는 그림 6.7과 같고, K_d가 오버슈트를 감소시키고 정정 시간을 줄이는 역할을 하였음을 알 수 있다.

$$Y(s)=G(s)R(s)=\frac{100(K_p+K_ds)}{(s^2+10s+100)+100(K_p+K_ds)}\frac{1}{s} \tag{6.16}$$

$$\begin{aligned}\lim_{t\to\infty}y(t) &= \lim_{s\to 0}sY(s)\\ &= \lim_{s\to 0}s\frac{100(K_p+K_ds)}{(s^2+10s+100)+100(K_p+K_ds)}\frac{1}{s}\\ &= \frac{100K_p}{100+100K_p}\end{aligned} \tag{6.17}$$

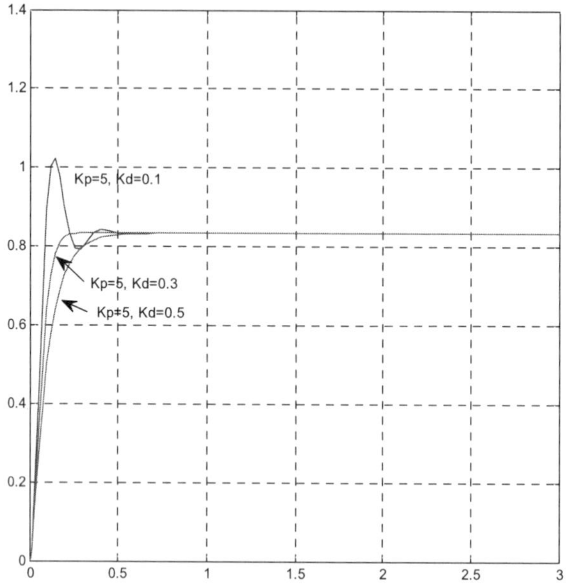

그림 6.7 PD 제어기의 D의 역할

6.2 상태 궤환 제어

상태 궤환(state feedback) 제어기는, 대상 시스템을 n개의 상태 변수를 사용하여 일차의 선형 미분 행렬 방정식으로 모델링할 수 있는 경우에 사용할 수 있는 제어기이다. 상태 궤환 방식은 대상 시스템이 MIMO(multi input multi output) 시스템에도 그대로 사용할 수 있지만, 여기에서는 SISO(single input single output) 시스템으로 국한하고, 시불변 시스템이라고 가정한다.

이 경우에 제어 대상 시스템은 식 (6.18)과 같이 표현된다.

$$\frac{dx(t)}{dt} = Ax(t) + Bu(t)$$
$$y(t) = Cx(t) + Du(t) \tag{6.18}$$

여기에서 $x(t) = [x_1(t), x_2(t), ..., x_n(t)]^T$로서, 제어 대상 시스템의 n개의 상태 변수를 나타내고, $u(t)$는 대상 시스템에 인가되는 입력 신호, $y(t)$는 시스템의 출력 신호를 나타낸다. A, B, C, D는 각각 $n \times n, n \times 1, 1 \times n, 1 \times 1$의 행렬인데, 시스

템의 출력에 입력은 사용하지 않고 상태 변수의 조합만을 사용하는 경우, $D=0$가 된다.

상태 궤환 제어기는 시스템의 상태 변수의 선형합이 레퍼런스 신호와 같아지도록 조절하는 제어기로서, 식 (6.19)와 같은 형태를 가진다.

$$\begin{aligned} u(t) &= r(t) - Kx(t) \\ K &= [k_1, k_2, \ldots, k_n] \end{aligned} \tag{6.19}$$

여기에서 $r(t)$는 레퍼런스 신호를 의미한다. 상태 궤환 제어기의 출력 $u(t)$를 제어 대상 시스템의 입력 $u(t)$에 대입하면

$$\begin{aligned} \frac{dx(t)}{dt} &= Ax(t) + B(r(t) - Kx(t)) \\ &= (A - BK)x(t) + Br(t) \end{aligned} \tag{6.20}$$

이고, 라플라스 변환을 이용하여

$$\begin{aligned} sX(s) &= (A - BK)X(s) + BR(s) + x(0) \\ X(s) &= (sI - A + BK)^{-1}BR(s) + (sI - A + BK)^{-1}x(0) \end{aligned} \tag{6.21}$$

이므로 제어기와 대상 시스템을 포함한 전체의 제어 시스템은 $x(0) = [0,0,\cdots,0]^T$이면 식(6.22)와 같이 표현된다.

$$\begin{aligned} X(s) &= (sI - A + BK)^{-1}BR(s) \\ Y(s) &= C(sI - A + BK)^{-1}BR(s) \end{aligned} \tag{6.22}$$

즉, 전체 제어 시스템의 전달 함수는 행렬의 역행렬 공식 ($M^{-1} = \frac{adj(M)}{\det(M)}$)을 사용하면 식 (6.22)로부터 식 (6.23)으로 나타낼 수 있다.

$$\frac{Y(s)}{R(s)} = C(sI - A + BK)^{-1}B = C\frac{adj(sI - A + BK)}{\det(sI - A + BK)}B \tag{6.23}$$

위식에서 C, $adj(sI-A+BK)$, B는 각각 $1\times n, n\times n, n\times 1$의 행렬이고, 분모로 나타난 $\det(sI-A+BK)$는 스칼라 값이므로, 전체 제어 시스템의 안정성에 관한 특성을 나타내는 특성방정식이

$$\det(sI-A+BK)=0 \tag{6.24}$$

임을 쉽게 알 수 있다. 이것은 주어진 대상 시스템의 행렬식 A, B 외에, 상태 궤환 제어기의 이득 행렬 K를 이용하여 전체 제어 시스템의 특성방정식을 변화시킬 수 있다는 것을 의미한다. 이것을 극배치 기법(pole placement)이라고 한다.

아래와 같이 3개의 상태 변수를 가진 대상 시스템을 제어하는 예를 들어보자. 전달함수가 $G(s)=\dfrac{20(s+5)}{s(s+1)(s+4)}$인 시스템을 상태 변수로 나타내면 식 (6.25)로 표현할 수 있다.

$$\begin{bmatrix}\dot{x}_1(t)\\ \dot{x}_2(t)\\ \dot{x}_3(t)\end{bmatrix}=\begin{bmatrix}0&1&0\\0&0&1\\0&-4&-5\end{bmatrix}\begin{bmatrix}x_1(t)\\x_2(t)\\x_3(t)\end{bmatrix}+\begin{bmatrix}0\\0\\1\end{bmatrix}u(t)$$
$$y(t)=\begin{bmatrix}100 & 20 & 0\end{bmatrix}\begin{bmatrix}x_1(t)\\x_2(t)\\x_3(t)\end{bmatrix} \tag{6.25}$$

상태 궤환을 이용한 제어기 $u(t)=r(t)-Kx(t)$ $(K=[k_1, k_2, k_3])$를 인가한 후, 전체 제어 시스템의 특성방정식은 식 (6.26)과 같다.

$$\det(sI-A+BK)=s^3+(5+k_3)s^2+(4+k_2)s+k_1=0 \tag{6.26}$$

여기에서, 제어의 목표는 전체 시스템의 전달함수의 극의 위치가 각각 $s_{1,2}=-5.4\pm j7.2$, $s_3=-5.1$에 위치하도록 하는 것이라 하자. 이 경우 목표 특성 방정식은

$$(s-s_1)(s-s_2)(s-s_3)=s^3+159s^2+130.08s+413.1=0 \tag{6.27}$$

이고, 이것은 식 (6.26)에서 $k_1 = 413.1$, $k_2 = 126.08$, $k_3 = 154$로 하면 만족될 수 있다. 즉, 상태 궤환 제어기는 식 (6.28)과 같이 설정한다.

$$u(t) = r(t) - (413.1\,x_1(t) + 126.08\,x_2(t) + 154\,x_3(t)) \tag{6.28}$$

그런데, 상태 궤환 제어기는 $413.1\,x_1(t) + 126.08\,x_2(t) + 154\,x_3(t)$을 $r(t)$와 같아지도록 조절하는 제어기이므로, 시스템의 출력값인 $y(t) = 100\,x_1(t) + 20\,x_2(t)$가 $r(t)$와 같아지는 것은 아니다. 그러나 대상 시스템이 시불변 선형 시스템, 즉 A, B, C, D가 상수인 경우에는 출력값의 역수만큼을 레퍼런스 신호에 곱해줌으로써, 결과값이 레퍼런스 신호와 같아지도록 제어할 수 있다.

이것은 선형 시스템이란, 다음과 같이 비례성과 가산성을 가진 시스템을 말하기 때문인데, 이것을 수식으로 나타내면 식 (6.29)와 같다.

$$LS\{f(t)\} = y_1(t),\ LS\{g(t)\} = y_2(t) \quad \Rightarrow \quad LS\{af(t) + bg(t)\} = ay_1(t) + by_2(t) \tag{6.29}$$

여기에서 $LS\{\ \}$는 임의의 선형 시스템(linear system)을 의미하고, a, b는 임의의 상수를 의미한다. 즉, 선형 시스템의 입력에 상수배를 하면, 원래 출력의 상수배가 출력되며, 임의의 신호들의 출력들은 각각 더해져서 최종 출력으로 나타난다는 것이다. 예를 들어 $a = 4.1305$, $b = 0$로 하면 식 (6.30)이 된다.

$$LS\{u_s(t)\} = y(t) \quad \Rightarrow \quad LS\{4.1305\,u_s(t)\} = 4.1305\,y(t) \tag{6.30}$$

식 (6.22)로부터 레퍼런스 신호를 a배 한 경우의 출력은, 식 (6.31)과 같이, 원래의 출력값에 a배한 것이라는 것을 알 수 있다. 이것은 A, B, C, D가 상수인 경우의 상태 방정식이 입력이 $r(t)$, 출력이 $y(t)$인 선형 시불변 시스템임을 의미한다.

$$C(sI - A + BK)^{-1}B\,(aR(s)) = a\,Y(s) \tag{6.31}$$

레퍼런스 신호에 적당한 상수를 곱하는, 이 과정을 없애기 위해서는 레퍼런스 신호를 0로 하는 제어기를 설계하는데, 식 (6.31)에서 $a = 0$, 즉 $r(t) = 0$로 하여 출력을 0으로 제어하는 것을 말하며, 레귤레이터(regulator)라고 부른다.

식 (6.20)에서 $r(t) = 0$이면, $\dot{x}(t) = Mx(t)$ $(M = A - BK)$이므로, 일차 미분

방정식의 해는 각 원소들이 모두 $c_1e^{\lambda_1}+c_2e^{\lambda_2}+\ldots+c_ne^{\lambda_n}$($\lambda$들은 M의 고유값(eigenvalue))의 형태로서, $M=A-BK$의 고유값이 모두 좌복소평면(LHP: Left Half Plane)에 위치하면 벡터 $x(t)$의 해는 시간이 지나면서 결국 0으로 접근한다는 것을 이용한다.

즉, 위의 예에서 든 시스템의 상태 변수의 선형합인 $413.1x_1(t)+126.08x_2(t)+154x_3(t)$를 0가 되도록 하는 제어기는 상태 변수 $x(t)=[x_1(t),x_2(t),x_3(t)]^T$의 원소들을 각각 0가 되게 하는 제어기로서, 출력값 $100x_1(t)+20x_2(t)$은 자연히 0가 된다. 이것은 뒤의 수중 운동체의 예에서 살펴보기로 한다.

그런데, 상태 궤환 제어기의 이득값 K는 항상 설정 가능한 것은 아니다. 이득값의 설정 가능성은 대상 시스템의 가제어성(controllability)을 체크하여야 하는데, 이것은 가제어성 행렬의 행렬식 $\det[B|AB|A^2B|\ldots|A^{n-1}B]$이 0이 아니면 된다는 것이 알려져 있다.

위 예에서는

$$\det[B|AB|A^2B]=\det\begin{bmatrix}0&0&1\\0&1&-5\\1&-5&21\end{bmatrix}=-1 \tag{6.32}$$

이므로 임의의 목표 특성 방정식을 만족하는 이득값 K를 항상 설정할 수 있다.

상태 궤환 제어기에서 다루어야 할 또 하나의 개념으로서 가관측성(observability)이 있다. 이것은 대상 시스템의 상태 변수 중 일부만이 측정 가능할 때에, 대상 시스템의 A, B, C, D값을 이용하여 나머지 측정 불가능한 상태 변수들을 추출하는 것으로서, 이것이 가능하려면 가관측성 행렬의 행렬식 (6.33)이 0이 아니면 되는데, 이 책에서는 가제어성 및 가관측성에 대하여는 자세히 거론하지 않기로 한다.

$$\det\begin{bmatrix}C\\CA\\CA^2\\\cdots\\CA^{n-1}\end{bmatrix}\neq 0 \tag{6.33}$$

Matlab/Simulink를 사용하여 그림 6.8과 같이 대상 시스템과 상태 궤환 제어기를 구성하고 그림 6.9에 실행 결과를 보였다.

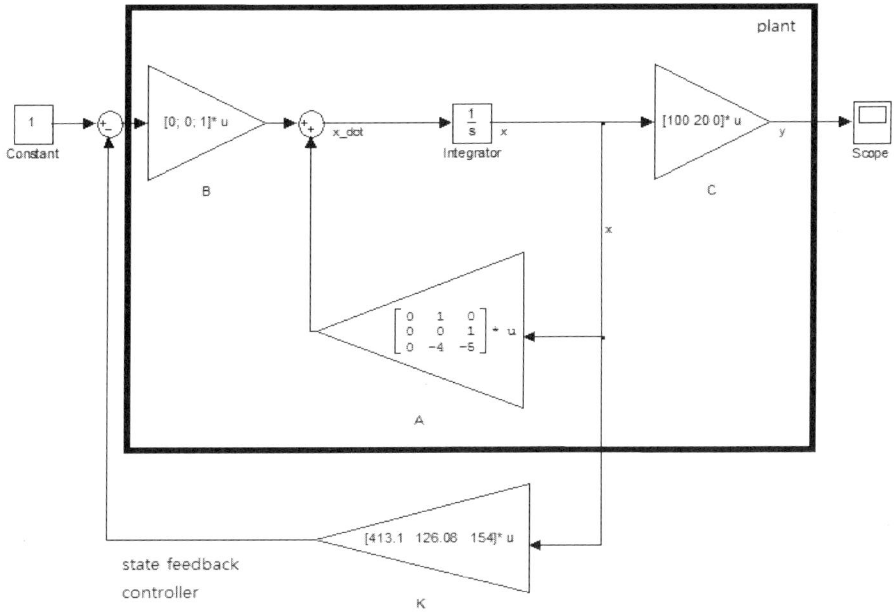

그림 6.8 상태 궤환 제어 시스템의 Simulink 구현 예

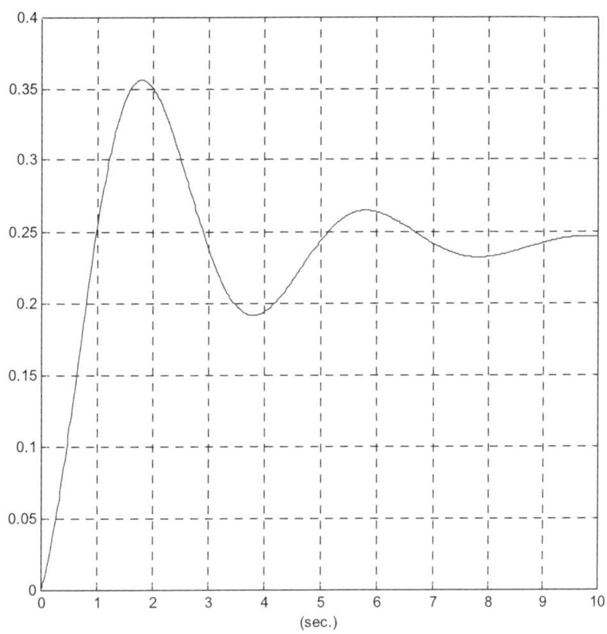

그림 6.9 상태 궤환 제어기의 제어 결과

여기에서 시스템의 출력 $y(t)$가 0.2421로 접근하고 있으므로, 그림 6.10과 같이 레퍼런스 신호에 그 역수를 곱하여 4.1305를 레퍼런스 신호로 하면, 시스템의 출력은 1로 제어됨을 그림 6.11에서 확인할 수 있다.

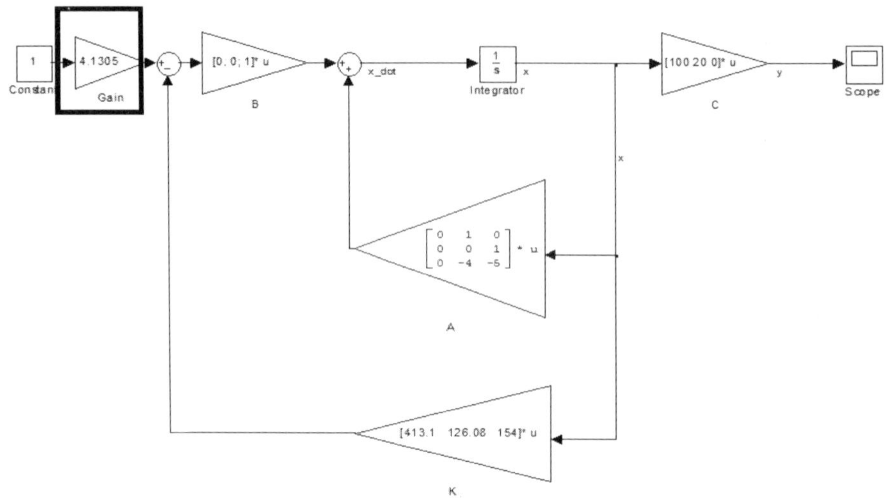

그림 6.10 상태 궤환 시스템의 레퍼런스 조정

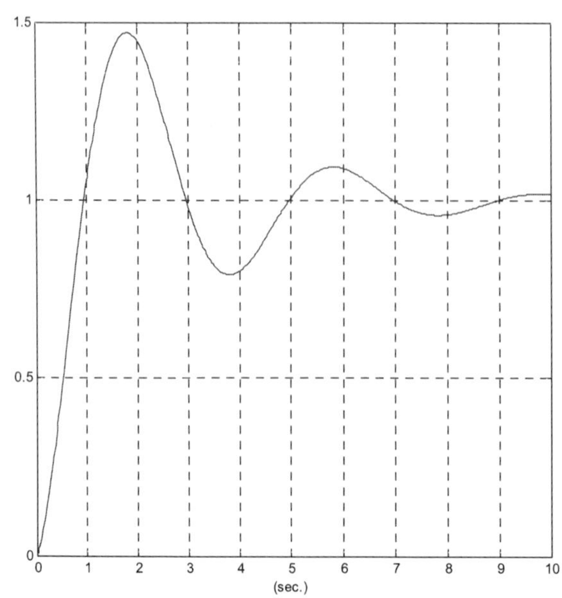

그림 6.11 상태 궤환 제어기의 제어 결과

6.3 수중 운동체에의 적용

본 절에서 다루고자 하는 수송기계로서의 수중 운동체는 무인잠수정(Autonomous Underwater Vehicle)으로서, 이 후 AUV라고 부른다.

최근의 로봇 기술의 발달은 무기 체계의 변화를 유도하여, 자국 병사의 인명 손실을 줄이고 시간에 구애받지 않는 효율성을 기하기 위하여, 각종 무인화 기계들이 눈에 띄게 많아지고 있다. 특히 미국 등 선진국들은 무인 항공기를 이용한 정찰 및 작전 수행을 실전에 사용하고 있고, 무인 잠수정, 육상용 무인 시스템 등의 개발과 활용에 앞장서고 있다.

무인 잠수정에 대한 요구가 높아지면서 우리나라에서도 1993년의 CROV300을 시작으로 하여 1996년의 OKPO[1]를 거쳐, ROV (Remotely operated vehicle, 원격 조종 잠수정) 및 AUV (Autonomous underwater vehicle, 자율 무인 잠수정)의 개발을 활발하게 진행하고 있다. 그 중 AUV는 모선과의 연결이 없이 스스로 항해하는 수중 로봇으로, 선진국을 중심으로 개발되어 왔으며, 대표적인 AUV로는 미국의 REMUS[2] 시리즈, 인도의 MAYA[3], 싱가포르의 STARFISH[4] 등이 있고, 우리나라도 최근 한국해양연구원에서 ISiMI[5-6]를 개발하였다.

본 절에서 사용할 AUV는 GPS (Global positioning system), IMU (Inertial measurement unit), DVL (Doppler velocity logger) 및 깊이 센서를 이용하여 수중로봇의 위치 및 자세를 측정하고, 하나의 추진기 (thruster)와 4개의 방향키 (rudder)를 사용하는 소형 AUV로서, 그 형태는 그림 6.12와 같다. 선체는 직경 200 mm의 원통형이고 수심 200 m에서의 압력에 견디도록 설계되었는데, 전체 길이는 약 1740 mm이고, 3 knot 속도에 2시간 이상 기능 가능한 배터리 및 전장 시스템이 설치되어 있다.

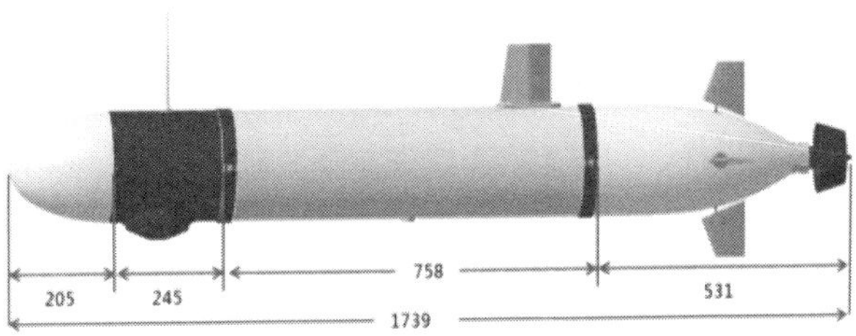

그림 6.12 AUV 프로토타입의 형상

6.3.1 AUV의 기구학 및 동역학 모델링[2][7]

먼저, 이동하는 AUV의 위치와 방향을 정의하기 위하여 그림 6.13과 같이 동체 고정 좌표계와 지구 고정 좌표계를 정의한다. 동체 고정 좌표계는 수중 로봇의 부력 중심을 원점으로 하여 각 축 방향의 속도(u, v, w) 및 각 축을 중심으로 한 회전각속도(p, q, r)를 나타내고, 지구 고정 좌표계는 로봇의 위치(x, y, z) 및 방향(ϕ, θ, ψ)을 나타낸다.

6자유도를 가진 AUV의 동역학 모델은 6개의 상태 변수(u,v,w,p,q,r)를 사용한 비선형 미분 방정식 (6.34)~(6.39)로 표시된다.

$$\begin{aligned}(m - X_{\dot{u}})\dot{u} + mz_g\dot{q} - my_g\dot{r} &= \sum X \\ &= X_{HS} + X_{u|u|}u|u| + (X_{wq} - m)wq + (X_{qq} + mx_g)q^2 \\ &\quad + (X_{vr} + m)vr + (X_{rr} + mx_g)r^2 - my_g pq - mz_g pr + Xprop\end{aligned} \tag{6.34}$$

$$\begin{aligned}(m - Y_{\dot{v}})\dot{v} - mz_g\dot{p} + (mx_g - Y_{\dot{r}})\dot{r} &= \sum Y \\ &= Y_{HS} + Y_{v|v|}v|v| + Y_{r|r|}r|r| + my_g r^2 + (Y_{ur} - m)ur \\ &\quad + (Y_{wp} + m)wp + (Y_{pq} - mx_g)pq + Y_{uv}uv + my_g p^2 + mz_g qr + Y_{uu\delta_r}u^2\delta_r\end{aligned} \tag{6.35}$$

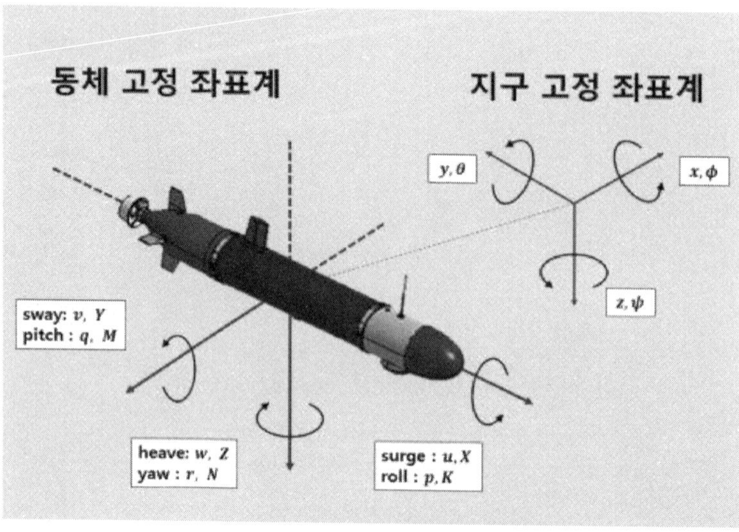

그림 6.13 AUV의 좌표계

$$\begin{aligned}(m-Z_{\dot{w}})\dot{w}+my_g\dot{p}-(mx_g-Z_{\dot{q}})\dot{q}&=\sum Z\\ &=Z_{HS}+Z_{w|w|}w|w|+Z_{q|q|}q|q|+(Z_{uq}+m)uq+(Z_{vp}-m)vp\\ &+(Z_{rp}-mx_g)rp+Z_{uw}uw+mz_g(p^2+q^2)-my_grq+Z_{uu\delta_s}u^2\delta_s\end{aligned} \tag{6.36}$$

$$\begin{aligned}-mz_g\dot{v}+my_g\dot{w}+(I_{xx}-K_{\dot{p}})\dot{p}&=\sum K\\ &=K_{HS}+K_{p|p|}p|p|-(I_{zz}-I_{yy})qr+m(uq-vp)-mz_g(wp-ur)+K_{prop}\end{aligned} \tag{6.37}$$

$$\begin{aligned}mz_g\dot{u}-(mx_g+M_{\dot{w}})\dot{w}+(I_{yy}-M_{\dot{q}})\dot{q}&=\sum M\\ &=M_{HS}+M_{w|w|}w|w|+M_{q|q|}q|q|+(M_{uq}-mx_g)uq+(M_{vp}+mx_g)vp\\ &+[M_{rp}-(I_{xx}-I_{zz})]rp+mz_g(vr-wq)+M_{uw}uw+M_{uu\delta_s}u^2\delta_s\end{aligned} \tag{6.38}$$

$$\begin{aligned}-my_g\dot{u}+(mx_g-N_{\dot{v}})\dot{v}+(I_{zz}-N_{\dot{r}})\dot{r}&=\sum N\\ &=N_{HS}+N_{v|v|}v|v|+N_{r|r|}r|r|+(N_{ur}-mx_g)ur+(Nwp+mx_g)wp\\ &+[N_{pq}-(I_{yy}-I_{xx})]pq-my_g(vr-wq)+N_{uv}uv+N_{uu\delta_r}u^2\delta_r\end{aligned} \tag{6.39}$$

위 식을 (u,v,w,p,q,r)의 미분값을 기준으로, 일차 미분의 행렬식으로 나타내면 식 (6.40)과 같다.

$$\begin{bmatrix} m-X_{\dot{u}} & 0 & 0 & 0 & mz_g & -my_g \\ 0 & m-Y_{\dot{v}} & 0 & -mz_g & 0 & mx_g-Y_{\dot{r}} \\ 0 & 0 & m-Z_{\dot{w}} & my_g & -mx_g-Z_{\dot{w}} & 0 \\ 0 & -mz_g & my_g & I_{xx}-K_{\dot{p}} & 0 & 0 \\ mz_g & 0 & -mx_g-M_{\dot{w}} & 0 & I_{yy}-M_{\dot{q}} & 0 \\ -my_g & mx_g-N_{\dot{v}} & 0 & 0 & 0 & I_{zz}-N_{\dot{r}} \end{bmatrix} \begin{bmatrix} \dot{u} \\ \dot{v} \\ \dot{w} \\ \dot{p} \\ \dot{q} \\ \dot{r} \end{bmatrix} = \begin{bmatrix} \sum X \\ \sum Y \\ \sum Z \\ \sum K \\ \sum M \\ \sum N \end{bmatrix} \tag{6.40}$$

이 식을 정리하면 식 (6.41)이 되고, AUV의 동체 고정 좌표계에서의 속도 및 각속도는 이 식으로부터 계산할 수 있다. 여기에서 AUV에 가해진 각각의 외력값 ($\sum X$, $\sum Y$, $\sum Z$, $\sum K$, $\sum M$, $\sum N$)들은 시간에 따라 변하는 값들일 뿐 아니라, u,v,w,p,q,r 간 상호 곱해지는 항들이 존재하기 때문에, 식 (6.41)은 AUV의 동체 고정 좌표계에서의 동역학적 비선형 모델이다.

$$\begin{bmatrix}\dot{u}\\ \dot{v}\\ \dot{w}\\ \dot{p}\\ \dot{q}\\ \dot{r}\end{bmatrix}=\begin{bmatrix}m-X_{\dot{u}} & 0 & 0 & 0 & mz_g & -my_g\\ 0 & m-Y_{\dot{v}} & 0 & -mz_g & 0 & mx_g-Y_{\dot{r}}\\ 0 & 0 & m-Z_{\dot{w}} & my_g & -mx_g-Z_{\dot{w}} & 0\\ 0 & -mz_g & my_g & I_{xx}-K_{\dot{p}} & 0 & 0\\ mz_g & 0 & -mx_g-M_{\dot{w}} & 0 & I_{yy}-M_{\dot{q}} & 0\\ -my_g & mx_g-N_{\dot{v}} & 0 & 0 & 0 & I_{zz}-N_{\dot{r}}\end{bmatrix}^{-1}\begin{bmatrix}\sum X\\ \sum Y\\ \sum Z\\ \sum K\\ \sum M\\ \sum N\end{bmatrix} \tag{6.41}$$

AUV의 동역학 모델은 외력, 유체정역학적인 힘, 양력, 항력, added mass 등을 포함한다. 유체저항계수는 유사모델의 시험치를 활용하거나, 회류수조를 사용하여 실험치를 사용하였는데, 사용된 변수의 정의는 [2]에 의한다. 시뮬레이션에 사용된 상수값은 부록 1에 자세히 나타내었고, 이것을 이용하면 식 (6.42)와 같이 정리된다.

$$\begin{bmatrix}\dot{u}\\ \dot{v}\\ \dot{w}\\ \dot{p}\\ \dot{q}\\ \dot{r}\end{bmatrix}=\begin{bmatrix}0.0228 & 0 & 0.0001 & 0 & -0.0024 & 0\\ 0 & 0.0133 & 0 & 0.0463 & 0 & 0.0031\\ 0.0001 & 0 & 0.0128 & 0 & -0.0030 & 0\\ 0 & 0.0463 & 0 & 4.2030 & 0 & 0.0107\\ -0.0024 & 0 & -0.0030 & 0 & 0.1210 & 0\\ 0 & 0.0031 & 0 & 0.0107 & 0 & 0.1208\end{bmatrix}\begin{bmatrix}\sum X\\ \sum Y\\ \sum Z\\ \sum K\\ \sum M\\ \sum N\end{bmatrix} \tag{6.42}$$

동체 고정 좌표계에서의 AUV의 속도 및 각속도는 지구 고정 좌표계의 위치 및 각도로 식 (6.43)과 같이 오일러 각을 이용하여 변환된다.

$$\begin{aligned}\dot{x}&=u\cos\psi\cos\theta+v(\cos\psi\sin\theta\sin\phi-\sin\psi\cos\phi)+w(\cos\psi\sin\theta\sin\phi+\sin\psi\sin\phi)\\ \dot{y}&=u\sin\psi\cos\theta+v(\sin\psi\sin\theta\sin\phi+\cos\psi\cos\phi)+w(\sin\psi\sin\theta\cos\phi-\cos\psi\sin\phi)\\ \dot{z}&=-u\sin\theta+v\cos\theta\sin\phi+w\cos\theta\sin\phi\\ \dot{\phi}&=p+q\sin\phi\tan\theta+r\cos\phi\tan\theta\\ \dot{\theta}&=q\cos\phi-r\sin\phi\\ \dot{\psi}&=(q\sin\phi+r\cos\phi)/\cos\theta\end{aligned} \tag{6.43}$$

식 (6.43)을 일차미분의 행렬식으로 나타내면 식 (6.44)와 같다.

$$\begin{bmatrix} \dot{x} \\ \dot{y} \\ \dot{z} \\ \dot{\phi} \\ \dot{\theta} \\ \dot{\psi} \end{bmatrix} = \begin{bmatrix} c(\psi)c(\theta) & R_1 & R_1 & 0 & 0 & 0 \\ s(\psi)c(\theta) & R_3 & R_4 & 0 & 0 & 0 \\ -s(\theta) & c(\theta)s(\phi) & c(\theta)s(\phi) & 0 & 0 & 0 \\ 0 & 0 & 0 & 1 & s(\phi)t(\theta) & c(\phi)t(\theta) \\ 0 & 0 & 0 & 0 & c(\phi) & -s(\phi) \\ 0 & 0 & 0 & 0 & s(\phi)/c(\theta) & c(\phi)/c(\theta) \end{bmatrix} \begin{bmatrix} u \\ v \\ w \\ p \\ q \\ r \end{bmatrix} \tag{6.44}$$

$$\begin{aligned} R_1 &= c(\psi)s(\theta)s(\phi) - s(\psi)c(\phi) \\ R_2 &= c(\psi)s(\theta)s(\phi) + s(\psi)s(\phi) \\ R_3 &= s(\psi)s(\theta)s(\phi) + c(\psi)c(\phi) \\ R_4 &= c(\psi)s(\theta)s(\phi) + s(\psi)s(\phi) \end{aligned}$$

여기서 $c(\bullet), s(\bullet), t(\bullet)$는 각각 cos, sin, tan 함수를 나타낸다.

AUV의 자세와 위치는 수평면(xy 평면)에서의 위치를 제어하기 위한 한쌍의 수직 꼬리 날개(rudder)의 각도(δ_r)와, 깊이(z 축)를 제어하기 위한 한쌍의 수평 꼬리 날개(stern)의 각도 δ_s, 추진 속도를 제어하기 위한 프로펠러 추력 X_{prop}와 토크 K_{prop}를 제어함으로써 결정된다.

본 절에서는 AUV가 목표 궤적을 추종하기 위한 제어기로 PID 제어기와 상태 궤환 제어기를 구성한다. AUV의 z축 방향의 제어는 δ_s를, xy 평면상의 제어는 δ_r을 시스템의 입력으로 사용한다. AUV의 프로펠러 추력 및 토크는 서보 시스템에 의하여 일정하게 제어된다고 가정한다.

시뮬레이션은 MATLAB/Simulink를 이용하여 수행된다. 그림 6.14는 전체 시스템을 나타낸 것으로, AUV는 앞에서 소개된 6개의 상태 변수 (u, v, w, p, q, r)및 위치 좌표 $(x, y, z, \phi, \theta, \psi)$를 사용한다.

이때, 제어기의 구현은 AD(analog to digital) 입력과 DA(digital to analog) 출력을 사용하여 일정한 샘플링 시간(sampling time)마다 제어 프로그램을 수행하는 컴퓨터 시스템으로 구현하기 위하여, 식 (6.42), (6.43)으로 표현된 연속 시스템의 양쪽에 AD, DA를 표현하는 ZOH(zero order hold)를 사용하여 그림 6.15와 같이 이산 시스템으로 표현한다.

제안된 제어기는 10 Hz로 동작하는 이산제어 시스템으로서, 시뮬레이션을 위한 해석기로 ode45를 사용한다.

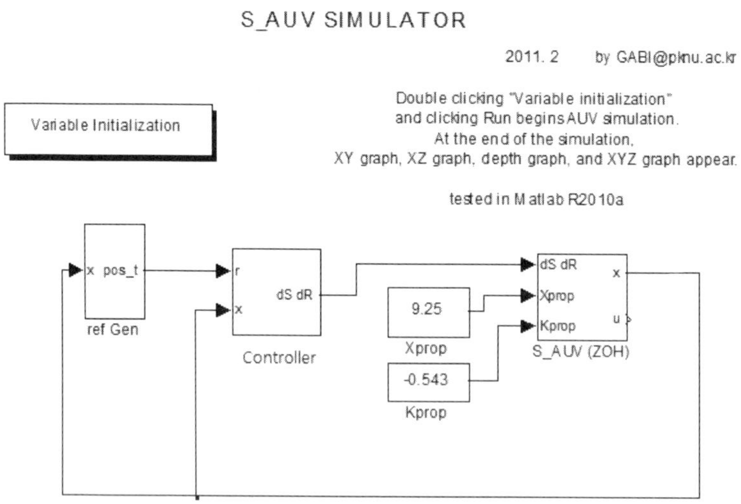

그림 6.14 MATLAB/Simulink를 사용한 시뮬레이터

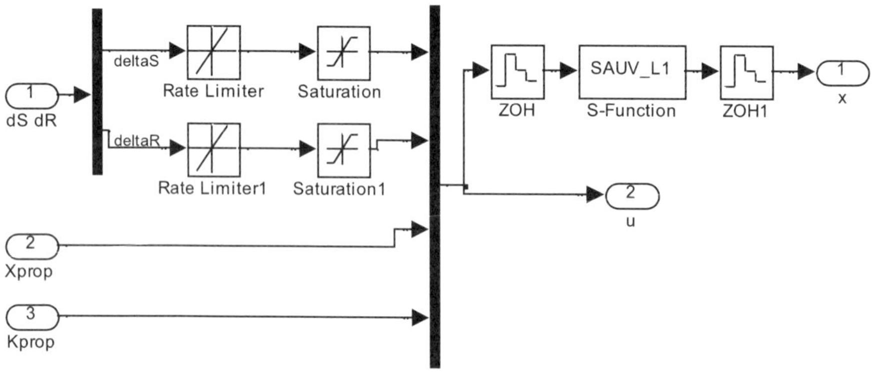

그림 6.15 AUV 의 내부 블럭도

두 쌍의 방향키는 최고속도 $60^{\circ}/s$의 속도로 ±40도까지 동작하는 것으로 가정하고, 추진기의 추력은 9.25N, 추진기의 토크는 -0.543 Nm로 일정하게 유지된다고 가정한다.

또한 AUV의 초기 속도는 0 m/s, 초기 위치 (x, y, z)=(0, 0, 0), 초기 방향 (ϕ, θ, ψ)=(0, 0, 0)으로 설정하였다. AUV의 방향별 속도 및 각속도의 측정에는 각각 최대 $\pm 0.005\, m/s$, $\pm 15^{\circ}/s$의 랜덤노이즈를 포함하는 것으로 가정한다.

6.3.2 PID 제어기의 설계

(1) Z축 제어를 위한 PID 제어기

AUV의 수직축(z 방향, 깊이 제어) 제어는 수평 방향타(stern)의 각도 δ_s를 조정하여 이루어지는데, PID 제어기는 목표 수심(z_d)와 AUV의 pitch 각(θ_d)를 추적할 수 있도록 식 (6.45)와 같이 두 개의 PID 제어기의 합으로 구성한다.

$$\begin{aligned} \delta_s &= K_{p_z} e_z + K_{d_z} \dot{e}_z + K_{i_z} \int e_z \, dt \\ &\quad + K_{p_\theta} e_\theta + K_{d_\theta} \dot{e}_\theta + K_{i_\theta} \int e_\theta \, dt \end{aligned} \tag{6.45}$$

$$\begin{aligned} e_z &= z_d - z \\ e_\theta &= \theta_d - \theta \end{aligned}$$

시행 오차법을 사용하여 결정된 이득값은 다음과 같다.

$$\begin{aligned} &K_{p_z} = 3, \quad K_{d_z} = 0.5, \ K_{i_z} = 0 \\ &K_{p_\theta} = -7, \ K_{d_\theta} = 0, \quad K_{i_\theta} = 0 \end{aligned}$$

(2) XY축 제어를 위한 PID 제어기

AUV의 수평축(xy 방향, 수평면 위치 제어) 제어는 수직 방향타(rudder)의 각도 δ_r를 조정하여 이루어지는데, PID 제어기는 AUV의 진행 방향인 yaw 각(ψ_d)을 추적할 수 있도록 식 (6.46)과 같은 PID 제어기로 구성한다.

$$\begin{aligned} \delta_r &= K_{p_c} e_\psi + K_{d_c} \dot{e}_\psi + K_{i_c} \int e_\psi \, dt \\ e_\psi &= \psi_d - \psi \end{aligned} \tag{6.46}$$

여기에서 AUV의 yaw 각은 그림 6.16과 같이 LOS(line of sight)를 이용하여 계산한다.

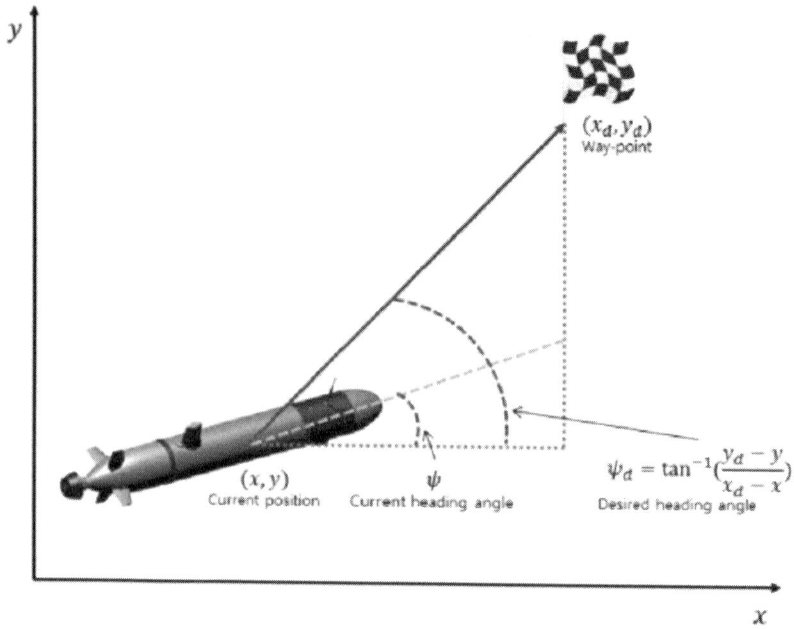

그림 6.16 AUV의 진행 방향의 계산 (Line of sight)

즉, 깊이 좌표를 무시하고, 현재 AUV의 위치 (x, y)와 목표 지점의 위치 (x_d, y_d)에 의하여 AUV의 진행 방향 ψ_d는 식 (6.47)로 정해진다.

$$\psi_d = \arctan(\frac{y_d - y}{x_d - x}) \tag{6.47}$$

시행 오차법을 사용하여 결정된 이득값은 다음과 같다.

$$K_{p_c} = -2,\ K_{d_c} = -0.5,\ K_{i_c} = 0$$

(3) 시뮬레이션

AUV가 경유점으로 이동하여 경유점과의 거리가 1m 이내가 되면 경유점의 목표 좌표를 바꾸는데, 그림 6.14의 "ref Gen" 블록이 기능을 담당한다. (0, 0, 0), (20, 0, 0), (40, 20, 5), (40, 40, 10), (20, 40, 5), (0, 0, 0)의 6점을 지정한 경우, AUV의 이동은 그림 6.17과 같다.

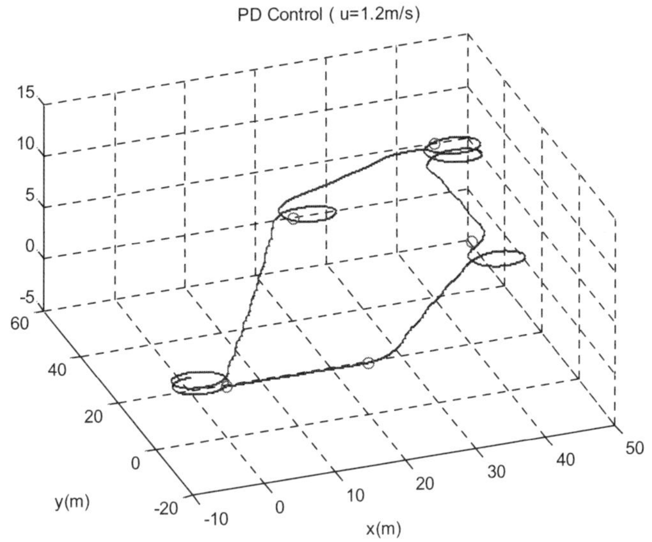

그림 6.17 PID 제어기를 사용한 AUV의 이동 경로

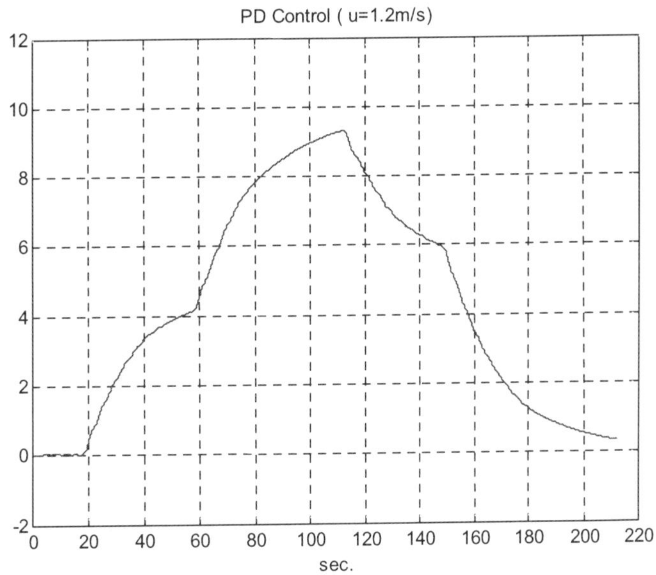

그림 6.18 PD 제어기를 사용한 경우 수직면 제어 결과

그림 6.18은 AUV의 z축 방향의 깊이 제어 결과를 나타낸다. 목표 지점의 z축 좌표 순서대로 (0, 0, 5, 10, 5, 0)를 잘 추종함을 알 수 있다.

그림 6.19는 AUV의 xy축 방향의 제어 결과를 나타낸다. AUV가 z축 방향으로 천천히 올라오기 때문에, xy의 목표 좌표는 만족되었으나 z의 목표좌표에 도달하지 못한 경우, 한두바퀴 작은 원을 그리며 올라옴을 볼 수 있다. 작은 원의 반경은 AUV의 최소 회전 반경이다.

그림 6.20은 AUV의 동체 고정 좌표계에서의 방향별 속도(u, v, w)를 나타낸 그림이다. 진행 방향으로의 속도인 surge는 약 1.2 m/s이다.

그림 6.21은 AUV의 방향타의 움직임을 나타낸다. 40초, 70초, 90초, 130초, 180초, 200초에 인가된 수직방향타의 최대 각도는, 각각 경유점에의 접근 깊이 불일치로 인한 두 번째 경유점에서의 작은 회전, 세 번째 경유점에서의 작은 회전 두 번, 네 번째 경유점에서의 작은 회전, 그리고 원점으로 돌아와서의 작은 회전 두 번에 해당하는 움직임으로, 그 외의 경우는 20도 내외에서 제어되고 있음을 볼 수 있다.

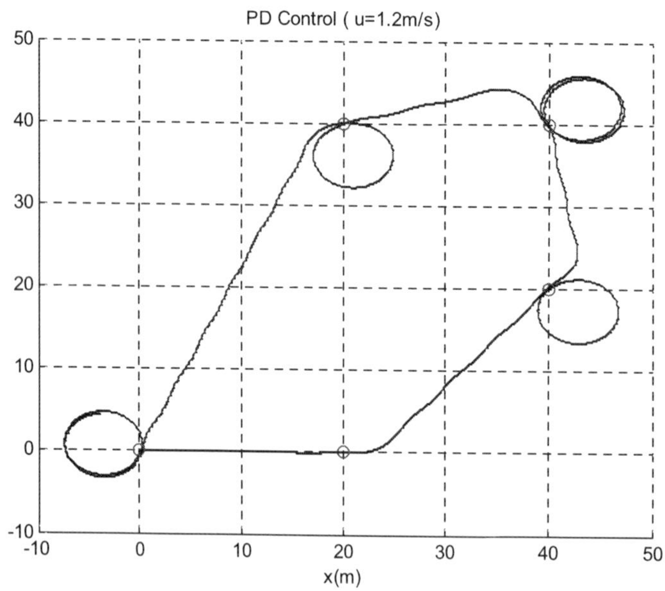

그림 6.19 PD 제어기를 사용한 수평면 제어 결과

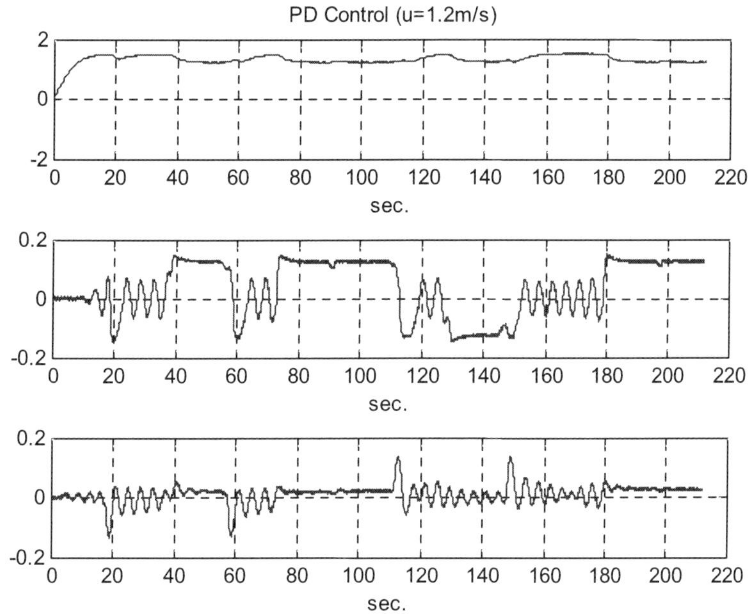

그림 6.20 PD 제어기를 사용한 경우 방향별 속도

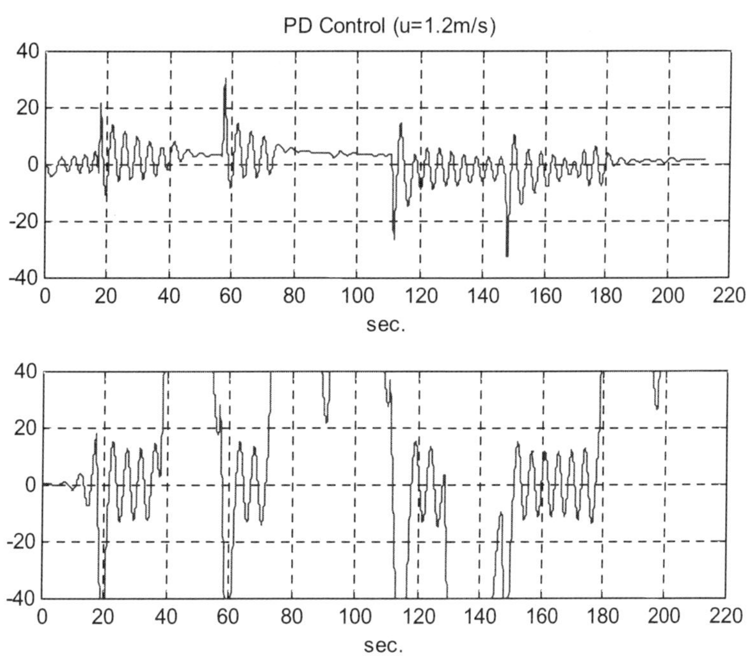

그림 6.21 PD 제어기를 사용한 경우 방향타 제어 입력

6.3.3 상태 궤환 제어기의 설계[9]

(1) Z축 제어를 위한 상태 궤환 제어기

$z_g \simeq 0$와 $u = U$(정속)의 가정하에, AUV의 z축 운동은 아래와 같이 4개의 상태변수를 가진 선형시스템 식 (6.48)로 간략화 및 선형화된다[2][8].

$$\begin{bmatrix} m - Z_{\dot{w}} & -(mx_g + Z_{\dot{q}}) & 0 & 0 \\ -(mx_g + M_{\dot{w}}) & I_{yy} - M_{\dot{q}} & 0 & 0 \\ 0 & 0 & 1 & 0 \\ 0 & 0 & 0 & 1 \end{bmatrix} \begin{bmatrix} \dot{w} \\ \dot{q} \\ \dot{z} \\ \dot{\theta} \end{bmatrix} = \begin{bmatrix} Z_w & mU + Z_q & 0 & 0 \\ M_w & -mx_gU + M_q & 0 & M_\theta \\ 1 & 0 & 0 & -U \\ 0 & 1 & 0 & 0 \end{bmatrix} \begin{bmatrix} w \\ q \\ z \\ \theta \end{bmatrix} + \begin{bmatrix} Z_{\delta_s} \\ M_{\delta_s} \\ 0 \\ 0 \end{bmatrix} \delta_s \tag{6.48}$$

여기서 $u = 1.2\,m/s$로 가정하고, 사용된 변수값을 이용하여 상태 방정식으로 나타내면 식 (6.49)와 같다.

$$\begin{bmatrix} 78.50 & 1.93 & 0 & 0 \\ 1.93 & 8.33 & 0 & 0 \\ 0 & 0 & 1 & 0 \\ 0 & 0 & 0 & 1 \end{bmatrix} \begin{bmatrix} \dot{w} \\ \dot{q} \\ \dot{z} \\ \dot{\theta} \end{bmatrix} = \begin{bmatrix} -66.60 & 41.93 & 0 & 0 \\ 30.70 & -6.87 & 0 & -5.77 \\ 1 & 0 & 0 & -1.20 \\ 0 & 1 & 0 & 0 \end{bmatrix} \begin{bmatrix} w \\ q \\ z \\ \theta \end{bmatrix} + \begin{bmatrix} -13.88 \\ -8.86 \\ 0 \\ 0 \end{bmatrix} \delta_s \tag{6.49}$$

출력값을 AUV의 깊이값 z로 잡고, 위식을 $\dot{x} = Ax + Bu$ 및 $y = Cx$형태로 정리하면 식 (6.50)과 같다.

$$\begin{bmatrix} \dot{w} \\ \dot{q} \\ \dot{z} \\ \dot{\theta} \end{bmatrix} = \begin{bmatrix} -0.9444 & 0.5576 & 0 & 0.0171 \\ 3.9040 & -0.9539 & 0 & -0.6966 \\ 1 & 0 & 0 & -1.2000 \\ 0 & 1 & 0 & 0 \end{bmatrix} \begin{bmatrix} w \\ q \\ z \\ \theta \end{bmatrix} + \begin{bmatrix} -0.1516 \\ -1.0280 \\ 0 \\ 0 \end{bmatrix} \delta_s$$

$$z = \begin{bmatrix} 0 & 0 & 1 & 0 \end{bmatrix} \begin{bmatrix} w \\ q \\ z \\ \theta \end{bmatrix} \tag{6.50}$$

여기에서, 레퍼런스 신호에 이득값을 곱하여 깊이값의 출력 크기를 맞추어주는 대신, 레퍼런스 신호를 0로 하는 상태 궤환 제어기를 설계하여, 레퍼런스에의 이득값을 찾는 과정을 없애기로 하자.

위 식의 상태 변수 $x=[w\ q\ z\ \theta]^T$를 $x_d=[w_d\ q_d\ z_d\ \theta_d]^T$로 제어함에 있어, 새로운 상태 변수 x_e를 다음과 같이 정의하자.

$$x_e = x - x_d = \begin{bmatrix} w-w_d \\ q-q_d \\ z-z_d \\ \theta-\theta_d \end{bmatrix} \tag{6.51}$$

AUV의 경우 w_d, q_d, θ_d는 0으로 유지하고, $\dot{z}_d=0$라고 가정하면 식 (6.51)을 사용한 AUV의 미분방정식은 식 (6.52)로 변환된다. $\dot{z}_d=0$의 가정은 목표 수심을 계단함수로 표시하면 만족되고, w_d, q_d, θ_d을 0으로 하는 것은 목표수심에서 AUV가 선속도 및 각속도 변화 없이 자세를 유지하는 것을 목표로 하는 것이다.

$$\begin{aligned} \dot{x}_e &= \dot{x}-\dot{x}_d = Ax + B\delta_s = A(x_e+x_d)+B\delta_s \\ z_e &= [0\ 0\ 1\ 0]\,x_e = Cx_e \end{aligned} \tag{6.52}$$

즉,

$$\begin{aligned} \begin{bmatrix} \dot{w}_e \\ \dot{q}_e \\ \dot{z}_e \\ \dot{\theta}_e \end{bmatrix} &= \begin{bmatrix} -0.9444 & 0.5576 & 0 & 0.0171 \\ 3.9040 & -0.9539 & 0 & -0.6966 \\ 1 & 0 & 0 & -1.2000 \\ 0 & 1 & 0 & 0 \end{bmatrix} \left(\begin{bmatrix} w_e \\ q_e \\ z_e \\ \theta_e \end{bmatrix} + \begin{bmatrix} 0 \\ 0 \\ z_d \\ 0 \end{bmatrix} \right) + \begin{bmatrix} -0.1516 \\ -1.0280 \\ 0 \\ 0 \end{bmatrix} \delta_s \\ &= \begin{bmatrix} -0.9444 & 0.5576 & 0 & 0.0171 \\ 3.9040 & -0.9539 & 0 & -0.6966 \\ 1 & 0 & 0 & -1.2000 \\ 0 & 1 & 0 & 0 \end{bmatrix} \begin{bmatrix} w_e \\ q_e \\ z_e \\ \theta_e \end{bmatrix} + \begin{bmatrix} -0.1516 \\ -1.0280 \\ 0 \\ 0 \end{bmatrix} \delta_s \\ &= Ax_e + B\delta_s \end{aligned} \tag{6.53}$$

이제, 레퍼런스 신호를 0으로 하여 상태 궤환을 이용한 레귤레이터($\delta_s(t)=-Kx_e(t)$)를 사용하면, $x_e \to 0$으로 제어할 수 있고 이것은 $w_e \to 0, q_e \to 0,\ \theta_e \to 0, z_e \to 0$즉, $w \to 0, q \to 0, \theta \to 0, z \to z_d$가 됨을 의미한다.

연속 시간 시스템에서의 상태 궤환 제어기를 0.1초의 샘플링 타임을 갖는 ZOH를 이용한 이산 시간 시스템으로 변경하기 위하여, MATLAB을 이용하여 식 (6.54)를 얻는다.

$$\dot{x}_e(k+1) = A_D x_e(k) + B_D \delta_s(k)$$
$$y(k) = C_D x_e(k)$$

$$A_D = \begin{bmatrix} 0.9198 & 0.0509 & 0 & -0.0002 \\ 0.3559 & 0.9157 & 0 & -0.0663 \\ 0.0950 & -0.0032 & 1 & -0.1198 \\ 0.0184 & 0.0956 & 0 & 0.9966 \end{bmatrix} \quad B_D = \begin{bmatrix} -0.0172 \\ -0.1011 \\ -0.0006 \\ -0.0051 \end{bmatrix} \tag{6.54}$$
$$C_D = [0\ 0\ 1\ 0]$$

극배치 기법을 사용하여 상태 궤환 후 이산 시스템의 극이 (0.9512, 0.9512, 0.8186+0.0164i, 0.8186-0.0164i)에 위치하도록 하는 이득값은 식 (6.55)와 같다.

$$K = [-3.4416 \quad -2.2215 \quad 0.4944 \quad -1.9826] \tag{6.55}$$

여기에서 이산 시스템의 극의 위치는 연속 시간 시스템의 극(-0.5, -0.5, -2+0.2i, -2-0.2i)에 해당하고 모든 극이 LHP에 위치하므로 제어 시스템은 안정되어 $x_e \rightarrow 0$임이 보장된다. 또한 AUV가 깊이 제어시에 오버슈트없이 최단시간에 목표깊이에 도달할 수 있도록 중근을 선택하고, 나머지 두 개의 근은 가능한 한 영향을 적게 줄 수 있도록 2배 이상 좌측에 위치하도록 선택하였다.

연속 시간 시스템과 이산 시간 시스템의 변환 관계식은 (6.56)과 같은데, s^*는 연속 시간 시스템에서의 값이고, z^*는 이산 시간 시스템으로 변환된 값, T는 샘플링타임을 나타낸다.

$$z^* = e^{s^* T} \tag{6.56}$$

이 과정을 아래의 Matlab 코드에서 나타내었다.

```
>> Ts=0.1

Ts =

    0.1000

>> A

A =

   -0.9444    0.5576         0     0.0171
    3.9043   -0.9539         0    -0.6966
    1.0000         0         0    -1.2000
         0    1.0000         0          0

>> B

B =

   -0.1516
   -1.0280
         0
         0

>> C

C =

     0     0     1     0

>> sys = ss(A, B, C, 0);
>> sys_d = c2d(sys, Ts, 'zoh')

a =
              x1          x2          x3          x4
   x1     0.9198     0.05091           0  -0.0001875
   x2     0.3559      0.9157           0    -0.06629
   x3    0.09502   -0.003197           1     -0.1198
   x4    0.01835     0.09561           0      0.9966

b =
              u1
   x1   -0.01721
   x2    -0.1011
   x3 -0.0006233
   x4  -0.005081

c =
       x1  x2  x3  x4
   y1   0   0   1   0

d =
       u1
   y1   0

Sampling time (seconds): 0.1
```

```
Discrete-time state-space model.

>> p1 = -0.5;
>> p2 = -0.5;
>> p3 = -2 + 0.2i ;
>> p4 = -2 - 0.2i ;

>> p1 = exp(p1*Ts);
>> p2 = exp(p2*Ts);
>> p3 = exp(p3*Ts);
>> p4 = exp(p4*Ts);

>> gainZ = acker(sys_d.a, sys_d.b, [p1 p2 p3 p4])


gainZ =

   -3.4416    -2.2115     0.4944    -1.9826
```

(2) XY축 제어를 위한 상태 궤환 제어기

$z_g \simeq 0$, $u = U$(정속), $\phi \simeq 0, \theta \simeq 0$의 가정하에, AUV의 xy 평면상의 운동은 식 (6.57)과 같이 3개의 상태변수를 가진 선형시스템으로 간략화 및 선형화할 수 있다[8].

$$\begin{bmatrix} m-Y_{\dot{v}} & mx_g - Y_{\dot{r}} & 0 \\ -N_{\dot{v}} & I_{zz} - N_{\dot{r}} & 0 \\ 0 & 0 & 1 \end{bmatrix} \begin{bmatrix} \dot{v} \\ \dot{r} \\ \dot{\psi} \end{bmatrix} = \begin{bmatrix} Y_v & Y_r - mU & 0 \\ N_v & N_r & 0 \\ 0 & 1 & 0 \end{bmatrix} \begin{bmatrix} v \\ r \\ \psi \end{bmatrix} + \begin{bmatrix} Y_{\delta_r} \\ N_{\delta_r} \\ 0 \end{bmatrix} \delta_{\mathrm{r}} \tag{6.57}$$

사용된 변수값을 이용하여 상태 방정식으로 나타내면 식 (6.58)과 같다.

$$\begin{bmatrix} 78.50 & -1.93 & 0 \\ -1.93 & 8.33 & 0 \\ 0 & 0 & 1 \end{bmatrix} \begin{bmatrix} \dot{v} \\ \dot{r} \\ \dot{\psi} \end{bmatrix} = \begin{bmatrix} -34.32 & -96.94 & 0 \\ -28.80 & -2.40 & 0 \\ 0 & 1 & 0 \end{bmatrix} \begin{bmatrix} v \\ r \\ \psi \end{bmatrix} + \begin{bmatrix} 13.88 \\ -8.86 \\ 0 \end{bmatrix} \delta_{\mathrm{r}}$$

$$\begin{bmatrix} \dot{v} \\ \dot{r} \\ \dot{\psi} \end{bmatrix} = \begin{bmatrix} -0.5252 & -1.2490 & 0 \\ -3.5790 & -0.5775 & 0 \\ 0 & 1 & 0 \end{bmatrix} \begin{bmatrix} v \\ r \\ \psi \end{bmatrix} + \begin{bmatrix} 0.1516 \\ -1.0280 \\ 0 \end{bmatrix} \delta_{\mathrm{r}} \tag{6.58}$$

위 식을 이전과 같은 방법으로, 새로운 상태 변수 x_e를 식 (6.59)와 같이 도입하자.

$$x_e = x - x_d = \begin{bmatrix} v - v_d \\ r - r_d \\ \psi - \psi_d \end{bmatrix} \tag{6.59}$$

$\dot{x}_d = 0$인 경우, x_e를 미분하면 식 (6.60)이 된다. 여기에서 $\psi_d = atan2(y_d - y, x_d - x)$는 그림 6.16에서 나타낸 것처럼 AUV의 목표 방향을 나타내는데, 제어기는 AUV의 진행방향이 목표방향과 일치하도록 제어한다. 목표 위치와 로봇의 위치간 오차가 큰 초기에는 $\dot{\psi}_d \simeq 0$의 가정이 만족되며, 일단 로봇이 목표한 방향을 향한 이후에는 $\dot{\psi}_d \simeq 0$이 만족된다. $v_d = 0, r_d = 0$이므로 $\dot{v}_d = 0, \dot{r}_d = 0$이고, 이것은 AUV가 좌우로 흔들리지 않고 목적한 방향으로 이동하는 것을 의미한다.

$$\begin{aligned} \dot{x}_e &= \dot{x} - \dot{x}_d = Ax + B\delta_r = A(x_e + x_d) + B\delta_r \\ \psi_e &= [0\ 0\ 1]\, x_e = Cx_e \end{aligned} \tag{6.60}$$

즉,

$$\begin{aligned} \begin{bmatrix} \dot{v}_e \\ \dot{r}_e \\ \dot{\psi}_e \end{bmatrix} &= \begin{bmatrix} -0.5252 & -1.2490 & 0 \\ -3.5790 & -0.5775 & 0 \\ 0 & 1 & 0 \end{bmatrix} \left(\begin{bmatrix} v_e \\ r_e \\ \psi_e \end{bmatrix} + \begin{bmatrix} 0 \\ 0 \\ \psi_d \end{bmatrix} \right) + \begin{bmatrix} 0.1516 \\ -1.0280 \\ 0 \end{bmatrix} \delta_{\mathrm{r}} \\ &= \begin{bmatrix} -0.5252 & -1.2490 & 0 \\ -3.5790 & -0.5775 & 0 \\ 0 & 1 & 0 \end{bmatrix} \begin{bmatrix} v_e \\ r_e \\ \psi_e \end{bmatrix} + \begin{bmatrix} 0.1516 \\ -1.0280 \\ 0 \end{bmatrix} \delta_{\mathrm{r}} \\ &= Ax_e + B\delta_r \end{aligned} \tag{6.61}$$

제어기는 $x_e = [v_e, r_e, \psi_e] \rightarrow 0$로 접근하게 하는 레귤레이터($\delta_r = -Kx_e$)로서, 상태 변수가 각각 $v \rightarrow 0, r \rightarrow 0, \psi \rightarrow \psi_d$가 되도록 한다.

0.1초의 ZOH를 이용한 이산 시간 시스템을 식 (6.62)와 같이 얻는다.

$$\dot{x}_e(k+1) = Ax_e(k) + B\delta_r(k)$$

$$A = \begin{bmatrix} 0.9701 & -0.1191 & 0 \\ -0.3412 & 0.9651 & 0 \\ -0.0173 & 0.0979 & 1 \end{bmatrix} \qquad B = \begin{bmatrix} 0.0211 \\ -0.1033 \\ -0.0051 \end{bmatrix} \tag{6.62}$$

극배치 기법을 사용하여 시스템의 극이 (0.9048+0.0090i, 0.9048-0.0090i, 0.6065)에 위치하도록 하는 이득값은 식 (6.63)과 같고, 이 극들은 연속 시스템의 극 (-1+0.1i, -1-0.1i, -5)에 해당된다.

$$K = [3.2880 \quad -4.1813 \quad -3.4995] \tag{6.63}$$

일련의 과정들을 Matlab 코드로 나타내었다.

```
>> Ts=0.1

Ts =

    0.1000

>> sys = ss(A, B, C, 0);
>> sys_d = c2d(sys, Ts, 'zoh')


a =
               x1          x2          x3
   x1      0.9701     -0.1191           0
   x2     -0.3412      0.9651           0
   x3    -0.01731     0.09788           1

b =
               u1
   x1     0.02109
   x2     -0.1033
   x3   -0.005149

c =
       x1   x2   x3
   y1   0    0    1

d =
       u1
   y1   0


Sampling time (seconds): 0.1
Discrete-time state-space model.

>> p1 = -1+0.1i;
>> p2 = -1-0.1i;
>> p3 = -5;
>> p1 = exp(p1*Ts);
>> p2 = exp(p2*Ts);
>> p3 = exp(p3*Ts);
>> gainXY = acker(sys_d.a, sys_d.b, [p1 p2 p3])

gainXY =

    3.2880   -4.1813   -3.4995
```

(3) 시뮬레이션

AUV가 경유점으로 이동하여, 경유점과의 거리가 1m 이내가 되면 경유점의 목표 좌표를 바꾸는데, (0, 0, 0), (20, 0, 0), (40, 20, 5), (40, 40, 10), (20, 40, 5), (0, 0, 0)의 6점을 지정한 경우, AUV의 이동은 그림 6.22와 같다.

그림의 실선은 AUV의 이동 경로를 나타내고 작은 원은 목표 좌표를 나타낸다. AUV가 목표 좌표를 모두 거쳐 제자리로 돌아왔음을 알 수 있고, 더 이상의 목표 좌표 변화가 없기 때문에 AUV는 계속하여 최종좌표인 (0, 0, 0)에 시계방향으로 회전하며 접근하고 있음을 볼 수 있다.

그림 6.23은 AUV의 z축 방향의 깊이 제어 결과를 나타낸다. 목표 지점의 z축 좌표 순서대로 (0, 0, 5, 10, 5, 0)를 잘 추종함을 알 수 있다.

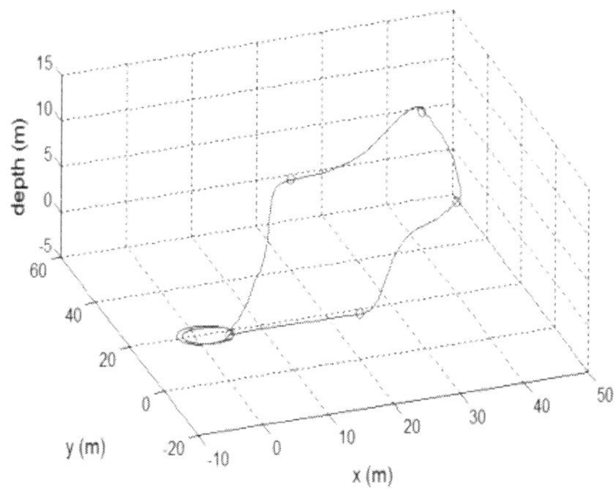

그림 6.22 AUV의 이동경로

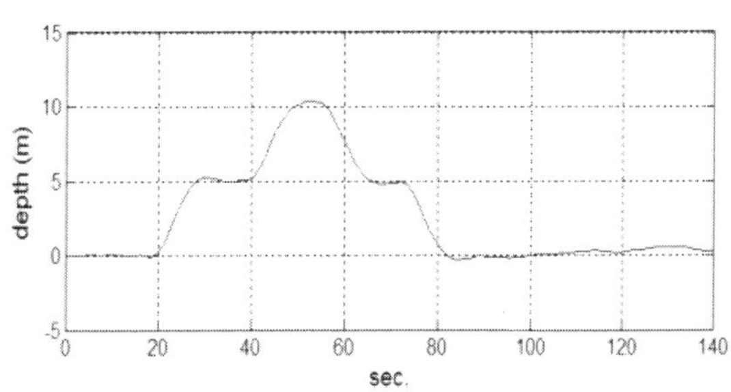

그림 6.23 z 방향의 제어 결과

그림 6.24는 AUV의 xy축 평면에서의 제어 결과를 나타낸다. 목표 지점의 xy축 좌표 순서대로 (0, 0), (20, 0), (40, 20), (40, 40), (20, 40), (0, 0)의 좌표를 잘 추종하였음을 알 수 있다.

AUV의 방향별 속도는 그림 6.25와 같고, 전진 속도(surge speed) u는 약 1.2 m/s로, 제어기의 설계시에 가정했던 값이다. 본 시뮬레이션에서는 AUV의 전진속도 제어를 하지 않고, 프로펠러 추력 및 토크를 일정한 값으로 제어한다고 가정했기 때문에 AUV의 회전 및 잠수에 따라 전진 속도에 변화가 생김을 알 수 있다.

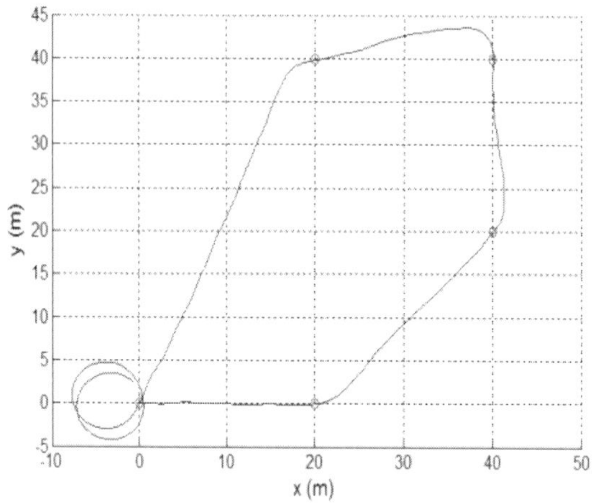

그림 6.24 xy 평면에서의 제어 결과

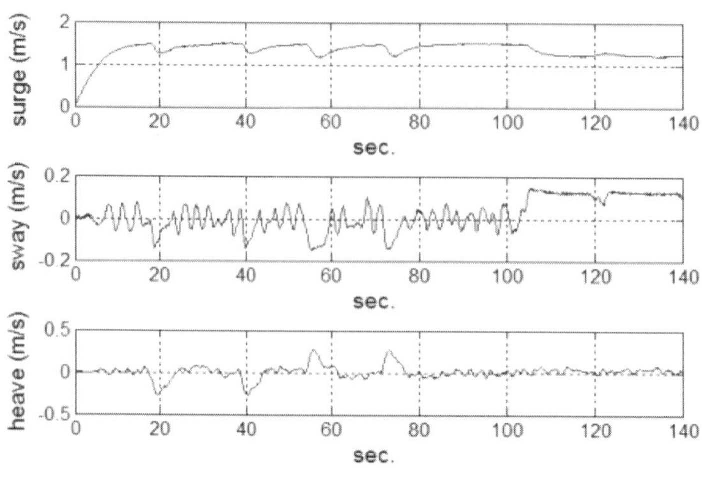

그림 6.25 AUV의 방향별 속도

AUV에 인가되는 꼬리 날개의 제어각($\delta s, \delta r$)은 그림 6.26과 같다. 두 번의 잠수와 상승을 위하여 좌우 꼬리 날개의 제어각(δ_s)이 각각 최대 및 최소로 운용되었음을 알 수 있다.

AUV의 roll, pitch, yaw 각도는 그림 6.27과 같다. AUV가 주어진 경유점을 모두 거친 약 110초 이후, yaw 각도는 AUV가 한쪽 방향으로 계속하여 회전하고 있음을 나타낸다.

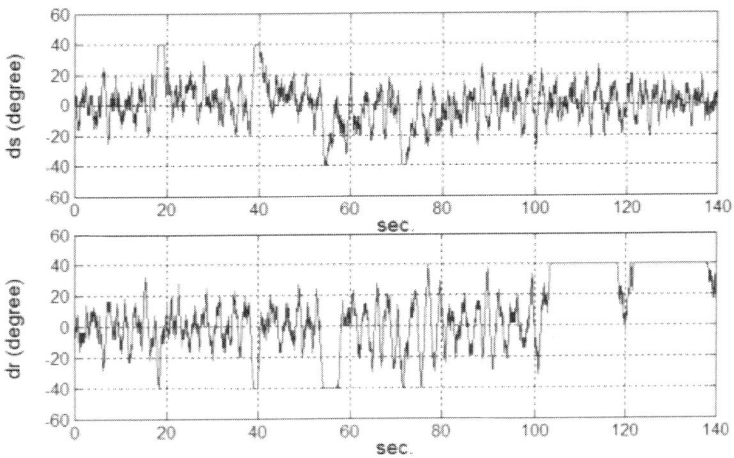

그림 6.26 AUV에 인가되는 제어 입력

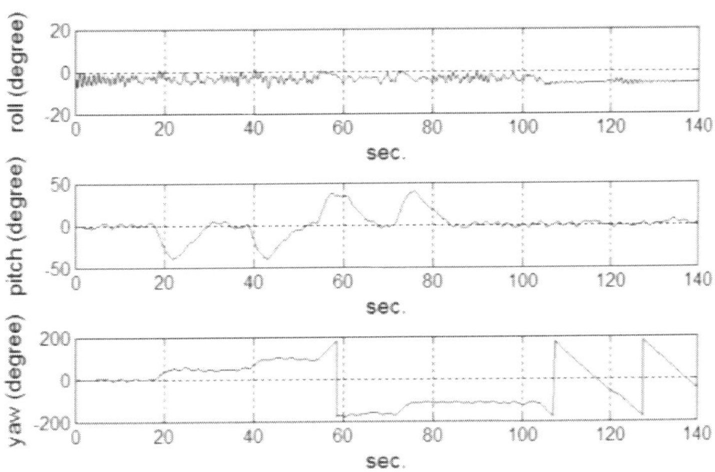

그림 6.27 AUV의 roll, pitch, yaw 각도

AUV의 목표 좌표로 (0, 0, 0), (10, 10, 10), (0, 0, 0), (20, 20, 20), (0, 0, 0), (50, 50, 50)의 6점을 지정한 경우, AUV의 이동은 그림 6.28과 같다. AUV가 목표 좌표를 모두 거침을 알 수 있다.

AUV의 최소 운동 반경은 약 4.5m 정도로, (0, 0, 0), (5, 5, 5), (0, 0, 0), (-5, -5, -5), (0, 0, 0)의 짧은 경유점을 지정한 경우 그림 6.29처럼 AUV의 궤적이 목표 지점을 향해 돌아가는 것을 볼 수 있다.

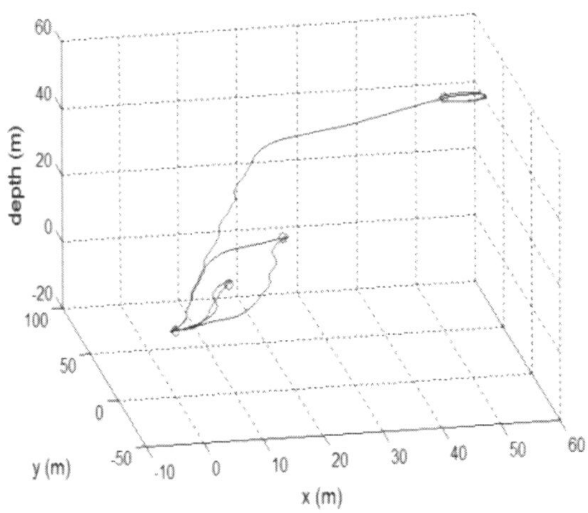

그림 6.28 AUV의 이동 경로

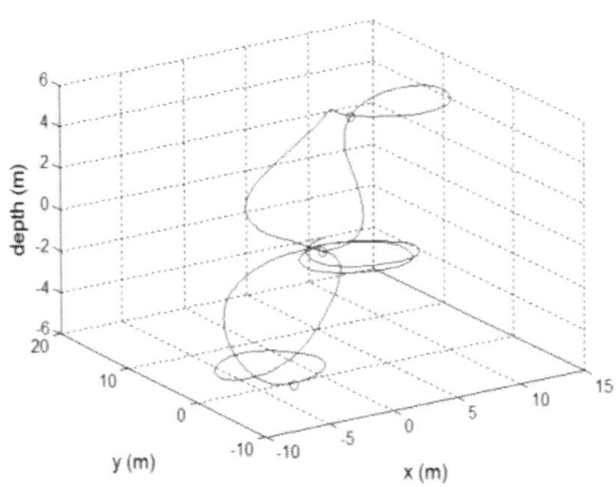

그림 6.29 AUV의 이동 경로

만약 (0, 0, 0), (2, 2, 2), (0, 0, 0)의 경우처럼 거리가 최소 회전 반경보다 작은 경유점의 경우, AUV는 그림 6.30처럼 (2, 2, 2)의 접근에 실패하여 (0, 0, 0)으로 돌아오지 못하게 됨을 볼 수 있다.

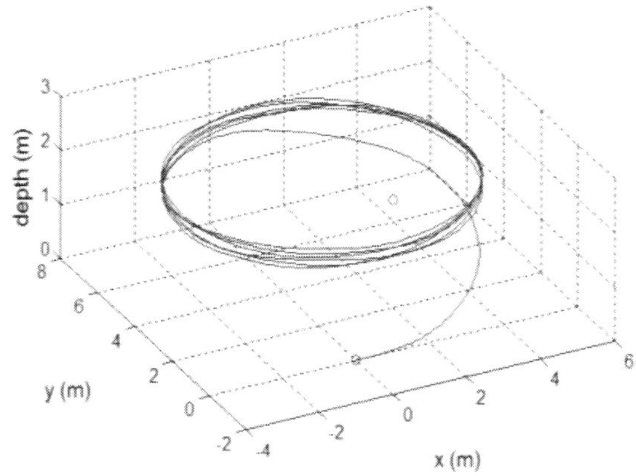

그림 6.30 AUV의 이동경로

부록 1. 시뮬레이션에 사용된 상수

$m = +4.3E+01\,[kg]$ $\quad \% Mass\ of\ AUV$

$\rho = +1.03E+03\,[kg/m^3]$ $\quad \% Seawater\ Density$

$A_f = +4.14E-02\,[m^2]$ $\quad \% Hull\ Frontal\ Area$

$A_p = +3.41E-01\,[m^2]$ $\quad \% Hull\ Projected\ Area(XZ-plane)$

$S_w = +7.09E-01\,[m^2]$ $\quad \% Hull\ Wetted\ Surface\ Area$

$\nabla = +3.15E-02\,[m^3]$ $\quad \% Estimated\ Hull\ Volume$

$W = +4.3E+02\,[N]$ $\quad \% Measured\ Vehicle\ Weight$

$B = +4.3E+02\,[N]$ $\quad \% Measured\ Vehicle\ Weight(horizontal)$

$B_{est} = +3.17E+02\,[N]$ $\quad \% Estimated\ Hull\ Buoyancy$

$x_{cb(est)} = +5.54E-03\,[m]$ $\quad \% Est.\ Long.\ Center\ of\ Buoyancy$

$C_d = +4.00E-01\,[n/a]$ $\quad \% Axial\ Drag\ Coeff.$

$C_{dc} = +8.80E-01\,[n/a]$ $\quad \% Cylinder\ Cross\ Flow\ Drag\ Coeff.$

$c_{yd\beta} = +1.20E+00$ $[n/a]$ $\%Hoerner\,Body\,Lift\,Coeff.$

$x_{cb} = +0.00E+00$ $[m]$ $\%Center\,Buoyancy: X-dir$

$y_{cb} = +0.00E+00$ $[m]$ $\%Center\,Buoyancy: Y-dir$

$z_{cb} = +0.00E+00$ $[m]$ $\%Center\,Buoyancy: Z-dir$

$x_{cg} = +0.00E+00$ $[m]$ $\%Center\,Gravity: X-dir$

$y_{cg} = +0.00E+00$ $[m]$ $\%Center\,Gravity: Y-dir$

$z_{cg} = +2.00E-02$ $[m]$ $\%Center\,Gravity: Z-dir$

$I_{xx} = +1.77E-01$ $[kg \cdot m^2]$ $\%Moment\,Inertia$

$I_{yy} = +3.45E+00$ $[kg \cdot m^2]$ $\%Moment\,Inertia$

$I_{zz} = +3.45E+00$ $[kg \cdot m^2]$ $\%Moment\,Inertia$

$X_{uu} = -3.90E+00$ $[kg/m]$ $\%Cross\,Flow\,Drag$

$X_{\dot{u}} = -9.30E-01$ $[kg]$ $\%Added\,Mass$

$X_{wq} = -3.55E+01$ $[kg/rad]$ $\%Added\,Mass\,Cross\,Term$

$X_{qq} = -1.93E+00$ $[kg \cdot m/rad]$ $\%Added\,Mass\,Cross\,Term$

$X_{ur} = +3.55E+01$ $[kg/rad]$ $\%Added\,Mass\,Cross\,Term$

$X_{rr} = -1.93E+00$ $[kg \cdot m/rad]$ $\%Added\,Mass\,Cross\,Term$

$X_{prop} = +9.25E+00$ $[N]$ $\%$Propeller $Thrust$

$Y_{vv} = -1.31E+03$ $[kg/m]$ $\%Cross\,Flow\,Drag$

$Y_{rr} = +6.32E-01$ $[kg \cdot m/rad^2]$ $\%Cross\,Flow\,Drag$

$Y_{uv} = -2.86E+01$ $[kg/m]$ $\%Body\,Lift\,Force$ and $Fin\,Lift$

$Y_{\dot{v}} = -3.55E+01$ $[kg]$ $\%Added\,Mass$

$Y_{\dot{r}} = +1.93E+00$ $[kg \cdot m/rad]$ $\%Added\,Mass$

$Y_{ur} = +5.22E+00$ $[kg/rad]$ $\%$ $Added\,Mass\,Cross\,Term$ and $Fin\,Lift$

$Y_{wp} = +3.55E+01$ $[kg/rad]$ $\%Added\,Mass\,Cross\,Term$

$Y_{pq} = +1.93E+00$ $[kg \cdot m/rad]$ $\%Added\,Mass\,Cross\,Term$

$Y_{uu\delta_r} = +9.64E+00$ $[kg/(m \cdot rad)]$ $\%Fin\,Lift\,Force$

$Z_{ww} = -1.31E+02$ $[kg/m]$ $\%Cross\,Flow\,Drag$

$Z_{qq} = -6.32E-01$ $[kg \cdot m/rad^2]$ $\%Cross\,Flow\,Drag$

$Z_{uw} = -2.86E+01$ $[kg/m]$ $\%Body\,Lift\,Force$ and $Fin\,Lift$

$Z_{\dot{w}} = -3.55E+01\,[kg]$ $\%\,Added\,Mass$

$Z_{\dot{q}} = -1.93E+00\,[kg\cdot m/rad]$ $\%\,Added\,Mass$

$Z_{uq} = -5.22E+00\,[kg/rad]$ $\%\,Added\,Mass\ Cross\ Term$ and $Fin\,Lift$

$Z_{vp} = -3.55E+01\ [kg/rad]$ $\%\,Added\,Mass\ Cross\ Term$

$Z_{rp} = +1.93E+00\,[kg/rad]$ $\%\,Added\,Mass\ Cross\ Term$

$Z_{uu\delta_s} = -9.64E+00\ [kg/(m\cdot rad)]$ $\%\,Fin\,Lift\,Force$

$K_{pp} = -1.30E-01\,[kg\cdot m^2/rad^2]$ $\%\,Rolling\,Resistance$

$K_{\dot{p}} = -7.04E-02\,[kg\cdot m^2/rad]$ $\%\,Added\,Mass$

$K_{prop} = -5.43E-01\,[N\cdot m]$ $\%$ Propeller $Torque$

$M_{ww} = +3.18E+00\,[kg]$ $\%\,Cross\,Flow\,Drag$

$M_{qq} = -1.88E+02\,[kg\cdot m^2/rad^2]$ $\%\,Cross\,Flow\,Drag$

$M_{uw} = +2.40E+01\,[kg]$ $\%\,Body$ and $Fin\,Lift$ and $Mnk\,Moment$

$M_{\dot{w}} = -1.93E+00\,[kg\cdot m]$ $\%\,Added\,Mass$

$M_{\dot{q}} = -4.88E+00\,[kg\cdot m^2/rad]$ $\%\,Added\,Mass$

$M_{uq} = -2.00E+00\,[kg\cdot m/rad]$ $\%\,Added\,Mass\ Cross\ Term$ and $Fin\,Lift$

$M_{vp} = -1.93E+00\,[kg\cdot m/rad]$ $\%\,Added\,Mass\ Cross\ Term$

$M_{rp} = +4.86E+00\,[kg\cdot m^2/rad^2]$ $\%\,Added\,Mass$

$M_{uu\delta_s} = -6.15E+00\,[kg/rad]$ $\%\,Fin\,Lift\,Moment$

$N_{vv} = -3.18E+00\ [kg]$ $\%\,Cross\ Flow\,Drag$

$N_{rr} = -9.40E+01\,[kg\cdot m^2/rad^2]$ $\%\,Cross\,Flow\,Drag$

$N_{uv} = -2.40E+01\,[kg]$ $\%\,Body\,Fin\,Lift$ and $Mnk Moment$

$N_{\dot{v}} = +1.93E+00\,[kg\cdot m]$ $\%\,Added\,Mass$

$N_{\dot{r}} = -4.88E+00\,[kg\cdot m^2/rad]$ $\%\,Added\,Mass$

$N_{ur} = -2.00E+00\,[kg\cdot m/rad]$ $\%\,Added\,Mass\ Cross\ Term$ and $Fin\,Lift$

$N_{\wp} = -1.93E+00\,[kg\cdot m/rad]$ $\%\,Added\,Mass\ Cross\ Term$

$N_{pq} = -4.86E+00\,[kg\cdot m^2/rad^2]$ $\%\,Added\,Mass\ Cross\ Term$

$N_{uu\delta_r} = -6.15E+00\,[kg/rad]$ $\%\,Fin\,Lift\,Moment$

$M_{\theta} = -5.77E+00\ [kg\cdot m^2/s^2]$ $\%\,Hydrostatic$

$M_{q} = -6.87E+00\,[kg\cdot m^2/s]$ $\%\,combined\ Term$

$Z_w = -6.66E+01\,[kg/s]$ $\%combined\ Term$

$Z_q = -9.67E+00\,[kg\cdot m/s]$ $\%combined\ Term$

$M_w = +3.07E+01\,[kg\cdot m/s]$ $\%combined\ Term$

$Z_{\delta s} = -5.06E+01\,[kg\cdot m^2/s^2]$ $\%Fin\,Lift$

$M_{\delta s} = -3.46E+01\,[kg\cdot m^2/s^2]$ $\%Fin\,Lift$

$Y_{\delta r} = -5.06E+01\,[kg\cdot m^2/s^2]$ $\%Fin\,Lift$

참고문헌

[1] J. Woo and M. D. Ageev, "Development and preliminary sea trial of OKPO-6000 AUV," Proc. the 2nd Symposium Ocean Mining, pp. 24-26, Nov. 1997.

[2] T. Prestero, "Verification of a six-degree of freedom simulation model for the REMUS autonomous underwater vehicle," M. S. thesis, MIT/WHOI, 2001.

[3] E. Desa, R. Madhan, P. maurya, et al, "The small MAYA AUV: Initial field results," Underwater World Publications, pp. 1-9, 2007.

[4] E. Y. Hong, H. G. Soon, and M. Chitre, “Depth control of an autonomous underwater vehicle, STARFISH,” OCEANS 2010 IEEE-Sydney, pp. 1-6, May, 2010.

[5] J. Y. Park, B. H. Jun, P. M. Lee, and J. Oh, “Development of test-bed AUV 'ISiMI' and underwater experiments on free running and vision guided docking,” Underwater vehicles, pp. 371-398, Dec., 2009.

[6] B. H. Jun, J. Y. Park, F. Y. Lee, P. M. Lee, C.M. Lee, K. Kim, Y. K. Lim, and J. H. Oh, "Development of the AUV ‘ISiMI’ and a fee running test in an ocean engineering basin," Ocean Engineering, vol. 36, no. 1, pp. 2-14, Jan., 2009.

[7] T. I. Fossen, Guidance and control of ocean vehicle, Jone Wiley & Sons, New York, 1994.

[8] K. M. Fauske, F. Gustafsson, and Ø. Hegrenæs, “Estimation of AUV dynamics for sensor fusion,” Proc. of the 10th Conf. Information Fusion, pp. 1-6, July, 2007.

[9] Soon T. Kwon, Woon-Kyung Baek, Inpil Kang, Hyeung-Sik Choi, and Moon G. Joo, "A study on way-point tracking of AUV using state feedback", Journal of Institute of Control, robotics and systems, vol. 17, no. 12, pp. 1266-1272, 2011.

찾아보기

L

M

N

O

P

Q

R

S

T

V

ㄱ

정보통신과 수송기계

2012년 2월 15일 초판 인쇄
2012년 2월 20일 인쇄 발행

저 자 류지열, 하덕호, 김석태, 박규칠, 윤종락, 주문갑
발 행 인 송기수
발 행 처 **도서출판 GS인터비전**
편 집 처 **도서출판 GS인터비전**
인 쇄 **선우문화사**
등록번호 제 313-2011-120 호
I S B N 978-89-97231-30-0(92550)

주 소 서울 마포구 신수동 448-6
전 화 02-976-7898, 02-3272-7898. 0707-720-7898
팩 스 02-6468-7898
홈페이지 gsintervision.co.kr
E-Mail gsinter7@chol.com

정가 25,000원

이 책의 무단전재, 복제, 복사는 저작권법 제 97조에 의거 5년 이하의 징역 또는 5천만원 이하의 벌금에 처하게 됩니다.